U0195994

高等学校教材·航空、航天、航海系列

GUTI HUOJIAN FADONGJI RANSHAO JICHU

固体火箭发动机燃烧基础

胡松启 李葆萱 主 编

西北工业大学出版社

【**内容简介**】本书详细介绍固体火箭发动机燃烧的基础知识、基本理论、原理和方法。其主要内容包括化学热力学、化学动力学、反应系统基本方程、预混可燃气点火及燃烧、扩散燃烧、固体推进剂、推进剂燃烧机理和火箭发动机内燃烧现象与燃烧规律。

本书可作为理工类高等学校本科及研究生使用,亦可供相关专业的科研和技术人员参考。

图书在版编目(CIP)数据

固体火箭发动机燃烧基础/胡松启,李葆萱主编. —西安:西北工业大学出版社,2014.9
ISBN 978 - 7 - 5612 - 4135 - 6

Ⅰ.①固…　Ⅱ.①胡…②李…　Ⅲ.①固体推进剂火箭发动机—燃烧过程　Ⅳ.①V435

中国版本图书馆 CIP 数据核字(2014)第 213109 号

出版发行:西北工业大学出版社
通信地址:西安市友谊西路 127 号　　邮编:710072
电　话:(029)88493844　88491757
网　址:http://www.nwpup.com
印　刷　者:兴平市博闻印务有限公司
开　本:787 mm×1 092 mm　　1/16
印　张:17.75
字　数:429 千字
版　次:2015 年 8 月第 1 版　　2015 年 8 月第 1 次印刷
定　价:45.00 元

前　言

固体火箭发动机燃烧过程是整个发动机工作过程的重要组成部分。固体推进剂在发动机中的燃烧是一个极其复杂的现象,且受到推进剂配方参数和发动机工作条件等众多因素的影响。为能更好地理解固体火箭发动机燃烧的物理过程和燃烧机理,必须了解火箭发动机燃烧的基础知识和相关燃烧理论。到目前为止,固体推进剂和火箭发动机燃烧问题的解决还是以实验为主,因此燃烧研究的相关试验方法和测试技术也是发动机燃烧学科一个非常重要的方向。

全书共 15 章,分为燃烧理论基础与固体火箭发动机燃烧两部分。

(1)燃烧理论基础:主要包括化学热力学、化学动力学、反应系统基本方程、着火理论、预混可燃气燃烧和扩散燃烧等基础知识(第 1,2,3,4,5,6,7 章)。

(2)固体火箭发动机燃烧:主要包括固体推进剂、双基推进剂稳态燃烧机理、复合推进剂稳态燃烧机理、含金属推进剂燃烧、发动机点火及熄火理论、侵蚀燃烧、应变对复合推进剂燃速影响和发动机不稳定燃烧理论(第 8,9,10,11,12,13,14,15 章)。

在本书编写过程中,参考了大量的相关文献、资料和书籍等,对参考的相关文献、资料和书籍的作者,以及参与编写工作的西北工业大学航天推进技术系的教师和学生等,在此一并表示感谢。

限于水平和经验,在本书内容取舍、编排和观点阐述等方面的错误在所难免,恳请读者批评指正。

编　者

2014 年 6 月

目　　录

第1章 绪 论

1.1 燃烧现象及应用

1.1.1 燃烧现象

燃烧学是一门研究燃烧现象及其基本规律的科学,它涉及化学热力学、化学动力学、流体力学、传质传热学等诸多学科,是一门内容丰富、实用性强的学科。

一般来说,燃烧是指发光并强烈放热的快速化学反应,通常伴随火焰。化学反应通常是燃料的氧化反应或类氧化反应,如氟化、氮化和氯化反应等。按化学反应传播的特性和方式,可以分为热分解、强烈热分解、缓燃、爆燃、爆震等形式。

热分解是指化合物分子分解成多个小分子或离子的反应。强烈热分解指物质进行快速的分解反应,通常放热。热分解反应在整个物质内部展开,反应速度与环境温度、环境压强有很大关系。在一定条件下(如温度很高),会产生爆炸。缓燃即通常所说的燃烧,其产生的能量通过热传导、热扩散及热辐射作用传入未燃混合物,逐层加热,逐层燃烧,从而实现缓燃波的传播。爆燃也是一种燃烧现象,只不过爆燃的燃烧速度比普通燃烧要快得多,而且爆燃极易发展成为爆轰或爆炸。爆震是一种特殊的燃烧现象,它是通过冲击波对可爆震混合物一层层强烈冲击产生的压缩作用使其发生高速化学反应来实现的,爆震波的传播速度远远大于缓燃波的传播速度,属于超声速燃烧波。

燃烧、爆轰与爆炸反应机理与传播方式不同,但在一定条件下可以相互转化,这与物质本身特性、物质所处环境等有关。

爆轰是一种发生放热化学反应的特殊反应。由于爆轰波在推进剂中传播时,可得到推进剂本身化学反应缩放出能量的补充,因而可以抵消它在传播过程中所损失的能量,维持爆轰波的稳定传播,直到反应结束为止。在体系发生爆轰时的化学反应主要是在一薄层内迅速完成的,所生成的可燃性气体则在该薄层内转变成最终的产物,因此,对于爆轰过程来说,化学反应起到了外加能源的作用,也可以认为爆轰过程是一个输入化学反应能量的强间断面的流体力学过程。爆轰反应速度一般大于声速。

爆炸是物质从一种状态迅速转变到另一种状态,并在瞬间放出巨大能量同时产生巨大声响的现象。爆炸伴随着巨大的能量释放,其表现的破坏形式也有多种,冲击波是爆炸最直接的、最主要的破坏力量,爆炸的绝大部分能量都以冲击波的形式表现出来。

燃烧的分类方法很多,除了前面提到的按反应程度划分,也可按其他方式进行划分,例如按燃烧物质本体形态,可分为固体燃料燃烧、液体燃料燃烧和气体燃料燃烧。煤炭属于典型的固体燃料燃烧,其燃烧过程由预热、干燥、挥发分析、焦炭生成、挥发分燃烧、焦炭燃烧等一系列组成,是复杂的多相燃烧。汽油的燃烧是典型的液体燃料燃烧,在燃烧前需要将汽油雾化、蒸发,并和氧气混合燃烧。氢气和氧气体系属于典型的气体燃料燃烧,氢气分子和氧气分子在气相发生化学反应,燃烧过程相对简单,但很难控制。

此外,燃烧还有多种划分方法,例如:

(1)按有无火焰划分。

(2)按燃料和氧化剂是否预先混合来划分。

(3)按燃烧过程中流体流动是层流还是湍流来划分。

表1-1为一些燃烧现象的分类。

表1-1 燃烧现象分类

燃烧条件	分 类
时间相关性	稳态、非稳态
空间相关性	一维、二维、三维
反应物初始混和状态	预混、非预混(扩散)
流动条件	层流、湍流
反应物的相	单相、多相
反应位置	均相、多相
反应速度	化学平衡(快速反应)、有限反应速率
反应条件	自然对流、受迫对流
可压性	不可压、可压
燃烧传播速度	爆燃(超声速波)、缓燃(亚声速)

表1-2为不同燃烧现象的分类和实际范例。

表1-2 燃烧分类及实例

燃料-氧化剂混合	流体运动	实 例
预混	层流	平面火焰、本生灯火焰
	湍流	火化点火汽油机
非预混	层流	木材火焰、蜡烛火焰
	湍流	煤粉燃烧、柴油机、火箭发动机

预混燃烧是指燃料和氧化剂在燃烧前就事先混合均匀了。但是,在现实生活中,大部分的燃烧现象都属于非预混燃烧,即燃料与氧化剂事先没有混合好,是在点火燃烧过程中边混合边发生剧烈化学反应。

对于非预混燃烧,当化学反应时间远大于混合时间时,燃烧过程受化学动力学控制,称为动力燃烧;当混合时间远大于化学反应时间时,燃烧过程受扩散控制,称为扩散燃烧。大部分情况下,非预混燃烧过程同时受扩散和动力控制。

预混燃烧的优点是可以控制燃烧,如控制预混气为贫燃料状态,可以避免高温,并恰当控制燃烧产物(如产生少量的空气污染物 N_2 等)。预混燃烧虽然有以上优点,但在工业应用并不是很广泛,因为大量的预混反应物有可能偶然聚集在一起,产生无法控制的爆炸燃烧。

1.1.2　燃烧的应用

研究燃烧问题,就是要弄清楚燃烧过程的机理,掌握其中能量转换的规律,使燃烧过程尽量满足我们的要求,为人类所用。

燃烧是人类最古老的技术。今天,大约90%的世界能量供应都是由燃烧生成的。燃烧在工程中应用很广泛。

(1)动力生产:人类所需的动力生产几乎都涉及固体、液体和气体燃料的燃烧,如电站锅炉、各种交通工具(汽车、飞机、轮船等)发动机的燃料燃烧。虽然核能、风能和潮汐能正逐步被人类利用,但今后相当一段时间内,燃料燃烧仍然是动力生产的主要来源。

(2)工业应用:如钢、铁、有色金属、玻璃、陶瓷和水泥等工程材料的生产过程,石油炼制、化肥生产、炼焦生产等加工过程都伴有燃烧现象。

(3)采暖:住宅、工厂、办公室、医院及大部分建筑物的取暖。

(4)其他方面。

虽然燃料燃烧为人类的生活提供了极大的能量来源,但同时也必须注意燃料燃烧所引起的不利方面:如燃烧产生的污染,火灾对人类带来的灾难等。必须精心控制燃料的燃烧过程,改善燃料燃烧技术。

1.2　人类对燃烧的认知历程

人类对火及燃烧现象的实践经验至今至少有50万年的历史。从最早猿人钻木取火到现在煤、天然气的燃烧,人类对燃烧本质的认识越来越深刻。

人类对燃烧认识的几个典型阶段如下:

(1)最早认识:50万年前,猿人从茹毛饮血发展到钻木取火。

(2)中国汉代(公元前200年):开始大规模使用煤;并在约1800年前使用石油,有关石油的使用最早出现在沈括的《梦溪笔谈》。

(3)18世纪中叶:俄国的罗蒙诺索夫和法国的拉瓦锡(A. L. Lavoisier)提出可燃物质氧化的学说,揭开了燃烧的秘密。

(4)19世纪:科学技术进一步发展,把物质的燃烧过程作为热力学平衡体系,建立了燃烧热力学,开始研究燃烧不同状态之间参数与能量差异。

(5)20世纪初:美国的路易斯(B. Lewis)和俄国的谢苗诺夫开始了燃烧动力学研究,提出了燃烧化学反应动力学机理,发展了燃烧反应动力学的链式机理。

(6)20世纪30年代:建立了研究燃烧动态过程的理论,提出了燃烧现象的一些概念,如最小点火能,火焰结构、火焰传播速度等。

(7)20世纪30~50年代:逐步从反应动力学和传热传质相互作用等观点,建立了着火、火焰传播和湍流燃烧的规律,并认识到影响燃烧的因素不仅包括反应动力学因素,还包括流体流动、传热、传质等物理因素。

(8)20世纪50~60年代:冯·卡门(Von Karman)提出用连续介质力学来研究燃烧现象,逐步发展成为反应流体力学。

(9)20 世纪 70 年代:英国的斯帕尔汀(Spalding)利用计算流体力学方法研究燃烧,建立燃烧的物理模型和数值计算方法。用它们可以定量地预测燃烧过程和燃烧设备的性能。

(10)进入 21 世纪以来,随着燃烧技术的发展,新增了大量对燃烧场进行精细观察的手段(如 PIV,PLiV,PLiF 纹影放大,拉曼散射等),目前已经开始对燃烧场进行微观研究。

从此,燃烧学的研究进入从定性到定量、从宏观到微观的新阶段。

1.3　固体火箭发动机内燃烧研究历程

固体火箭发动机的应用已经有近百年的历史,比较系统地、科学地研究固体火箭发动机中的燃烧过程是从第二次世界大战前后的年代才开始的。必须研究掌握在固体火箭发动机工作条件下推进剂的燃烧规律,正确地组织燃烧过程,以确保发动机的正常工作。

火箭和导弹武器的发展历程如下:

(1)火药起源于中国。南宋时期,出现军事火箭。明代初期,军事火箭已趋成熟。

(2)13 世纪,元兵西征,火箭技术经阿拉伯传入欧洲,随后传入印度。

(3)19 世纪初期,印度在抗英战争中,使用了火箭。

(4)20 世纪初期,现代火箭技术获得发展。

(5)1903 年,俄国的齐奥尔科夫斯基提出大型火箭的设计原理(多级火箭概念)。

(6)1926 年,美国的 R. H. 戈达德试飞第一枚无控液体火箭。

(7)1944 年,德国 V2 诞生,同时苏联"喀秋莎"火箭弹诞生。

(8)20 世纪 50 年代后,固体火箭发动机和液体火箭发动机都逐步成为火箭和导弹的动力系统;20 世纪 70 年代后,根据液体火箭发动机和固体火箭发动机的性能特点,两者的主要应用对象逐渐确定下来,液体火箭发动机逐渐应用于运载火箭等民用产品,而固体火箭发动机主要应用于导弹等军用产品。

(9)20 世纪 50 年代后,我国开始研制探空火箭和地地导弹。

(10)20 世纪 60 年代以来,我国逐渐形成了"长征""东风""红旗""霹雳""前卫""鹰击"等系列火箭和导弹型号谱系。

火箭和导弹的动力主要为火箭发动机。早期的火箭和导弹主要使用液体火箭发动机,从20 世纪 70 年代开始,固体火箭发动机逐步取代液体火箭发动机成为导弹等军事武器的动力系统。目前液体火箭发动机主要应用于运载火箭和微型轨道保持和姿态调整。

固体火箭发动机工作能源为固体推进剂。对于固体火箭发动机来说,固体推进剂的燃烧既是能量转换过程,又是生成工质的过程。推进剂能量转换的完善程度和速度、工质的性质都直接影响发动机的性能,影响到发动机工作的稳定性和可靠性。

最早的固体推进剂是我国古代四大发明之一的黑火药。早在唐朝初期,公元 682 年左右,炼丹家孙思邈所著《丹经》一书中就有黑火药的配方。公元 975 年用黑火药的火箭已作为一种武器在战争中使用。13 世纪这种火箭传入阿拉伯国家,以后又传到欧洲。但是黑火药能量低、强度差,不能制成较大的药柱,燃烧时生成大量的烟和固体残渣。使用黑火药的固体火箭射程近、杀伤力小。目前黑火药在军事上主要用作固体火箭发动机的点火药。

18 世纪末到 19 世纪初,当时的工业和科学技术有了很大的进步。1832 年和 1864 年相继发明了硝化纤维素和硝化甘油,为固体推进剂的发展提供了条件。1888 年瑞典科学家诺贝尔以硝化甘油增塑硝化纤维素制得了双基火药,主要用于枪炮武器上。双基火药的能量和其他使用性能比黑火药大有提高,但它要在高压条件下才能稳定、完全地燃烧。1935 年苏联的科学家用添加燃烧稳定剂和催化剂的方法降低了双基火药完全燃烧的临界压强,首先将双基推进剂用作火箭发动机的装药,这种火箭弹在第二次世界大战中发挥了威力。1942 年美国开始了复合固体推进剂的研究。最初的复合固体推进剂是用高氯酸铵为氧化剂,沥青作燃烧剂并起黏合氧化剂的黏合剂作用。虽然这种推进剂能量低,力学性能差,没有多少实用价值,但它为发展固体推进剂开辟了新的途径。因为这类推进剂装药用浇注方法制造,加大装药尺寸不再是困难的问题,并能制造出复杂的药型。此外可供选用的氧化剂种类较多。随着化学工业的发展,能作燃烧剂和黏合剂的高分子化合物的品种也会不断增加,这就为固体推进剂性能的提高提供了有利的条件。1947 年美国制成了聚硫橡胶复合固体推进剂,成为第一代的现代复合固体推进剂,以后又发展了聚氨酯,接着又相继出现了改性双基推进剂,聚丁二烯-丙烯酸推进剂、聚丁二烯-丙烯酸-丙烯腈推进剂以及端羧基聚丁二烯推进剂。20 世纪 60 年代后期研制成了端羟基聚丁二烯推进剂。90 年代开始了 NEPE,GAP 等推进剂研究,近年开始了含硼富燃推进剂、铝冰、膏体、电流变等新型推进剂研究。

第二次世界大战后,火箭技术的日益发展也促进了固体推进剂性能的发展。

早期依靠纯经验的方法,研究发动机用推进剂的燃烧特性,以满足火箭发动机设计的需要。随着火箭技术在航空、航天、国防军事等方面的应用日益广泛,人们进行大量的工作,研究固体火箭发动机中出现的种种问题,以改进推进剂的燃烧,改进发动机的性能。通过这些工作,推进剂燃烧的研究无论从理论方面还是实验方面,都取得了很大的发展,获得了大量的研究成果。

固体火箭发动机工作过程自推进剂装药点燃始,至推进剂装药燃烧结束终。在正常条件下,发动机除启动与关车外,绝大多数时间均处于稳态下工作,这与推进剂的稳态燃烧有关。为了预示和改善推进剂的燃烧性能,必须对其在发动机中燃烧过程的机理进行研究。此外,对发生在发动机启动到关机之间的点火、侵蚀燃烧、不稳定燃烧、异常燃烧及中止燃烧等一系列现象,也只有通过燃烧理论的研究才能得到说明。

固体火箭发动机燃烧过程比燃烧基础理论中讨论的燃烧现象要复杂得多,但两者并非完全孤立,而是存在紧密的联系。有关固体火箭发动机燃烧过程的各种理论模型只不过是燃烧基础理论结合有关试验现象在固体火箭发动机中的应用。

为能更好地理解固体火箭发动机燃烧物理过程和燃烧机理,有必要了解相关火箭发动机燃烧基础知识。

第2章 化学热力学基础

2.1 热力学定律的论述

在讨论热力学定律时,按跨越系统边界所发生的能量(热和功)和质量交换对系统进行分类:

(1)孤立系统:与外界既没有能量交换也没有质量交换。

(2)封闭系统:与外界只有能量交换而无质量交换。

(3)开放系统:与外界既有能量交换也有质量交换。

在热力学的发展过程中,曾提出了三大热力学定律,有些书籍也把气体状态方程称为热力学第零定律。

1. 热力学第零定律

热力学第零定律表述如下:体系温度和压强、容积、气体摩尔数存在如下关系式:

$$T = T(p, V, n_i) \tag{2-1}$$

对于彼此处于平衡状态的所有系统,其值都相同。换言之,当两个物体与第三个物体具有相同温度时,它们彼此的温度也是相同的,因此当它们相互接触时,将处于平衡状态。这个定律虽然是在其他几个定律之后提出的,但在逻辑上却居于其他定律之前,故称作第零定律。这个定律指出,温度测量必须有标准刻度。方程式(2-1)也称作气体状态方程。

2. 热力学第一定律

存在着一个广义的函数,称作贮能 E,它由内能 U、动能 E_K、势能 E_P 三部分组成。

因此有

$$E = U + E_K + E_P \tag{2-2}$$

式中

$$E = E(p, V, n_i) \tag{2-3}$$

热力学第一定律一般有如下描述:

(1)热可以转化成功,功也可以转化成热。

(2)消耗一定的功必然产生一定的热,一定的热消失时,也必然产生一定的功。

在一个无限小的过程中加入系统的热量可表示为

$$\delta \hat{Q} = dE + \delta \hat{W} \tag{2-4}$$

这里变量上面的符号 ^ 表示这个量不是热力学参量,δ 表示不严格的微分,因为 $\hat{Q}$ 和 $\hat{W}$ 是与路径有关的函数。

3. 热力学第二定律

对于温度,存在着一个绝对刻度,还有一个叫作熵的广义函数:

$$S = S(p, V, n_i) \tag{2-5}$$

热力学第二定律一般有如下描述：

（1）热不可能自发地不付任何代价地从低温转到高温。

（2）熵增加原理：对孤立系统内可逆过程，系统的熵不变，对不可逆过程，系统的熵增加。

因此，对于封闭系统中的一个无限小的过程：

$$TdS \geqslant \delta Q \qquad (2-6)$$

式（2-6）等号适用于可逆过程，不等号适用于自然的（不可逆）过程。

4. 热力学第三定律

热力学第三定律一般有如下描述：

（1）绝对零度不可能实现。

（2）完全晶体的熵在温度绝对零度时等于零。

D. W. H. Nernet 和 M. Planck 对热力学第三定律是这样描述的：完全晶体的熵在温度绝对零度时等于零。这一定律为计算各种物质的熵提供了基准值。Van Wylen 和 Sonntag 曾清楚地阐述过，从统计的观点看，这意味着晶格结构具有最高的等级。因此，当物质在绝对零度时并不具备完全的晶格结构，而是具有一定程度的随机性时（像固体熔液或玻璃状固体），那么即使在绝对零度时它的熵仍具有一定的数值。

2.2　状态方程

通常，对于一个体积为 V 和温度为 T 的已知物质的封闭系统，当其处于化学平衡时有一组 n_i 的值，则

$$n_i^* = i^* (V, T) \qquad (2-7)$$

式中，n_i^* 是平衡状态下的数值。对于平衡系统，状态方程变成

$$p = p(V, T, \quad n_1^*, n_2^*, \cdots, n_N^*) \qquad (2-8)$$

根据 Dalton 的分压定律，对处于热力学平衡的热理想气体的混合物，得

$$p = \frac{1}{V} \sum_{i=1}^{N} n_i^* R_u T \qquad (2-9)$$

对处于化学不平衡的系统，表示它的压强可简单地将式（2-9）中的星号去掉：

$$p = \frac{1}{V} \sum_{i=1}^{N} n_i R_u T \qquad (2-10)$$

2.3　质量守恒

对一个封闭系统，所含物质的总质量是不变的，但当系统处于化学不平衡状态时，每一组分的量是会改变的。一个简单的任意的化学反应可以写成如下的形式：

$$\sum_{i=1}^{N} v'_i M_i \longrightarrow \sum_{i=1}^{N} v''_i M_i \qquad (2-11)$$

式中，v'_i 是组分 i 作为反应物时的化学计量系数；v''_i 是组分 i 作为产物时的化学计量系数，M_i 是组分 i 的化学符号。不参加反应的组分，$v'_i = 0$，不在产物中出现的组分，$v''_i = 0$。哪些组分是反应物，哪些组分是产物，这只是一个选择的问题，一经作出选择，就应保持不变。

从方程式(2-11)可以看出,当有 $v''_i - v'_i$ 摩尔的 M_i 生成时,就有 $v'_j - v''_j$ 摩尔的 M_j 消失(应注意 $j \neq i$)。这个方程给出了各个组分的摩尔数变化之间的关系。

例 2.1 $\quad H_2 + \dfrac{1}{2} O_2 \longrightarrow H_2O$

令 $\qquad\qquad\qquad\qquad M_1 = H_2; \quad M_2 = O_2; \quad M_3 = H_2O$

那么
$$v'_1 = 1, \quad v''_1 = 0$$
$$v'_2 = \frac{1}{2}, \quad v''_2 = 0$$
$$v'_3 = 0, \quad v''_3 = 1$$

$v''_3 - v'_3 = 1$,有 1 mol 的 H_2O 形成,$\Delta n_3 = 1$;

$v'_1 - v''_1 = 1$,有 1 mol 的 H_2 消失,$\Delta n_1 = -1$;

$v'_2 - v''_2 = \dfrac{1}{2}$,有 1/2 mol 的 O_2 消失,$\Delta n_2 = -1/2$。

因此有
$$\frac{\Delta n_1}{v''_1 - v'_1} = \frac{\Delta n_2}{v''_2 - v'_2} = \frac{\Delta n_3}{v''_3 - v'_3}$$

对于一个无限小的变化,常引用一个简单反应过程的无因次反应度参量 ε,于是
$$\mathrm{d}n_i = (v''_i - v'_i)\mathrm{d}\varepsilon, \quad i = 1, 2, \cdots N \tag{2-12}$$

如果 n_i 表示各种组分在 ε 为零的同一初始工况或参考工况下的摩尔数,对式(2-12)积分可得
$$n_i - n_{i,r} = (v''_i - v'_i)\varepsilon, \quad i = 1, 2, \cdots, N \tag{2-13}$$

从方程式(2-13)可以看到,对于发生简单反应的封闭系统,热力学状态关系式中的 n_i 可以用量 $n_{i,r}$ 和反应度 ε 代替。当某一系统在某一参考工况下的成分已知时,该系统的热力学状态可由下式确定:
$$p = p(V, T, \varepsilon) \tag{2-14}$$

式中,ε 可以看作一个状态变量。对于 V 和 T 为已知量的化学平衡,n_i 将有其相应的平衡值 n_i^*,因而 ε 也有相应的特定值 ε^*。

令 m_i 为第 i 个组分的质量,W_i 为其分子量,则由方程式(2-12)可得
$$\mathrm{d}m_i = (v''_i - v'_i) W_i \mathrm{d}\varepsilon, \quad i = 1, 2, \cdots, N \tag{2-15}$$

由于封闭系统的总质量是不变的,即
$$M = \sum_{i=1}^{N} m_i = \text{常数} \tag{2-16}$$

因此有
$$\sum_{i=1}^{N} \mathrm{d}m_i = 0 \tag{2-17}$$

将方程式(2-15)代入式(2-17)中得
$$\sum_{i=1}^{N} \left[(v''_i - v'_i) W_i \right] \mathrm{d}\varepsilon = 0 \tag{2-18}$$

如果反应度不等于零(即 $\mathrm{d}\varepsilon \neq 0$),则
$$\sum_{i=1}^{N} (v''_i - v'_i) W_i = 0 \tag{2-19}$$

这个方程叫作化学量计量方程。将式（2-12）对时间微分，得

$$dn_i/dt = (v''_i - v'_i)\,d\epsilon/dt \tag{2-20}$$

这个方程叫作速率方程。

2.4　热力学第一定律和能量守恒

热力学第一定律指出，在系统所经历的循环中，热的环路积分将与功的环路积分成正比，即

$$\oint \delta\hat{Q} = \oint \delta\hat{W} \tag{2-21}$$

式中，$\oint\delta\hat{Q}$ 是传热量的环路积分或循环中的净传热量；$\oint\delta\hat{W}$ 是功的环路积分或循环所做的净功。热力学第一定律还给出了一个状态函数，叫作系统的贮能 E，并把该函数的变化与来自外界的能量流联系起来。

热力学参量 E 的存在可作这样的验证：根据方程式（2-21），可以写出热和功沿路径 a 和 b 的环路积分（见图 2-1）：

$$\int_{1a}^{2a} \delta\hat{Q} + \int_{2b}^{1b} \delta\hat{Q} = \int_{1a}^{2a} \delta\hat{W} + \int_{2b}^{1b} \delta\hat{W} \tag{2-22a}$$

现设想另有一个循环，系统仍由路径 a 由状态 1 变化到状态 2，然后由路径 c 回到状态 1，那么

$$\int_{1a}^{2a} \delta\hat{Q} + \int_{2c}^{1c} \delta\hat{Q} = \int_{1a}^{2a} \delta\hat{W} + \int_{2c}^{1c} \delta\hat{W} \tag{2-22b}$$

式（2-22a）减去式（2-22b），整理后得到

$$\int_{2b}^{1b} (\delta\hat{Q} - \delta\hat{W}) = \int_{2c}^{1c} (\delta\hat{Q} - \delta\hat{W}) \tag{2-23}$$

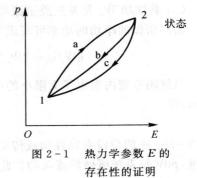

图 2-1　热力学参数 E 的
存在性的证明

由于 b 和 c 代表状态 1 和状态 2 之间的任意过程，则 $\delta\hat{Q} - \delta\hat{W}$ 对状态 1 和 2 之间的所有过程都是相同的。所以，$\delta\hat{Q} - \delta\hat{W}$ 仅仅取决于初始和终了状态，而与这两个状态之间所经历的路径无关。由此可认为，$\delta\hat{Q} - \delta\hat{W}$ 是一个点函数，是系统的真实微分。这个参量就是系统的能量，用符号 E 表示，即

$$dE = \delta\hat{Q} - \delta\hat{W} \tag{2-24}$$

因为 $\delta\hat{W}$ 是系统所做的功，所以式（2-24）中 $\delta\hat{W}$ 前面是负号。

从物理意义来看，参量 E 代表系统在某一特定状态下的总能量，这个能量可以多种形式出现，其中包括热能、动能、势能（相对于选定的坐标系）、与分子的运动和位置有关的能量、与原子结构有关的能量、化学能（例如在蓄电池内）、静电能（如在充电的电容器内）等等。

在热力学的研究中，为方便起见，将数值较大的动能和势能分别考虑，然后将系统内所有其他形式的能量合并成一个参量，叫作内能，用符号 U 表示，则

$$E = 内能 + 动能 + 势能 = U + E_K + E_P$$

式中

$$E_K = \frac{1}{2}m\,|\,v\,|^2$$

$$E_P = mgZ \tag{2-25}$$

由方程式（2-24），微分式 $dE = dU + d(E_K) + d(E_P)$ 可写成

$$\delta \hat{Q} = dU + d\left(\frac{1}{2}m \mid v \mid^2\right) + d(mgZ) + \delta \hat{W} \qquad (2-26)$$

假设 g 是常数，将上述方程在状态 1 和 2 之间积分可得

$$\hat{Q}_2 = (U_2 - U_1) + \frac{m(\mid v_2 \mid^2 - \mid v_1 \mid^2)}{2} + mg(Z_2 - Z_1) + _1\hat{W}_2 \qquad (2-27)$$

式中的内能 U 同动能和势能一样也是一个容积量，因为这三种能都取决于系统的质量。

功包括以下三种形式：

（1）传动功 $\hat{W}_s$ 是对系统的外观产生影响所做的功，也就是转动一根轴或提起一个重物所做的功。

（2）流动功是在发生质量流的边界上任一点处克服压强效应所做的功。流动功功率可以写成

$$p\frac{dV}{dt} = \frac{p}{\rho}\left(\frac{\rho dV}{dt}\right) = \frac{p}{\rho}\dot{m} \qquad (2-28)$$

（3）黏性功 $\hat{W}_\mu$ 是发生质量流动的边界上克服流体摩擦效应所做的功。

循环所做的净功的功率可写成

$$\delta \hat{W}/\delta t = \delta \hat{W}_s/\delta t + \delta \hat{W}_\mu/\delta t + \int \frac{p}{\rho} d\dot{m}_{out} - \int \frac{p}{\rho} d\dot{m}_{in} \qquad (2-29)$$

当封闭系统内发生了无限小的可逆过程时，第一定律一般用古典（即平衡的）热力学形式表示，即

$$dU = \delta \hat{Q} - pdV \qquad (2-30)$$

式（2-30）中假设没有黏性功或传动功，也没有动能或势能的变化，$\delta \hat{Q}$ 表示系统从外界吸收的热量，pdV 是系统所做的流动功。此处 p 和 U 是与其他参量 V 和 T 有关的状态函数，可用下述形式的状态方程表示：

$$p = p(V,T) \ , \quad U = U(V,T) \qquad (2-31)$$

能量守恒定律可以用来研究化学不平衡状态，需要修正的仅仅是状态函数 p 和 U 要重新定义：

$$p = p(V,T,n_1,n_2,n_3,\cdots,n_N)$$
$$U = U(V,T,n_1,n_2,n_3,\cdots,n_N) \qquad (2-32)$$

当系统处于平衡状态时，n_i 变为 $n_i^*(V,T$，状态方程式（2-32）回到平衡时的关系式（2-31）。因此可以把完全的热力学平衡状态看成是化学不平衡的一种特殊情况。

在热力学不平衡状态中，也可以像热力学平衡状态那样用下式定义焓：

$$H = U + pV \qquad (2-33)$$

对于化学不平衡状态，H 也可以用状态方程的形式表示：

$$H = H(V,T,n_1,n_2,\cdots,n_N) \qquad (2-34)$$

或

$$H = H(V,T,\varepsilon) \qquad (2-35)$$

例2.2 考虑下面在容积 V 不变的情况下进行的反应

$$H_2(g) + \frac{1}{2}O_2(g) \rightarrow H_2O(g) + 57.5 kcal^{①}/(温度\ 298.16K)$$

对于定容过程,第一定律变成

$$dU = \delta \hat{Q} \tag{2-36}$$

因为内能是点函数,与路径无关,所以在化学反应过程中能量的变化就等于热量的变化,即

$$\Delta U = (\Delta \hat{Q})_v = 57.5\ kcal/mol$$

如果在定压状态下发生同样的反应,第一定律将为

$$dU = \delta \hat{Q} - p dV \tag{2-37}$$

积分得到

$$\Delta U = (\Delta \hat{Q})_p - p \Delta V \tag{2-38}$$

如果反应是在等温 T 和定压 p 下进行,那么对于每 1 mol 的 H_2O,有

$$\Delta U = (\Delta \hat{Q})_p - RT \Delta n$$

式中 $\Delta n = (n_{产物} - n_{反应物})_{理想气体} = -\frac{1}{2}$,因而

$$(\Delta \hat{Q})_p = \Delta U + \frac{1}{2}RT = 57.798\ kcal$$

则

$$(\Delta \hat{Q})_p - (\Delta \hat{Q})_v = 0.298\ kcal$$

这表明这个反应在定压状况下进行要比在定容状况下多放出 0.298 kcal 的热量。这部分热量 $RT \Delta n$ 是外界环境为了维持气体在反应过程中压力 p 不变所做的功,此时气体的体积是减小的。这也说明化学反应所释放的热量是与反应进行时的物理条件有关的(即与路径有关)。

2.5　热力学第二定律

2.5.1　平衡热力学

对于封闭系统,当其由一个热力学平衡状态态 1 变化到另一个平衡状态 2 时,熵的变化为

$$S_2 - S_1 = \int_1^2 (\delta \hat{Q}/T)_{rev} \tag{2-39}$$

式中,rev 表示状态 1 与 2 之间的任一可逆路径;$\delta \hat{Q}$ 是系统释放或吸收的热量;T 是相应的绝对温度。这里值得注意的是,由于物质的熵的变化与路径无关,因此对所有的过程,可逆的或不可逆的,熵的变化都是相同的。上面的方程仅能计算沿可逆路径的熵的变化,但一经算出,熵变的值就是这两个状态之间所有过程熵变的值。还有一点值得注意的是,T 在这里充当积分因子,它将不确切的微分 $\delta \hat{Q}$ 转化为确切的微分 $(\delta \hat{Q}/T)_{rev}$。

如果同样一个系统在同样两个平衡状态 1 和 2 之间经历一个不可逆过程或真实过程,则有

---

① 　1 kcal = 4.186 8 kJ。

$$S_2 - S_1 > \int_1^2 (\delta\hat{Q}/T) \qquad (2-40)$$

式中 $\delta\hat{Q}$ 是在特定过程中加入系统的热量。

设有某系统在状态 1 和 2 之间经历了两个循环,其一由两个可逆过程 a 和 b 组成,另一个则由过程 a 和不可逆过程 c 组成(见图 2-2)。

对于可逆循环 a 和 b,有

$$\oint_{a,b} \delta\hat{Q}/T = \int_{1a}^{2a} \delta\hat{Q}/T + \int_{2b}^{1b} \delta\hat{Q}/T = 0 \qquad (2-41)$$

对于由可逆过程 a 和不可逆过程 c 组成的循环,根据 Clausius 不等式有

$$\oint_{a,c} \delta\hat{Q}/T \leqslant 0 \qquad (2-42)$$

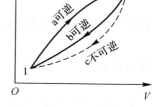

图 2-2 证明熵是物质的
一个特性

因此:

$$\oint_{a,c} \delta\hat{Q}/T = \int_{1a}^{2a} \delta\hat{Q}/\delta T + \int_{2c}^{1c} \delta\hat{Q}/\delta T < 0 \qquad (2-43)$$

将式(2-41)和式(2-43)两个方程相减得

$$\int_{2b}^{1b} \delta\hat{Q}/T > \int_{2c}^{1c} \delta\hat{Q}/T \qquad (2-44)$$

因为熵是热力学参量,b 是可逆过程,且

$$\int_{2b}^{1b} \delta\hat{Q}/T = \int_{2b}^{1b} dS = \int_{2c}^{1c} dS \qquad (2--5)$$

所以

$$\int_{2b}^{1b} dS > \int_{2c}^{1c} \delta\hat{Q}/T \qquad (2-46)$$

或者,在一般情况下

$$dS \geqslant \delta\hat{Q}/T \qquad (2-47)$$

在状态 1 和 2 之间对上式积分即可得到:

$$S_2 - S_1 > \int_1^2 (\delta\hat{Q}/T) \qquad (2-48)$$

2.5.2　非平衡热力学

确定了状态参量熵 S 之后,任一封闭系统在经历任一过程时熵的变化 dS 可以分解为两部分:

$$dS = d_e S + d_i S \qquad (2-49)$$

式中,$d_e S$ 是系统与外界相互作用(例如系统的吸热和放热)产生的熵变;$d_i S$ 是系统内部发生的过程(如化学反应、多种气体的定压混合)产生的熵变。这两个微分量也可分别看作是外界流入系统的熵和系统内部不可逆过程产生的熵。

熵变 $d_i S$ 永远不会是负值:

$$d_i S = 0 \quad (可逆过程) \qquad (2-50)$$

$$d_i S > 0 \quad (不可逆过程) \qquad (2-51)$$

对于封闭系统,当其经历任一可逆的或不可逆的过程时,$d_e S$ 由下式给定:

$$d_e S = \delta\hat{Q}/T \qquad (2-52)$$

当封闭系统经历一个不可逆过程时,方程式(2-48)积分后变成

$$S_2 - S_1 = \int_1^2 (\delta \hat{Q}/T) + \int_1^2 d_i S \qquad (2-53)$$

对于不可逆过程，$d_i S > 0$，因此方程式(2-53)包含了古典论述的不等式。后一个关系方程式(2-53)比前一个关系方程式(2-48)更实用，因为这里用等式代替了前面的不等式，意味着 $d_i S$ 实际上是能够计算的。

对于孤立系统，$\delta \hat{Q} = 0$，所以 $d_e S = 0$，方程式(2-49)变成

$$dS = d_i S \geqslant 0 \qquad (2-54)$$

这个表达式与前面已经熟悉的古典论述是相同的，即孤立系统的熵不会减小。

如果有质量加入到一个不起化学反应的开式可逆系统中，那么与这部分附加质量相关联的熵可以看作是外界流入系统的熵的一部分。因而有

$$dS = d_e S = \delta Q / T + \sum_{j=1}^N S_j d_e n_j \qquad (2-55)$$

式中，S_j 是每摩尔加入系统的第 j 种组分的熵；$d_e n_j$ 是流入系统的第 j 种组分的摩尔数的变化。考虑到质量的加入，第一定律变为

$$dU = \delta \hat{Q} - p dV + \sum_{j=1}^N u_j d_e n_j \qquad (2-56)$$

式中，u_j 是每摩尔流入系统的第 j 种组分的内能。

定义 μ_j 为化学势：

$$\mu_j = u_j - T S_j \qquad (2-57)$$

方程式(2-56)除以 T 得

$$\delta \hat{Q}/T = dU/T + p dV/T - \frac{1}{T} \sum_{j=1}^N u_j d_e n_j \qquad (2-58)$$

将方程式(2-57)和式(2-58)代入方程式(2-55)中得

$$dS = d_e S = \frac{1}{T} dU + \frac{p}{T} dV - \frac{1}{T} \sum_{j=1}^N (u_j - T S_j) d_e n_j$$

$$dS = d_e S = \frac{1}{T} dU + \frac{p}{T} dV - \frac{1}{T} \sum_{j=1}^N \mu_j d_e n_j \qquad (2-59)$$

式(2-59)适用于无化学反应的开式可逆系统。

方程式(2-59)是根据这样一个假设建立的，即系统内所有组分在化学上都是惰性的，因而系统内部不存在由化学反应产生的不可逆过程。在有化学反应出现的情况下，来自系统外部的附加质量以及系统内部的化学反应都会使摩尔数改变。在这些情况下，即使 P，T 和 n_j 只有无限小变化的过程一般也是不可逆的，因为此时可能不存在化学平衡。若 $d_i n_j$（这里 d 的下标 i 表示内部微小的变化，n 的下标 j 表示第 j 种组分）表示第 j 种组分由于化学反应而造成的摩尔数的变化，那么

$$dn_j = d_i n_j + d_e n_j \qquad (2-60)$$

如果认为每一个组分 j 都在总系统中占有一个单独的子系统，那么每一个子系统都可以看成是一个无化学反应的开式系统，这意味着对于每一个组分：

$$dS_j = \frac{1}{T} dU_j + \frac{p_j}{T} dV - \frac{1}{T} \mu_j dn_j \qquad (2-61)$$

式中，P_j 是组分 j 的分压；U_j 是组分 j 的内能。将上面的方程对所有的组分（也即所有的子系

统)求和,并注意到

$$p = \sum_{j=1}^{N} p_j \tag{2-62}$$

$$U = \sum_{j=1}^{N} U_j \tag{2-63}$$

$$S = \sum_{j=1}^{N} S_j \tag{2-64}$$

对总系统可得

$$dS = \frac{1}{T}dU + \frac{p}{T}dV - \frac{1}{T}\sum_{j=1}^{N}\mu_j dn_j \tag{2-65}$$

这是开式不可逆化学过程一个基本的化学热力学方程。这个方程与方程式(2-59)去掉 d 的下标 e 是相同的。

由状态方程,得

$$S = S(U,T,n_1,n_2,\cdots,n_N) \tag{2-66}$$

或者表示成微分的形式:

$$dS = \left(\frac{\partial S}{\partial U}\right)_{V,n_j} dU + \left(\frac{\partial S}{\partial V}\right)_{U,n_j} dV + \sum_{j=1}^{N}\left(\frac{\partial S}{\partial n_j}\right)_{U,V,n_j} dn_j \tag{2-67}$$

上式末项中的 n 表示在求导时除 n 以外的所有摩尔数都保持不变。将此式与方程式(2-65)比较得

$$\left(\frac{\partial S}{\partial U}\right)_{V,n_j} = \frac{1}{T} \tag{2-68}$$

$$\left(\frac{\partial S}{\partial V}\right)_{U,n_j} = \frac{p}{T} \tag{2-69}$$

$$-T\left(\frac{\partial S}{\partial n_j}\right)_{U,V,n_j} = \mu_j \tag{2-70}$$

H 为系统焓

$$H = U + pV \tag{2-71}$$

$$dU = dH - pdV - Vdp \tag{2-72}$$

将方程式(2-72)代入式(2-65)中得

$$dS = \frac{1}{T}dH - \frac{V}{T}dp - \frac{1}{T}\sum_{j=1}^{N}\mu_j dn_j \tag{2-73}$$

由式(2-73)可得

$$\mu_j = -T\left(\frac{\partial S}{\partial n_j}\right)_{H,p,n_j} \tag{2-74}$$

将式(2-68)～式(2-70)与方程式(2-74)合并得

$$\left(\frac{\partial S}{\partial n_j}\right)_{H,p,n_j} = \left(\frac{\partial S}{\partial n_j}\right)_{U,V,n_j} \tag{2-75}$$

下面推导 μ_j 与吉布斯自由能 G 之间的变化关系。

吉布斯自由能 G 是一个容积量,可由下式定义:

$$G = H - TS = U + pV - TS \tag{2-76}$$

这里 G 与 H 一样,可以看成是一个二次状态参量。需要说明的是,在热力学的全部内容

里,已经包含了参量 p,V,T,U 和 S,化学热力学的发展也只需要三个一次状态参量就够了,引入附加的函数 G 仅仅是为了研究的方便。

$$dG = dH - TdS - SdT \tag{2-77}$$

方程式(2-73)代入式(2-77)得

$$dG = Vdp - SdT + \sum_{j=1}^{N} \mu_j dn_j \tag{2-78}$$

从而可以写出

$$V = \left(\frac{\partial G}{\partial p}\right)_{T,n_j} \tag{2-79}$$

$$S = -\left(\frac{\partial G}{\partial T}\right)_{p,n_j} \tag{2-80}$$

$$\mu_j = u_j - TS_j = \left(\frac{\partial G}{\partial n_j}\right)_{p,T,n_j} = -T\left(\frac{\partial S}{\partial n_j}\right)_{H,p,n_j} \tag{2-81}$$

这里,式(2-81)可以作为化学势 μ_j 的定义式,μ_j 在化学热力学中起着很重要的作用。化学势是一个强度量,一般是由 p,T 和 n_j 给定的系统状态的函数。即使某一组分并不出现在系统内,但它的化学势也无须为零,这是因为常常可能将它引入系统中,这时 G 的值就会改变,相应的 μ_j 的值也就不为零。

由热力学第一定律得

$$dU = \delta\hat{Q} - pdV + d_e U \tag{2-82}$$

式中,$d_e U$ 是附加质量携带的内能。将此式代入式(2-65)可得

$$dS = d_i S + d_i S = \frac{1}{T}\overbrace{(\delta\hat{Q} - pdV + d_e U)}^{dU} + \frac{p}{T}dV - \overbrace{\left(\frac{1}{T}\sum_{j=1}^{N}\mu_j d_e n_j + \frac{1}{T}\sum_{j=1}^{N}\mu_j d_i n_j\right)}^{\frac{1}{T}\sum_{j=1}^{N}\mu_j dn_j} =$$

$$\frac{1}{T}\left(\delta\hat{Q} + d_e U - \sum_{j=1}^{N}\mu_j d_e n_j\right) - \frac{1}{T}\sum_{j=1}^{N}\mu_j d_i n_j \tag{2-83}$$

方程右边两项分别对应 $d_e S$ 和 $d_i S$,因而

$$d_e S = \frac{1}{T}\left(\delta\hat{Q} + d_e U - \sum_{j=1}^{N}\mu_j d_e n_j\right) \tag{2-84}$$

$$d_i S = -\frac{1}{T}\sum_{j=1}^{N}\mu_j d_i n_j \tag{2-85}$$

将方程(2-74)代入式(2-84)、式(2-85)得

$$d_i S = \sum_{j=1}^{N}\left(\frac{\partial S}{\partial n_j}\right)_{H,p,n_j} d_i n_j \tag{2-86}$$

如果只考虑单个反应,那么对于封闭系统,$dn_j = d_i n_j$,并可用反应度的变化 $d\varepsilon$ 表示为

$$d_i n_j = (v''_j - v') d\varepsilon \tag{2-87}$$

代入方程式(2-85)得

$$d_i S = -\frac{1}{T}\left[\sum_{j=1}^{N}(v''_j - v_j)\mu_j\right]d\varepsilon \tag{2-88}$$

根据第二定律,这个表达式对于不可逆过程是正的,而对于可逆过程则为零。如果说某一过程是可逆的,就等于说这个系统在任何时候都处于化学平衡状态,或者说这个过程是一系列

无限缓慢的化学平衡状态中的一个状态。因此,化学平衡的条件就是任何时候 d_iS 都为零,这就要求

$$\sum_{j=1}^{N}(v''_j-v'_j)\mu_j^*=0 \qquad (2-89)$$

式中,μ_j^* 是平衡状态的化学势。这个方程不仅仅只限于气体。在化学文献中,一 $\sum_{j=1}^{N}(v''_j-v'_j)\mu_j$ 叫作化学反应的亲和力,通常用符号 a 表示:

$$a=-\sum_{j=1}^{N}(v''_j-v'_j)\mu_j \qquad (2-90)$$

化学亲和力在化学热力学中起着很重要的作用。

下面来总结一下关于化学势 μ_j 的一些重要特点及物理解释:

(1)μ_j 通常看作是吉布斯函数对摩尔数的偏微分,即 $\mu_j=\left(\dfrac{\partial G}{\partial n_j^*}\right)_{p,T,n_j}$;它表示当有无限小量的组分 j 加入到系统内而保持压力、温度以及其他组分量不变时,吉布斯自由能的变化。

(2)μ_j 是一个强度量,单位是(能量/摩尔)。

(3)方程式(2-78)可以对这样一个过程积分,在这个过程中系统的尺寸由于加入了相同的强度量而增加,所有的强度量都保持不变,而所有的容积量都成比例地增加,由于此过程中 $dT=0,dp=0$,以及 $d\mu_j=0$,因而方程(2-78)很容易从($G=0,n_i=0$)的状态积分到(G,n_i)的状态,得

$$G=\sum_{i=1}^{N}\mu_in_i \qquad (2-91)$$

由于

$$dG=\sum_{i=1}^{N}\mu_i dn_i+\sum_{i=1}^{N}n_i d\mu_i=\sum_{i=1}^{N}d(\mu_in_i)=d(\sum_{i=1}^{N}\mu_in_i) \qquad (2-92)$$

因此,μ_j 可以看成是 1 mol 某种成分对系统总 G 值的影响。根据上面的解释,可以设想 μ_j 就等于 1 mol 的组分 j 在纯净状态下的 G_j 值,但这只在有限的特定情况下才成立。一般情况下,溶液的 μ_j 是不等于纯物质的 G_j 的,并随系统成分而变。

(4)对于定温和定压的封闭系统,由方程式(2-78)和式(2-92)可以得

$$\sum_{i=1}^{N}n_j d\mu_j=-SdT+Vdp=0 \qquad (2-93)$$

这个关系式叫作 Gibbs-Duhem 方程,其用途很多,特别是与液-汽平衡的研究有密切关系。

(5)如果在给定的温度和压力下系统处于化学平衡,则

$$\sum\mu_j dn_j=0 \qquad (2-94)$$

这里求和包括构成系统的各种物相的所有 μdn 项。这个关系式为"相准则"奠定了基础。

(6)当一个系统由一些组分组成时,在给定温度和压力的完全平衡状态下这些组分具有多种相,那么每个组分的化学势对所有的相都是相同的,即

$$\mu_j=\mu_j=\mu_j \qquad 对所有的 j \qquad (2-95)$$

(7)如果系统的各相不处于平衡状态,那么组分的化学势对各个相就不是一样的。组分 j 将会从具有较高化学势 μ_j 的相自发地向具有较低化学势的相转移。换言之,物质总是由化学

势高的区域向化学势低的区域移动,这就是为什么 μ_j 取名为化学势,它可以度量导致发生化学反应的驱动力。

例 2.3　下面研究封闭系统中均匀混合物发生的化学平衡反应

$$v'_B \Leftrightarrow v''_R R + v''_L L$$

证明

$$v'_B \mu_B^* = v''_R \mu_R^* + v''_L \mu_L^*$$

证明　根据方程式(2-94),平衡条件为

$$\mu_B^* \, dn_B + \mu_R^* \, dn_R + \mu_L^* \, dn_L = 0$$

式中分子数的变化不是任意的,而由下面的方程决定:

$$dn_R = \frac{v''_R}{v_B}(-dn_B), \quad dn_L = \frac{v''_L}{v'_B}(-dn_B)$$

将这两式代入第一个方程得

$$v'_B \mu_B^* = v''_R \mu_R^* + v''_L \mu_L^*$$

一般情况下,均匀平衡的条件是,产物的化学势之和等于反应物化学势之和,即

$$\sum v'_i \mu_i^* = \sum v''_j \mu_j^*$$

2.6　平　衡　准　则

化学平衡的准则,取决于某些热力学参量保持不变时的条件。为方便起见,对于定容过程,引入另一个二次热力学函数,叫作 Helmholtz 自由能 A,其定义为

$$A = U - TS \tag{2-96}$$

$$dA = dU - TdS - SdT \tag{2-97}$$

A 代表温度和容积不变时的有用功而不是压力-体积功。

根据热力学第一定律 $dU = \delta \hat{Q} - pdV$,得

$$dU = \delta \hat{Q} - pdV + d\xi \tag{2-98}$$

式中,$d\xi$ 表示除压力-体积功以外的功。加于系统的功,$d\xi$ 为正,系统做功时 $d\xi$ 为负。将方程式(2-98)与热力学第二定律结合起来($\delta Q = TdS$),得

$$d\xi = dU - \delta \hat{Q} + pdV = dU - TdS + pdV \tag{2-99}$$

将方程式(2-97)代入方程式(2-99),得

$$d\xi = dA + SdT + pdV \tag{2-100}$$

从式(2-100)(当 T 和 V 不变时)可以很明显地得到

$$d\xi = dA \tag{2-101}$$

在温度 T 和容积 V 不变时,dA 代表除压力-体积功以外的有用功。一方面,如果 dA 是负的,那么 $d\xi$ 也是负的,该系统做了有用功;另一方面,如果 $d\xi$ 在某一特定过程中为正值,则必须对系统做功。如果 $d\xi = 0$,则说明系统没有做功,也没有对系统做功,系统是平衡的。

用同样的方法,可以得到用吉布斯自由能 G 表示的方程。

$$G = H - TS = U + pV - TS \tag{2-102a}$$

$$dG = dU + pdV + Vdp - SdT - TdS \tag{2-102b}$$

将方程式(2-102b)代入方程式(2-99),得

$$d\xi = dG + SdT - Vdp \tag{2-103}$$

当 T 和 P 不变时,得

$$d\xi = dG \tag{2-104}$$

总的平衡准则($d\xi = 0$)在不同情况下的结果概括在表 2-1 中。

表 2-1 封闭热力学系统的平衡准则

保持不变的量	封闭系统热力学平衡准则
p	$dH - TdS = dG + SdT = 0$
V	$dU - TdS = dA + SdT = 0$
T	$D(U - TS) + pdV = dG - Vdp = dA + pdV = 0$
S	$dU + pdV = dH - Vdp = 0$
p, T	$dG = 0$
V, T	$dA = 0$
P, S	$dH = 0$
V, S	$dU = 0$
S, U 或 A, T	$dV = 0$
A, V 或 G, p	$dT = 0$
U, V 或 H, p	$dS = 0$
G, T 或 H, S	$dp = 0$

对于开式系统,为了表示开式不可逆化学反应过程 A 值的变化,方程式(2-65)可改写为

$$dA = -SdT - pdV + \sum_{j=1}^{N} \mu_j dn_j \tag{2-105}$$

方程式(2-65)和式(2-73)可以重新组织为

$$dU = TdS - pdV + \sum_{j=1}^{N} \mu_j dn_j \tag{2-106}$$

$$dH = TdS + Vdp + \sum_{j=1}^{N} \mu_j dn_j \tag{2-107}$$

以上各式以及方程式(2-78)在化学平衡的研究以及热化学计算中是很有用的。

2.7　标准生成热

物质的标准生成热 $\Delta Q_f^{\ominus}$(kcal/mol)是这样定义的:由标准状态(298.15K 和 1 atm,即标准温度和压力)下的元素构成 1 mol 物质时所释放出的热量。标准生成热还可以看成是物质在标准状态下的焓 $\Delta H_f^{\ominus}$(kcal),它与同样温度的标准状态下的元素有关。下标 f 表示化合物由元素形成,上标 $\ominus$ 指所有的产物和反应物均处于标准状态。

标准状态当其涉及元素时是指集态的参考状态。对于气体,参考状态就是在 1 atm 及某一给定温度下的理想气体状态,在此状态下,各个孤立的分子之间没有相互作用,并且遵循完全气体的状态方程。对于纯净的液体和固体,其参考状态就是该物质在 1 atm 及某一给定温

度下的真实状态。按常规都把标准状态下的各种元素的熵定为零,或其标准生成热为零。一些元素的标准状态为:H_2(气),O_2(气),N_2(气),Hg(液),C(固,石墨)。

例 2.4　作为标准生成热的一个例子,可以将下面的反应作为参考:

$$C_{(s)} + O_2(g) \longrightarrow CO_2(g) + 94.054 \text{ kcal/mol}$$

-94.054 kcal/mol 就是 298K 时的 $(\Delta H_f^{\ominus})_{CO_2}$。

表 2-2 给出了一些化合物在 298.15K 或 298.16K 下的标准生成熵,更详细的数据可查阅 JANAF 热化学表或化学物理手册。

表 2-2　一些物质在 298.15K 下的标准生成熵

物　质	$\Delta H_f^{\ominus}/(\text{kcal} \cdot \text{mol}^{-1})$	物　质	$\Delta H_f^{\ominus}/(\text{kcal} \cdot \text{mol}^{-1})$
$B(c)$	0	$F_2(g)$	0
$B(g)$	132.8	$F_2O(g)$	5.86
$B_2(g)$	195.0	$HF(g)$	-65.4
$B_2H_6(g)$乙硼烷	9.8	$H(g)$	52.100
$B_5H_9(g)$戊硼烷	10.24	$H_2(g)$	0
$BO(g)$	-5.3	$OH(g)$	9.432
$B_2O_{3(c)}$	-302.0	$H_2O(g)$	-57.798
$BF_3(g)$	271.42	$H_2O_{(l)}$	-68.32
$Br(g)$	26.74	$H_2O_2(g)$	-31.83
$Br_2(g)$	7.34	$H_2O_{2(l)}$	-44.84
$HBr(g)$	-8.71	$I(g)$	25.633
$C(g)$	170.89	$I_2(g)$	14.924
$C_{(c,金刚石)}$	0.45	$I_{2(c)}$	0
$C_{(c,石墨)}$	0	$HI(g)$	6.30
$CO(g)$	-26.42	$Li(g)$	38.41
$CO_2(g)$	-94.054	$Li_{(c)}$	0
$CH_4(g)$	-17.895	$Li_2O_{(c)}$	-143.1
$C_2H_6(g)$	-20.236	$Li_2O_{2(c)}$	-151.7
$C_3H_8(g)$	-24.82	$LiH(g)$	30.7
$C_4H_{10}(g)$n-丁烷	-29.812	$LiH_{(c)}$	-21.61
$C_4H_{10}(g)$异丁烷	-31.452	$LiOH_{(c)}$	-116.45
$C_5H_{12}(g)$n-戊烷	-35.0	$LiOH \cdot H_2O_{(c)}$	-188.77
$C_6H_6(g)$苯	19.82	LiF	-146.3
$C_7H_8(g)$甲苯	11.950	$N(g)$	113.0
$C_8H_{10}(g)$苯乙烷	7.120	$NH_3(g)$	-10.97

续 表

物 质	$\Delta H_f^{\ominus}/(kcal \cdot mol^{-1})$	物 质	$\Delta H_f^{\ominus}/(kcal \cdot mol^{-1})$
$C_8H_{10}(g)o$-二甲苯	4.540	$N_2(g)$	0
$C_8H_{10}(g)$邻二甲苯	4.120	$NO(g)$	21.58
$C_8H_{10}(g)$间二甲苯	4.290	$NO_2(g)$	7.91
$C_6H_5NH_{2(l)}$苯胺	-4.451	$NO_3(g)$	17.0
$CH_2O(g)$甲醛	-27.7	$N_2O(g)$	19.61
$CH_3OH(g)$	-48.08	$N_2O_3(g)$	19.80
$CH_3OH_{(l)}$	-57.02	$N_2O_4(g)$	2.17
$CF_4(g)$	-223.04	$N_2O_5(g)$	2.7
$CN_{4(c)}$氮化氰	92.6	$N_2O_{5(c)}$	-10.0
$HCN(g)$	32.3	$N_2H_{4(l)}$	12.10
$C(NO_2)_{4(l)}$	8.8	$N_2H_4 \cdot H_2O_{(l)}$	-57.95
$CH_5N(g)$甲胺	-6.7	$Na(g)$	25.755
$CH_2N_{2(c)}$氰胺	9.2	$Na_{(c)}$	0
$NH_4CH_{(c)}$	0	$Na_2(g)$	32.87
$CH_5N_{3(c)}$胍	-17.0	$NaO_{2(c)}$	-61.9
$CH_3ON_{(c)}$	-61.6	$Na_2O_{(c)}$	-99.90
$CH_3O_2N_{(l)}$硝基甲烷	-21.28	$Na_2O_{2(c)}$	-122.66
$CH_4ON_{2(c)}$脲	-79.634	$NaH(g)$	29.88
$CH_5O_4N_{3(c)}$硝化脲	-114.8	$NaH_{(c)}$	-13.7
$CH_2O_2N_{4(c)}$	22.14	$NaOH_{(c,II)}$	-101.99
$CH_6O_3N_{4(c)}$硝化胍	91.4	$NaF_{(c)}$	-136.0
$C_2H_2(g)$	54.19	$HNO_{3(l)}$	-41.40
$C_2H_4(g)$	12.54	$HNO_3 \cdot H_2O_{(l)}$	-112.96
$C_2H_2O(g)$乙烯酮	-14.6	$NH_2OH_{(c)}$	-25.5
$C_2H_4O(g)$次乙醚	-12.58	$NH_4NO_{3(c)}$	-87.27
$C_2N_2(g)$	73.87	$NH_2OH \cdot HNO_{3(c)}$	-86.3
$C_2H_3N(g)$乙腈	21.0	$NF_3(g)$	-31.43
$C_2H_3N(g)$甲基	35.9	$NH_4Cl_{(c)}$	-75.18
$C_2H_5O_2N_{(l)}$硝基乙烷	-30.0	$NH_4ClO_{4(c)}$	-70.69
$C_2H_7N(g)$乙胺	-11.6	$O(g)$	59.599
$C_2H_5O_2N(g)$亚硝酸乙基	-24.8	$O_2(g)$	0

续　表

物　质	$\Delta H_f^{\ominus}/(kcal \cdot mol^{-1})$	物　质	$\Delta H_f^{\ominus}/(kcal \cdot mol^{-1})$
$C_2H_5O_3N_{(l)}$ 硝酸乙基	-44.3	$O_3(g)$	34.2
$C_2H_4O_6N_{2(l)}$ 二硝酸二醇	58	$P(g)$	79.8
$Cl(g)$	28.922	$P_{(c III,白)}$	0.00
$Cl_2(g)$	0	$PH_3(g)$	5.51
$HCl(g)$	-22.063	$S(g)$	66.68
$Cl_2O_7(g)$	63.4	$SO_2(g)$	-70.947
$ClI(g)$	4.184	$SO_3(g)$	-94.59
$F(g)$	18.86	$H_2S(g)$	-4.88

2.8　热化学定律

A. L. LaVoisier 和 P. S. Laplacc(1780 年)提出了这样的定律:将化合物分解为元素所须提供的热量,等于由这些元素构成该化合物所释放的热量。这个定律更普遍的叙述是:沿一定方向进行的化学反应,其所引起的热量变化,与同一反应沿反方向进行时的热量变化,在数量上完全相等,但符号却相反。

例 2.5　有如下两个反应:

$$CH_4(g) + 2O_2(g) \longrightarrow CO_2(g) + 2H_2O(l) + 212.8 \ kcal$$

以及

$$CO_2(g) + 2H_2O(l) \longrightarrow CH_4(g) + 2O_2 - 212.8 \ kcal$$

这两个反应都是在 298.16K 下进行的。

1840 年,G. H. Hess 根据经验提出了热量之和不变的定律。这个定律指出:在一定的压力和一定的容积下,对于某一化学反应,不论是一步还是分多步进行,其最终的热量变化总是一样的。这意味着反应的净热量只取决于初态和终态。

Hess 定律的一个结论是:由于定压过程的 ΔH 和定容过程的 ΔU 都与路径无关,因此热化学方程就会像代数方程那样可以加减。

例 2.6　研究二氧化碳的标准生成热(94.05 kcal(g·mol))值的确定方法。

$$CO(g) + \frac{1}{2}O_2(g) \xrightarrow{298.16K} CO_2(g) + 67.63 \ kcal/(g \cdot mol)$$

式中,ΔH 不是标准生成热,因为反应物 CO 不是标准状态下的元素。在下面的反应中:

$$C(s) + \frac{1}{2}O_2(g) \xrightarrow{298.16K} CO(g) + 26.42 \ kcal/(g \cdot mol)$$

26.42 kcal/(g·mol)是 CO 的标准生成热($\Delta H_f^{\ominus}$)$_{CO,298.16K}$,因为 C 和 O_2 在其标准状态下都是元素。将上面两个热化学方程相加可得

$$CO(g) + \frac{1}{2}O_2(g) + C(s) + \frac{1}{2}O_2(g) \xrightarrow{298.16K} CO_2(g) + CO(g) + 94.05 \ kcal/(g \cdot mol)$$

将方程两边都出现的分子级分消去得

$$C(s) + O_2(g) \xrightarrow{298.16K} CO_2(g) + 94.05 \text{ kcal/g} \cdot \text{mol}$$

这就是正确的二氧化碳形成过程的热化学方程。其所释放的热量 94.05 kcal/(g·mol) 就是 CO_2 的标准生成热 $(\Delta Q_f^\ominus)_{CO_2, 298.16K}$。

由于 Hess 定律适用于定压(ΔH)和定容(ΔU)过程,因此在绝对零度时

$$\Delta H_{f,0}^\ominus = \Delta U_{f,0}^\ominus + (\Delta n)R_u \underset{\rightarrow 0}{T} = \Delta U_{f,0}^\ominus \qquad (2-108)$$

2.9 键能和生成热

对于某些还无法合成或不适于在量热计中燃烧的化合物,常用键图和谐振能量来估算它们的标准生成热。键能就是将分子中的某一个键断开使其成为原子所需的能量。为此,常采用破坏分子中的这种键能所需能量的平均值(每摩尔的),这是因为将两个原子间的某个特定键断开所需的能量差不多是相同的,与这种键所在的分子无关。

通常,将两个原子分开所需的能量与两个原子间的距离有关。如图 2-3 所示,键能是势能最低值与无限远时能量值之差。

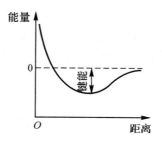

图 2-3　两原子间的势能与原子间距离的关系

在估算生成热时,除了键能以外还要考虑分子中谐振的可能性。例如苯分子 C_6H_6 可以在下列 5 种结构之间谐振:

由于谐振的结果,$\Delta H_{f,C_6H_6}^\ominus$ 要比 3 个 C≡C,3 个 C—C 以及 6 个 C—H 的键能之和大得多。这部分附加的能量就是谐振能量,在计算某一给定化合物的实际生成热时,除了要考虑键能外,还要考虑谐振能量。

表 2-3 列出了一些化合物的谐振能量。在这个表中,键能是基于这个物质在气体状态下的数据,所以只能用于气体反应。另外,键能是构成这种键所需能量的负值。

表 2-3　一些键能和谐振能量的数据

键	能量/(kcal·mol^{-1})	化合物	谐振能量/(kcal·mol^{-1})
H—H	104.18	苯,C_6H_6	48.9
C—O	86	—COOH 群	28
C—C	85.5	CO_2	33
C—Cl	66.5	萘,$C_{10}H_8$	88.0
Cl—Cl	57.87	苯胺,$C_6H_5NH_2$	69.6
C—Br	95.6	糠醛,C_4H_3OCHO	30.1
Br—Br	46.08		
C—I	64.2		
I—I	36.06		
C—F	107		
C—H	98.1		
N≡N	225.5		
N—H	86		
C=C	143		
O—H	109		
C≡C	194.3		
H—Cl	103.1		
C≡O^a	167		
H—Br	87.4		
C≡N	210.6		
H—I	71.4		
O—O	33.1		
C—N	174		
O=O	118.86		

例 2.7　确定乙醇 C_2H_6O 的生成热。

解　C_2H_6O 的结构是

$$
\begin{array}{ccc}
 & H & H \\
 & | & | \\
H- & C- & C- \ O-H \\
 & | & | \\
 & H & H
\end{array}
$$

构成 1 mol C_2H_6O 所需的能量为

$$5(C—H)+(C—C)+(C—O)+(O—H)=5\times98.1+85.5+86+109=771 \ \text{kcal/mol}$$

因此可以写出热化学方程为

$$6H(g) + O(g) + 2C(g) \longrightarrow C_2H_6O(g) + 771 \text{ kcal/(g·mol)}$$

为了求得生成热,需要应用 Hess 定律以及热化学方程组

$$3H_2(g) \longrightarrow 6H(g) - 312.54 \text{ kcal/mol}$$

$$\frac{1}{2}O_2(g) \longrightarrow O(g) - 59.16 \text{ kcal/mol}$$

$$2C(s) \longrightarrow 2C(g) - 343.4 \text{ kcal/mol}$$

得到

$$3H_2(g) + \frac{1}{2}O_2(g) + 2C(s) \longrightarrow C_2H_6O(g) + (771 - 715.10) \text{ kcal/(g·mol)}$$

因此,$\Delta H_{f,T,C_2H_6O}^{\ominus}$ 的估算值是 -55.90 kcal/(g·mol),生成热的实际值是 53.3 kcal/(g·mol),其差值是因为估算值是以平均的键能为依据的。

例 2.8 求苯甲酸的燃烧热。

解 反应式是

$$C_6H_5COOH + 7\frac{1}{2}O_2 \longrightarrow 7CO_2 + 3H_2O$$

为了解决这个问题,必须知道苯甲酸的结构式。

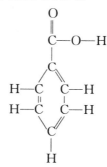

反应物的键能为

$$4(C-C) + 3(C=C) + 5(C-H) + 1(C=O) + 1(C-O) + 1(O-H) +$$
$$7\frac{1}{2}(O=O) + 1(C_6H_6,苯环谐振) + 1(-COOH,羧基)$$

填入数值得

$$342 + 429 + 490.5 + 167 + 86 + 109 + 891.45 + 48.9 + 28 = 2\,591.9 \text{ kcal/mol}$$

产物的键能

$$14(C=O) + 6(O-H) + 7(CO_2) = 2\,338 + 654 + 231 = 3\,223 \text{ kcal/mol}$$

因而苯甲酸的燃烧热为

$$3\,223 - 2\,591.9 = 631.1 \text{ kcal/mol}$$

例 2.9 已知下列反应在 298.16K 下的反应热:

$$C_2H_4(g) + 3O_2(g) \longrightarrow 2CO_2(g) + 2H_2O(l) + 337.3 \text{ kcal/mol} \tag{a}$$

$$H_2(g) + \frac{1}{2}O_2(g) \longrightarrow H_2O(l) + 68.3 \text{ kcal/mol} \tag{b}$$

$$C_2H_6(g) + 3\frac{1}{2}O_2(g) \longrightarrow 2CO_2(g) + 3H_2O(l) + 372.8 \text{ kcal/mol} \tag{c}$$

求下面反应的反应热：

$$C_2H_4(g) + H_2(g) \longrightarrow C_2H_6(g) + \Delta H$$

解 将(a)(b)两式相加再减去式(c)，或者将式(a)(b)相加，对式(c)应用 Laplace 定律，所得结果再与(a)(b)两式的和相加，这样就可以求得结果。

$$C_2H_4(g) + 3O_2(g) \longrightarrow 2CO_2(g) + 2H_2O(l) + 337.3 \text{ kcal/mol}$$

$$H_2(g) + \frac{1}{2}O_2(g) \longrightarrow H_2O(l) + 68.3 \text{ kcal/mol}$$

$$2CO_2(g) + 3H_2O(l) \longrightarrow C_2H_6(g) + 3\frac{1}{2}O_2(g) - 372.8 \text{ kcal/mol}$$

$$C_2H_4(g) + H_2(g) \longrightarrow C_2H_6(g) + 32.8 \text{ kcal/mol}$$

2.10 反 应 热

热化学主要研究化学反应中热量的变化，也就是研究化学能向热能的转化和热能向化学能转化。化学反应也和其他过程一样，其中的热量变化一般是一个不确定的量，并与路径有关。只有当反应过程中保持压力或容积不变时，热量的变化才具有确定的值，并且只取决于系统的始态和终态。因此，化学反应的热量变化总是在定压或定容状况下测量的。

反应热的定义方法很多，下面的定义是最普遍的。

设某一封闭系统在温度 T 和压力 p 状况下含有给定摩尔数 n_i 的 N 种不同的组分，这个系统经历一个等压过程，在此过程中 n_i 的值发生变化，而 T 的初始值与终了值却相同，那么系统释放的热量就是该过程的反应热。

假设系统由状态 A 变化到状态 B，系统的能量增加 ΔE，系统所做的功为 $\delta \hat{W}$，系统吸收的热量为 $\delta \hat{Q}$，那么由热力学第一定律得

$$\Delta E = \delta \hat{Q} - \delta \hat{W} \tag{2-109}$$

对于流动速度为零并且势能不变的化学反应，则

$$\Delta E = \Delta U + \underset{\to 0}{\Delta PE} + \underset{\to 0}{\Delta KE}$$

第一定律将变成

$$\Delta U = \delta \hat{Q} - \delta \hat{W} \tag{2-110a}$$

$$\delta \hat{Q} = \Delta U + \delta \hat{W} \tag{2-110b}$$

此外，如果反应在定压下进行，则第一定律可以写成

$$\hat{Q}_p = \int (\delta \hat{Q})_p = \Delta U + P\Delta V \tag{2-111}$$

当系统由状态 A 变化到状态 B 时，得

$$\hat{Q}_p = (U_B - U_A) + p(V_B - V_A) = (U_B + pV_B) - (U_A + pV_A) = H_B - H_A = \Delta H \tag{2-112}$$

所以，对于没有流动的定压反应

$$\hat{Q}_p = \Delta H \tag{2-113}$$

同理，对于没有流动的定容反应，在没有外部功($\hat{W} = 0$)时，第一定律为

$$\hat{Q}_V = \Delta U \tag{2-114}$$

对于反应流,如果 E_P 和 E_K 没有变化,而且除了流动所需的功以外没有其他的功,那么,焓的净变化就等于反应热,即

$$\hat{Q} = \Delta H \qquad (2-115)$$

在通常的应用中,要考虑流动系统的摩尔数以及封闭系统的质量。

一个物质在其标准状态下的热含量或焓的符号是 $H_T^\ominus$。如前所述,上标 $\ominus$ 表示标准状态,下标 T 为绝对温度。因此,$H_0^\ominus$ 表示物质在温度为 0K 的标准状态下的焓。

理想气体或完全气体的状态方程为

$$pV = mRT = nR_u T \qquad (2-116)$$

代入公式 $H = U + pV$,可得

$$H_T^\ominus = U_T^\ominus + (pV)^\ominus = U_T^\ominus + mRT = U_T^\ominus + nR_u T \qquad (2-117)$$

当 $T = 0$ 时

$$H_0^\ominus = U_0^\ominus + mR(0) = U_0^\ominus \qquad (2-118)$$

将方程式(2-117)减去式(2-118),可以很方便地由 $U_T^\ominus$ 计算 $H_T^\ominus$,反之亦然。

$$H_T^\ominus - H_0^\ominus = U_T^\ominus - U_0^\ominus + p\Delta V \qquad (2-119)$$

由方程式(2-112)可知,对于无流动的定压反应

$$\Delta H = \Delta U + p\Delta V \qquad (2-120)$$

如果 V 是 1 mol 任一理想气体在不变的温度和压力下的体积,那么 pV 的变化就等于 $p\Delta V$,对理想气体应用方程式(2-116)可得

$$p\Delta V = (\Delta n)R_u T \qquad (2-121)$$

将式(2-121)代入式(2-120)得

$$\Delta H = \Delta U + (\Delta n)R_u T \qquad (2-122)$$

式中

$$\Delta n = \left[\left(\sum_{i=1}^{N} n_i\right)_{产物} - \left(\sum_{i=1}^{N} n_i\right)_{反应物} \right]_{气体组分} \qquad (2-123)$$

由方程式(2-119)可知,定压过程的反应热可以由定容过程的反应热算出。

设有最普通的反应

$$\sum_{i=1}^{N} v'_i M_i \longrightarrow \sum_{i=1}^{N} v''_i M_i$$

在 T_0 时标准状态的反应热为

$$Q_{r,T_0} = \Delta H_{r,T_0} = \sum_{i=1}^{N} v''_i \Delta H_{f,M_i}^\ominus - \sum_{i=1}^{N} v'_i \Delta H_{f,M_i}^\ominus \qquad (2-124)$$

例 2.10 求乙烷 $C_2H_6(g)$ 的反应热。

解 如果化学反应能按下面的反应式进行,最后的产物不再分解,那么可用方程式(2-124)计算标准状态下的 ΔH_r。

$$C_2H_6(g) + 3\frac{1}{2}O_2(g) \xrightarrow{298.16K} 2CO_2(g) + 3H_2O(g)$$

$$\Delta H_{r,T_1}^\ominus = \sum_{i=1}^{N} v''_i \Delta H_{f,M_i}^\ominus - \sum_{i=1}^{N} v'_i \Delta H_{f,M_i}^\ominus =$$

$$0H_{f,C_2H_6}^\ominus + 0H_{f,O_2}^\ominus + 2H_{f,CO_2}^\ominus + 3H_{f,HO_2(g)}^\ominus - \left(1H_{f,C_2H_6}^\ominus + 3\frac{1}{2}H_{f,O_2}^\ominus + 0H_{f,CO_2}^\ominus + 0H_{f,HO_2}^\ominus(g)\right) =$$

$$[-(2\times94)-(3\times57.8)]-[-(1\times20.24)+(3.5\times0)]=-341.6 \text{ kcal}$$

确定未知反应热的另一个有效方法是应用 Hess 定律,把已知反应热的一些合适的反应相加。键能和谐振能量也可以用来估算反应热或反应的燃烧热。

例 2.11　由 CO_2 和 H_2O 的生成热以及甲烷-氧反应的 ΔH_r 值求 CH_4 的生成热。

解

$$C(g)+O_2(g)\longrightarrow CO_2(g)+\Delta Q^{\ominus}_{f,CO_2}(g) \tag{a}$$

$$2H_2(g)+O_2(g)\longrightarrow 2H_2O(g)+2\Delta Q^{\ominus}_{f,H_2O}(g) \tag{b}$$

$$CH_4(g)+2O_2(g)\longrightarrow CO_2(g)+2H_2O(g)+\Delta H_r \tag{c}$$

应用 Laplace 定律,式(c)变成

$$CO_2(g)+2H_2O(g)\longrightarrow CH_4(g)+2O_2-\Delta H_r \tag{d}$$

把式(a)、式(b)和(d)相加得

$$C(s)+2H_2(g)\longrightarrow CH_4(g)+(\Delta Q^{\ominus}_{f,CO_2}(g)+2\Delta Q^{\ominus}_{f,H_2O}(g)-\Delta H_r)$$

因此

$$\Delta Q^{\ominus}_f, CH_4(g)=\Delta Q^{\ominus}_{f,CO_2}(g)+2\Delta Q^{\ominus}_{f,H_2O}(g)-\Delta H_r$$

2.11　绝热火焰温度的计算

假设有一个绝热的燃烧过程,没有做功也没有动能和势能的变化。对于这样的过程,产物的温度就是绝热火焰温度,这是该反应物所能达到的最高温度,因为反应物的任何传热以及任何不完全的燃烧都会使产物的温度降低。在绝热燃烧过程中,系统释放的热量都用于提高体系温度。

$$\Delta Q=\int_{T_0}^{T_f} m\overline{C}dT \tag{2-125}$$

下面给出几个例题说明计算绝热火焰温度的一些步骤。

例 2.12　计算气态的 H_2 和 O_2 反应后水蒸气的绝热火焰温度。

解　这个反应可以分解为

$$2H_2(g)+O_2(g)\longrightarrow 2H_2O(l)+136.6 \text{ kcal}(2\Delta H^{\ominus}_{f,H_2O}(l)=-136.6\text{kcal})$$

$$2H_2O(l)\longrightarrow 2H_2O(g)-21.0 \text{ kcal}(2\Delta H_v=21.0 \text{ kcal})$$

($\Delta H_v=$ 汽化热),将两式相加得

$$2H_2(g)+O_2(g)\longrightarrow 2H_2O(g)+115.6 \text{ kcal}$$

因此反应产生的热量为 115.6 kcal,如果所有的热量都用来加热产物(绝热,没有分解),那么

$$115.6=2\int_{298}^{T_f} C_{p,H_2O}dT$$

$$57.8=H^{\ominus}_{H_2O,T_f}-H^{\ominus}_{H_2O,298}$$

当绝热火焰温度 $T_f=5\,000$ K 时可以使上面的方程平衡。在这样高的温度下,一般会发生离解现象,实际产物尚未可知,这使得问题变得更为复杂。产物不离解时的绝热火焰温度,通常叫作绝热的凝结火焰温度。

2.12　平　衡　常　数

在可逆反应中,当体系达到平衡时,反应物和生成物浓度达到一定平衡,存在一个平衡关

系,这里可以用平衡常数来表征。

1.定义

平衡常数:在一定温度下,可逆反应无论从正反应开始还是从逆反应开始,也不管反应物起始浓度大小,最后都达到平衡,这时各生成物浓度的化学计量数次幂的乘积除以各反应物浓度的化学计量数次幂的乘积所得的比值是个常数,用 K 表示,这个常数叫化学平衡常数。从平衡常数的大小,可确定在该温度下可逆反应中的正反应可能达到的程度。

对于 $aA + bB \Leftrightarrow cC + dD$,显然,平衡常数 K_p 可以用如下函数表示:

$$K_p = f(a,b,c,d,[A],[B],[C],[D]) = \frac{[C]^c[D]^d}{[A]^a[B]^b} = \left(\frac{1}{RT}\right)^{c+d-a-b}\left(\frac{p_C^c p_D^d}{p_A^a p_B^b}\right) \quad (2-126)$$

2.平衡常数获取方法

(1)实验测定:通过化学分析法测定反应达到平衡时各物质的浓度。

(2)化学热力学公式推导。

3.平衡常数表达式推导

平衡常数用热力学表达式推导。前提:此过程为等温过程。

(1)自由能方程(用压强表示)。根据定义

$$G = H - TS = U + pV - TS \quad (2-127a)$$

有

$$dG = dU + pdV + Vdp - Tds - SdT \quad (2-127b)$$

根据热力学定律

$$dU = \delta Q - pdV, \quad \delta Q = TdS$$

可得

$$dU = TdS - pdV \quad (2-128)$$

将方程式(2-128)代入方程式(2-127b)得

$$dG = Vdp - SdT \quad (2-129)$$

假设满足完全气体关系式,对于等温过程

$$dG = Vdp = \frac{nR_uT}{p}dp = nR_uTd(\ln p) \quad (2-130)$$

因为

$$\frac{dp}{p} = d(\ln p)$$

将方程式(2-130)在 p° 至 p 之间积分得

$$G - G^\circ = nR_uT(\ln p - \ln p^\circ) \quad (2-131)$$

若 $p^\circ = 1atm$,则

$$G = G^\circ + nR_uT\ln p \quad (2-132)$$

对于系统中的组分 i

$$Gi = G_i^\ominus + n_iR_uT\ln p_i \quad (2-133)$$

(2)平衡常数方程推导。反应:$aA + bB \Leftrightarrow cC + dD$

假设:等温条件下,$p^\circ = 1\,atm$,由方程式(2-133)得到

$$G_A = G_A^\ominus + aR_uT\ln p_A$$

$$G_B = G_B^\ominus + b R_u T \ln p_B$$

$$G_C = G_C^\ominus + c R_u T \ln p_C$$

$$G_D = G_D^\ominus + d R_u T \ln p_D$$

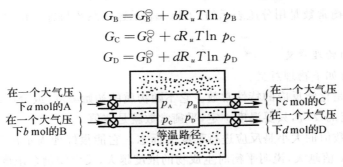

图 2 - 4　Van't Hoff 平衡箱

假设有 a mol 的 A 和 b mol 的 B 注入平衡箱,在等温状况下进行反应并达到平衡,然后有 c mol 的 C 和 d mol 的 D 从平衡箱抽出。由此可以得到

$$\Delta G = G_{产物} - G_{反应物} = (G_C + G_D) - (G_A + G_B) =$$
$$[(G_C^\ominus + G_D^\ominus) - (G_A^\ominus + G_B^\ominus)] + R_u T \ln p_C^c p_D^d - R_u T \ln p_A^a p_B^b =$$
$$\Delta G^\ominus + R_u T \ln \frac{p_C^c p_D^d}{p_A^a p_B^b}$$

由于假设系统处于平衡状态,故

$$\Delta G = 0$$

以及

$$- \Delta G^\ominus = R_u T \ln \frac{p_C^c p_D^d}{p_A^a p_B^b} \tag{2-134}$$

定义

$$K_p = \frac{p_C^c p_D^d}{p_A^a p_B^b} \tag{2-135}$$

从而

$$\Delta G^\ominus = - R_u T \ln K_p \tag{2-136}$$

或

$$K_p = e^{-\frac{\Delta G^\ominus}{R_u T}}$$

方程式(2-136)给出了标准自由能的变化与任意压力和温度下平衡常数之间的关系。平衡常数 K_p 的实际重要性在于它与总的压力无关,仅是温度的函数。如果已知 $\Delta G_{温}^\ominus$ 值,K_p 就可以由方程式(2-136)得出。

为了对标准自由能的变化 $\Delta G_{温}^\ominus$ 概念有更清楚的物理认识,就应当注意到,$\Delta G_{温}^\ominus$ 负值越大,K_p 的值越大,反应也越容易自发进行。

对于一般的化学反应,可以把平衡常数写成更一般的形式。如果反应为

$$\sum_{i=1}^{N} v'_i M_i \iff \sum_{i=1}^{N} v''_i M_i$$

式中,v'_i 和 v''_i 分别代表化学组分;M_i 作为反应物和产物时的化学计量系数;N 是反应中化学组分的总数。那么

$$K_p = \prod_{i=1}^{N} (p_{i,e})^{(v''_{i,s} - v'_{i,s})} \tag{2-137}$$

式中,下标 p 指平衡常数是用分压表示的;下标 s 表示这些系数与各个化学平衡反应的化学计量系数是相同的。

4. 平衡常数的物理意义

平衡常数具有如下物理意义:

(1)平衡常数是化学反应的特性常数。它不随物质的初始浓度(或分压)而改变,仅取决于反应的本性。一定的反应,只要温度一定,平衡常数就是定值。

(2)平衡常数数值的大小是反应进行程度的标志。它能很好地表示出反应进行的完全程度。一个反应的 K 值越大,说明平衡时生成物的浓度越大,反应物剩余浓度越小,反应物的转化率也越大,也就是正反应的趋势越强。反之亦然。

(3)平衡常数表达式表明在一定温度下,体系达成平衡的条件。

例 2.13 研究下面的水煤气反应($CO + H_2O \longrightarrow CO_2 + H_2$)的平衡常数表达式。

$$CH_4 + 1.5O_2 \longrightarrow CO + 2H_2O$$
$$CO + H_2O \longrightarrow CO_2 + H_2$$

混合物为

$$(1 - \eta)CO + (2 - \eta)H_2O + \eta CO_2 + \eta H_2$$

解 对于水煤气反应,平衡常数可以写成

$$K_p = \frac{p_{CO_2} p_{H_2}}{P_{CO} p_{H_2O}}$$

$$n_T = \sum_{i=1}^{N} n_i = (1 - \eta) + (2 - \eta) + \eta + \eta = 3$$

$$X_{CO} = \frac{1 - \eta}{3}, \quad X_{H_2O} = \frac{2 - \eta}{3}, \quad X_{CO_2} = X_{H_2} = \frac{\eta}{3}$$

$$p_{CO} = \frac{1 - \eta}{3}p, \quad p_{H_2O} = \frac{2 - \eta}{3}p, \quad p_{CO_2} = p_{H_2} = \frac{\eta}{3}p$$

所以

$$K_p = \frac{\left(\frac{\eta}{3}\right)^2 p^2}{\left(\frac{1 - \eta}{3}\right)p\left(\frac{2 - \eta}{3}\right)p} = \frac{\eta^2}{(1 - \eta)(2 - \eta)}$$

$K_p(T_f)$ 可从有关表格中查出,则 η 可以求得,平衡成分也就知道了。

对于化学反应

$$CH_4 + 1.5O_2 \longrightarrow (1 - \eta)CO + (2 - \eta)H_2O + \eta CO_2 + \eta H_2$$

总焓方程为

$$\Delta H = \sum_{i=1}^{N} v''_i (\Delta H_f^\ominus)_i - \sum_{i=1}^{N} v'_i (\Delta H_f^\ominus)_i + \sum_{i=1}^{N} v''_i H_i \big|_f^{298} + \sum_{i=1}^{N} v'_i H \big|_f^{298} = 0$$

此式可写成

$$(1 - \eta)\Delta H_{f,CO}^\ominus + (2 - \eta)\Delta H_{f,H_2O}^\ominus + \eta \Delta H_{f,CO_2}^\ominus - \Delta H_{f,CH_4}^\ominus - [H_{298} - H_{T_i}]_{CH_4} +$$
$$1.5[H_{298} - H_{T_i}]_{O_2} + (1 - \eta)[H_{T_i} - H_{298}]_{CO} +$$
$$(2 - \eta)[H_{T_i} - H_{298}]_{H_2O} + \eta[H_{T_i} - H_{298}]_{CO_2} +$$
$$\eta[H_{T_i} - H_{298}]_{H_2} = 0$$

例 2.14　1 mol 的 N_2 和 0.5 mol 的 O_2 的混合物在 1 atm 下被加热到 4 000 K,得到只含有 N_2,O_2 和 NO 的平衡混合物。如果 O_2 和 N_2 的初始温度是 298.16 K,然后被稳定地加热,以最初的 1 mol N_2 为准,试求将最终的混合物加热到 4 000K 所需的热量。

解　反应可写成

$$N_2 + 0.5O_2 \longrightarrow aN_2 + bO_2 + cNO$$

由原子组分守恒定律得

$$N_2: \quad 2a + c$$
$$O_1: \quad 2b + c$$

所以

$$a = 0.5(2 - c) = 1 - c/2$$
$$b = 0.5(1 - c) = \frac{1}{2} - c/2$$

令 $c = x$,可得

$$N_2 + 0.5O_2 \longrightarrow \left(1 - \frac{x}{2}\right)N_2 + \left(\frac{1}{2} - \frac{x}{2}\right)O_2 + xNO$$

已知 $T_i = 298.16$ K,$T_f = 4\,000$ K,对于 $0.5N_2 + 0.5O_2 \Longrightarrow NO$ 的反应,$K_p = 0.297\,93 \approx 0.3$。

$$K_p = 0.3 = \frac{p_{NO}}{p_{N_2}^{1/2} p_{O_2}^{1/2}} = \frac{x}{(1 - x/2)^{1/2}(1/2 - x/2)^{1/2}} \left[\frac{p}{\sum n}\right]^{1 - 1/2 - 1/2}$$

有 $0.09 = \dfrac{4x^2}{(2-x)(1-x)}$ 或 $x^2 - 3x + 2 = 44.5x^2$,则 $43.5x^2 + 3x - 2 = 0$。故

$$x = \frac{-3 \pm \sqrt{9 + 8 \times 43.5}}{2 \times 43.5} = \frac{-3 \pm 18.89}{87} = \begin{cases} 0.182\,5 \\ -0.251\,6\text{(没有物理意义)} \end{cases}$$

因此最终的混合物是

$$0.908\,75\,N_2 + 0.408\,75O_2 + 0.182\,5NO$$

可知

$$(\Delta H_{f,T_0}^{\ominus})_{NO} = 21.58 \text{ kcal/mol}$$

$$\Delta H = \sum_{i=1}^{N} v''_i (\Delta H_f^{\ominus})_i - \sum_{i=1}^{N} v'_i (\Delta H_f^{\ominus})_i + (\Delta H) =$$
$$0.182\,5 \times 21.58 + 0.908\,75 (H_{4\,000}^{\ominus} - H_{298.16}^{\ominus})_{N_2} +$$
$$0.408\,75 (H_{4\,000}^{\ominus} - H_{298.16}^{\ominus})_{O_2} + 0.182\,5 (H_{4\,000}^{\ominus} - H_{298.16}^{\ominus})_{NO} =$$
$$0.182\,5 \times 21.58 + 0.908\,75 \times 31.09 + 0.408\,75 \times 33.2 + 0.182\,5 \times 31.7 =$$
$$51.53 \text{ kcal}$$

2.13　有效压力和活性

G. N. Lewis 于 1901 年提出了有效压力的概念,它在区别真实气体的实际特性与理想气体的假想特性方面具有很大的价值,特别是在高压下。按照理想气体状态方程,在恒定温度下,一定质量的气体,其压强与体积的乘积 pV 为恒值而与压强 p 的量值无关。这时在 p-V 图上画出的等温线是等轴双曲线,但这与实验事实并不一致,而且可能会有很大的差别。例如对于

氮气,在 273 K,100 MPa 下,偏差可能达 100%,其他气体也有类似现象。

对于恒定温度下的理想气体

$$dG = nR_uT d(\ln p) \tag{2-138}$$

对于不具有理想特性的气体,上面的方程不能成立,但可以定义一个叫作有效压力的函数 f,无论是否理想气体,都能满足下述关系式:

$$dG = nR_uT d(\ln f) \tag{2-139}$$

对式(2-139)积分得

$$G_2 - G_1 = nR_uT \ln \frac{f_2}{f_1} \tag{2-140}$$

在这方面,有效压力可以看成是修正后的分压

$$f_i/p_i = \Gamma \quad (比例常数) \tag{2-141}$$

式中 Γ 是许多参数(例如温度和压力)的函数。对于理想气体

$$f/p = 1 \tag{2-142}$$

随着实际气体的压力降低,其特性就接近于理想气体,所以处于很低压力下的气体常被选取为基准状态,并假定比值 f/p 接近 1,即

$$\lim_{p \to 0} f/p = 1 \tag{2-143}$$

这里 f 具有压力的单位。

在温度为 T 的等温方程中,有效压力可按下式由压缩因子 Z 和压力 p 确定:

$$Z \cdot d(\ln p)_T = d(\ln f)_T \tag{2-144}$$

在恒定温度下,从 $p = 0$ 到某一有限的压力对式(2-144)积分,得

$$\ln f/p = \int_0^{p_T} (Z-1) d(\ln p_T)_T \tag{2-145}$$

在任何温度下,式(2-145)右边可以进行图解积分,利用通用压缩性图表查得对应每个较小压力 p_T 的 Z,从而求出 f 的值。

习　　题

2.1　简述热力学第一定律。

2.2　简述热力学第二定律。

2.3　简述热力学第三定律。

2.4　分析定容过程与定压过程的差异。

2.5　简述 Clausius 不等式。

2.6　对于气体化学反应,平衡准则有哪些?

2.7　推导等温过程化学反应平衡常数表达式。

2.8　化学反应的绝热火焰温度如何计算?

第3章 化学动力学基础

化学动力学是研究化学反应速度和反应机理的学科。它是物理化学的一个重要分支。任何化学反应大致有两方面的问题需要研究:

(1)反应的可能性问题:反应能否发生,反应方向和趋势。

(2)化学反应的速度问题,还有与速度有关的具体途径,也就是反应机理或反应历程的问题。

反应趋势和反应速度是两个不同的概念。研究反应趋势只须研究系统的初态和终态,与过程无关。研究化学反应速度首先是研究反应的具体过程,要了解反应如何一步一步地进行,然后才能从反应的每一个具体步骤的速度来确定反应过程的总的速度。

化学动力学要研究反应的过程,研究此过程中每一个反应步骤的反应速度,研究影响反应速度的各种条件,如浓度、温度、催化剂、化学结构等。

3.1 质量作用定律

质量作用定律是关于反应速度与反应浓度关系的定律。

3.1.1 浓度

浓度:指单位容积中所含物质的量。常用的浓度表示方式有三种:

(1)摩尔浓度 C_i:表示单位容积中 i 组分物质的摩尔数。

(2)分子浓度 n_i:表示单位容积中 i 组分的分子数。

$$n_i = N_A C_i \tag{3-1}$$

式中,$N_A = 6.023 \times 10^{23}$,为阿伏伽德罗常数。

(3)质量浓度 ρ_i:表示单位容积中 i 组分的质量。

$$\rho_i = C_i M_i = \frac{n_i M_i}{N_A} \tag{3-2}$$

单位容积中的全部质量为

$$\rho = \sum \rho_i \tag{3-3}$$

此外,还经常用相对浓度,它表示单位容积中某一组分的质量与全部物质质量之比。

一般 i 组分的质量分数表示为

$$Y_i = \frac{\rho_i}{\sum \rho_i} \tag{3-4}$$

摩尔分数表示为

$$X_i = \frac{C_i}{\sum C_i} \tag{3-5}$$

3.1.2 反应速度

反应速度指反应系统中单位时间内某一组分物质数量的变化。反应速度取决于系统条件:化合物浓度、温度、压力、是否有催化剂或抑制剂、辐射效应等。

对于容积不变的反应,用单位时间内物质浓度的变化来表示(注意正、负号的取向):

$$\omega = \pm \frac{\mathrm{d}C}{\mathrm{d}t} \tag{3-6}$$

例如反应:

$$a\mathrm{A} + b\mathrm{B} =\!=\!= g\mathrm{G} + h\mathrm{H} \tag{3-7}$$

反应速度为

$$\omega = \frac{\mathrm{d}[\mathrm{A}]}{-a\,\mathrm{d}t} = \frac{\mathrm{d}[\mathrm{B}]}{-b\,\mathrm{d}t} = \frac{\mathrm{d}[\mathrm{G}]}{g\,\mathrm{d}t} = \frac{\mathrm{d}[\mathrm{H}]}{h\,\mathrm{d}t} \tag{3-8}$$

有时把化学反应式写成和式的形式:

$$\sum_{i=1}^{N} v'_i \mathrm{A}_i \rightarrow \sum_{i=1}^{N} v''_i \mathrm{A}_i \tag{3-9}$$

其中,A_i 表示 i 组分的分子式;v'_i 和 v''_i 分别表示反应物和生成物中 i 组分的分子数。

用任一组分 A_i 的浓度变化率来表示反应速度为 $\omega_i = \dfrac{\mathrm{d}[\mathrm{A}_i]}{\mathrm{d}t}$。各组分的 ω_i 不同,但对各组分,ω_i 除以 $(v''_i - v'_i)$ 是相同的,故反应速度可表示为

$$\omega = \frac{\omega_i}{v''_i - v'_i} \tag{3-10}$$

3.1.3 质量作用定律

质量作用定律表明反应速度与反应物浓度的关系。当温度不变时,反应速度与当时的反应物浓度的一定方次的乘积成正比。

例如反应:

$$a\mathrm{A} + b\mathrm{B} =\!=\!= g\mathrm{G} + h\mathrm{H} \tag{3-11}$$

反应速度为

$$\omega = k\,[\mathrm{A}]^a\,[\mathrm{B}]^b \tag{3-12}$$

对于反应:

$$\sum_{i=1}^{N} v'_i \mathrm{A}_i \rightarrow \sum_{i=1}^{N} v''_i \mathrm{A}_i \tag{3-13}$$

反应速度为

$$\omega = k\,[\mathrm{A}_1]^{v'_i}\,[\mathrm{A}_2]^{v'_2} \cdots [\mathrm{A}_N]^{v'_N} = k \prod_{i=1}^{N} [\mathrm{A}_i]^{v'_i} \tag{3-14}$$

式中,k 是比例常数,称为反应速度常数或比速度。

式(3-14)中各反应物浓度的方次之和 v 叫作反应级数,即

$$v = \sum_{i=1}^{N} v_i \tag{3-15}$$

反应级数不同,表示反应物浓度对反应速度的影响不同。

质量作用定律是一个由大量试验总结得到的经验关系式。

注意:应用质量作用定律所根据的化学反应式必须是真正表示实际反应过程的动力学反应式。有的反应式只表示总的反应前后的质量平衡,表示各组分的化学计量关系,不一定表示实际的反应过程。

3.2　反　应　机　理

反应机理是指整个反应过程如何一步一步完成,它包括组成整个反应的具体反应步骤,也包括反应过程中的一系列具体的细节。化学反应一般由一个或多个基元反应组成。组成化学反应的每一个最基本的化学变化叫作基元反应。可以认为基元反应是反应物的粒子通过一步实现的一种化学反应,因此,基元反应的反应式就是动力学反应式,可应用质量作用定律写出反应速度的关系式。

化学反应按反应复杂程度可分为简单反应和复杂反应。由一个基元反应组成的化学反应称为简单反应。由两个或两个以上的基元反应组成的化学反应叫作复杂反应。简单反应按参加反应的分子数而分成单分子反应、双分子反应和三分子反应。常见的复杂反应有可逆反应、平行反应、连串反应等。

3.2.1　单分子反应

例如:
$$I_2 \rightarrow 2I$$
上述反应属于一级反应:$v=1$。

单分子反应速度如下:

$$\omega = -\frac{d[I_2]}{dt} = k[I_2] \tag{3-16}$$

3.2.2　双分子反应

例如:
$$2NO_2 \longrightarrow 2NO + O_2$$
上述反应属于二级反应:$v=2$。

双分子反应速度如下:

$$\omega = -\frac{d[NO_2]}{dt} = k[NO_2]^2 \tag{3-17}$$

3.2.3　三分子反应

例如:
$$A + B + C \rightarrow D$$
上述反应属于三级反应:$v=3$。

三分子反应速度如下:

$$\omega = \frac{d[D]}{dt} = k[A][B][C] \tag{3-18}$$

3.2.4　可逆反应

能在正、反两个方向同时进行的基元反应叫作可逆反应,也称作对峙反应。

例如：$A+B \underset{k_2}{\overset{k_1}{\rightleftharpoons}} G+H$，$k_1$ 和 k_2 分别表示正向和逆向的反应速度常数。

正向反应的反应速度：$\qquad\qquad \omega_1 = k_1[A][B]$

逆向反应的反应速度：$\qquad\qquad \omega_2 = k_2[G][H]$

如果以 A 的净消耗速度或者 G 的净生成速度表示总反应速度，则

$$\omega = -\frac{d[A]}{dt} = \frac{d[G]}{dt} = \omega_1 - \omega_2 = k_1[A][B] - k_2[G][H] \qquad (3-19)$$

3.2.5　平行反应

相同的反应物（单分子或多分子）同时进行两个不同的反应，如

上述反应是 A 分子的两个平行的单分子反应形成的平行反应，对每一个基元反应都可应用质量作用定律。

总的反应速度由 A 的消耗速度表示：

$$\omega = -\frac{d[A]}{dt} = \frac{d[B]}{dt} + \frac{d[C]}{dt} = (k_1 + k_2)[A] \qquad (3-20)$$

k_1 和 k_2 决定了每个基元反应的反应速度，速度快的为主反应，速度慢的为次反应。总反应速度更多地取决于主反应的速度。

3.2.6　连串反应

前一步基元反应的生成物作为下一步反应的反应物，接连进行下一步反应，这样一步反应接着另一步反应，经过几个步骤方能达到最后的结果，叫作连串反应。

如：$\qquad\qquad\qquad A \xrightarrow{k_1} B \xrightarrow{k_2} C$

各组分浓度变化如下：

$$-\frac{d[A]}{dt} = k_1[A] \qquad (3-21)$$

$$\frac{d[B]}{dt} = k_1[A] - k_2[B] \qquad (3-22)$$

$$\frac{d[C]}{dt} = k_2[B] \qquad (3-23)$$

此外，还有其他的复杂反应，如共轭反应、自动催化反应、链反应等。

注意：反应分子数和反应级数，是两个不完全相同的概念。反应分子数指参与反应的分子的数量，直接说明反应机理。反应级数指反应速度同反应物浓度的若干次方的乘积成正比，是在实际过程中表现出来的反应速度同反应物浓度的关系。简单反应中，反应分子数与反应级数相等；复杂反应，两者不一定相等。

3.3 简单反应中浓度的变化

3.3.1 一级反应

一级反应的反应速度与浓度的关系为

$$-\frac{dC}{dt} = kC \qquad (3-24)$$

式中，C 为反应物浓度；t 为时间；k 为反应速度常数。在等温条件下，k 为常值。

式（3-24）积分，得

$$\ln C = -kt + \ln C_0 \qquad (3-25)$$

$$\ln \frac{C}{C_0} = -kt \qquad (3-26)$$

$$C = C_0 e^{-kt} \qquad (3-27)$$

可见，对于一级反应，$\ln C$ 与 t 为线性关系。这是判断反应是否为一级反应的重要判定标准。

半衰期是指反应物浓度减少到一半所需的时间。半衰期的长短表征反应的快慢，作为反应的特征时间：

$$t_{1/2} = -\frac{1}{k} \ln \frac{1}{2} = \frac{0.6932}{k} \qquad (3-28)$$

3.3.2 二级反应

双分子反应：
$$A + B \longrightarrow D$$

为二级反应，反应速度为

$$-\frac{dC_A}{dt} = kC_A C_B \qquad (3-29)$$

式中，C 表示浓度；t 为时间；k 为反应速度常数。

假设 A，B 的初始浓度相同，则任一时刻，A 和 B 的浓度相同：

$$-\frac{dC}{dt} = kC^2 \qquad (3-30)$$

式（3-30）积分，得

$$\frac{1}{C} = kt + \frac{1}{C_0} \qquad (3-31)$$

$$\frac{1}{C} - \frac{1}{C_0} = kt \qquad (3-32)$$

可见，对于二级反应，当两种反应物初始浓度相等时，$\frac{1}{C}$ 与 t 为线性关系。这是判断反应是否为二级反应的重要判定标准。

二级反应是最常见的反应。溶液中的反应、气相中的反应大部分都是二级反应；燃烧过程中气相反应一般为二级反应。

将 $C = \dfrac{1}{2}C_0$ 代入方程式（3-32），可得二级反应的半衰期为

$$t_{1/2} = \frac{1}{kC_0} \qquad (3-33)$$

对于二级反应，半衰期和初始浓度也有关系。

3.3.3 三级反应

如果三种分子的初始浓度都相同，反应速度为

$$-\frac{\mathrm{d}C}{\mathrm{d}t} = kC^3 \qquad (3-34)$$

式（3-34）积分，得

$$\frac{1}{C^2} = 2kt + \frac{1}{C_0} \qquad (3-35)$$

当三种反应物初始浓度相等时，$\dfrac{1}{C^2}$ 与 t 为线性关系。

半衰期为

$$t_{1/2} = \frac{31}{2kC_0} \qquad (3-36)$$

3.3.4 v 级反应

一般，v 级反应的反应速度为

$$-\frac{\mathrm{d}C}{\mathrm{d}t} = kC^v \qquad (3-37)$$

式（3-37）积分，得

$$\frac{1}{C^{v-1}} = (v-1)kt + \frac{1}{C_0} \qquad (3-38)$$

当初始浓度相等时，$\dfrac{1}{C^{v-1}}$ 与 t 为线性关系。

半衰期为

$$t_{1/2} = \frac{2^{v-1}-1}{v-1}\frac{1}{kC_0} \qquad (3-39)$$

对于任何化学反应：

$$\sum_{i=1}^{N} v'_i A_i \rightarrow \sum_{i=1}^{N} v''_i A_i$$

组分反应速度为

$$\omega_i = -\frac{\mathrm{d}C_i}{\mathrm{d}t} = k(v''_i - v'_i)\prod_{i=1}^{N} C_i \qquad (3-40)$$

总反应速度为

$$\omega = \frac{\omega_i}{v''_i - v'_i} = k\prod_{i=1}^{N} C_i \qquad (3-41)$$

3.4　连串反应中浓度的变化

连串反应在燃烧中出现较多,这类反应各组分浓度随时间变化的关系比简单反应复杂。对于一级连串反应:

$$A \xrightarrow{k_1} B \xrightarrow{k_2} C$$

各组分浓度变化如下:

$$\frac{d[A]}{dt} = -k_1[A] \tag{3-42}$$

$$\frac{d[B]}{dt} = k_1[A] - k_2[B] \tag{3-43}$$

$$\frac{d[C]}{dt} = k_2[B] \tag{3-44}$$

将上面三个式子相加:

$$\frac{d[A]}{dt} + \frac{d[B]}{dt} + \frac{d[C]}{dt} = 0 \tag{3-45}$$

因此
$$[A] + [B] + [C] = 常数$$

假设, $t=0$ 时, $[A]=[A]_0$, $[B]=[C]=0$, 则 $[A]+[B]+[C]=[A]_0$。

以此为初始条件,求解得到

$$[A] = [A]_0 e^{-k_1 t} \tag{3-46}$$

$$[B] = \frac{k_1}{k_2 - k_1}[A]_0 (e^{-k_1 t} - e^{-k_2 t}) \tag{3-47}$$

$$[C] = [A]_0 \left[1 + \frac{1}{k_1 - k_2}(k_2 e^{-k_1 t} - k_1 e^{-k_2 t}) \right] \tag{3-48}$$

三种组分浓度变化随时间关系为式(3-46)至式(3-48),用曲线表示如图3-1所示。

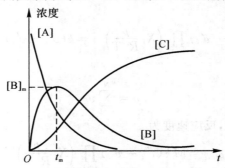

图 3-1　三种组分浓度变化随时间关系

当B生成速率与消耗速率相同时, $[B]$ 达到最大值 $[B]_m$, 由此可确定达到的时间 t_m, 如下:

$$t_m = \frac{\ln \dfrac{k_2}{k_1}}{k_2 - k_1} \tag{3-49}$$

$$[B]_m = [A]_0 \left(\frac{k_2}{k_1} \right)^{\frac{k_2/k_1}{1 - k_2/k_1}} \tag{3-50}$$

通常把[C]显著增长以前的这段时间称为诱导期或感应期。在此期间,[B]快速增加,为[C]快速增长作准备。

在连串反应中,最慢一步的反应速度决定总反应速度。

常用一种近似方法 —— 准稳态法 —— 来求解。

3.5 压力对反应速度的影响

在气相反应中,压力的大小反映了物质的浓度,根据气体状态方程:

$$C = \frac{N}{V} = \frac{P}{R_0 T} \tag{3-51}$$

i 组分的摩尔浓度 C_i,可用其分压 p_i 表示:

$$C_i = \frac{N_i}{V} = \frac{p_i}{R_0 T} \tag{3-52}$$

摩尔分数为

$$X_i = \frac{C_i}{C} = \frac{p_i}{p} \tag{3-53}$$

显然

$$C_i = C X_i = X_i \frac{p}{R_0 T} \tag{3-54}$$

i 组分作为反应物的 v 级反应,反应速度为

$$-\frac{\mathrm{d}C_i}{\mathrm{d}t} = k C_i^v = k \left(\frac{p_i}{R_0 T} \right)^v = k X_i^v \left(\frac{p}{R_0 T} \right)^v \tag{3-55}$$

对于反应

$$\sum_{i=1}^{N} v'_i A_i \longrightarrow \sum_{i=1}^{N} v''_i A_i \tag{3-56}$$

反应速度为

$$\omega_i = -\frac{\mathrm{d}C_i}{\mathrm{d}t} = k(v''_i - v'_i) \prod_{i=1}^{N} \left(X_i \frac{p}{R_0 T} \right)^{v'_i} = k(v''_i - v'_i) \left(\frac{p}{R_0 T} \right)^v \prod_{i=1}^{N} (X_i)^{v'_i} \tag{3-57}$$

反应级数为

$$v = \sum_{i=1}^{N} v_i \tag{3-58}$$

用质量浓度的变化表示,反应速度为

$$\omega_{g,i} = M_i k(v''_i - v'_i) \prod_{i=1}^{N} \left(X_i \frac{p}{R_0 T} \right)^{v'_i} \tag{3-59}$$

3.6 温度对反应速度的影响

质量作用定律反映了一定温度下浓度对化学反应速度的影响。在温度变化的情况下,温度对反应速度的影响也特别显著。

大多数反应的反应速度随温度的升高而迅速增加。温度对反应速度的影响规律是什么。目前有两个规律得到研究人员的认同:范特荷甫规律和阿累尼乌斯定律。

范特荷甫(Van't Hoff)根据试验得到一个近似规律：一般反应，当温度升高 10℃ 时，反应速度大约增加到 2 ～ 4 倍。用反应速度常数 k 表示此规则为

$$k_{T+10}/k_T = 2 \sim 4 \tag{3-60}$$

阿累尼乌斯(S. Arrhenius)根据试验，发现反应速度常数 k 与 T 之间有如下关系：

$$\ln k = \frac{-A}{T} + B \tag{3-61}$$

式中，A，B 为常数。

$$\frac{\mathrm{d}\ln k}{\mathrm{d}T} = \frac{A}{T^2} \tag{3-62}$$

用通用气体常数 R_0 分别乘以右边的分子、分母，且让 $E = AR_0$，则得到

$$\frac{\mathrm{d}\ln k}{\mathrm{d}T} = \frac{E}{R_0 T^2} \tag{3-63}$$

$$\ln k = -\frac{E}{R_0 T} + B = -\frac{E}{R_0 T} + \ln Z \tag{3-64}$$

整理可得

$$k = Z\mathrm{e}^{-\frac{E}{R_0 T}} \tag{3-65}$$

式(3-65)就是阿累尼乌斯定律常用的关系式，包括两个常数：活化能 E 和指前因子 Z。随着温度升高，反应速度常数按指数规律迅速增大。具体关系曲线如图 3-2 所示。

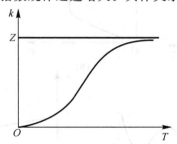

图 3-2　阿累尼乌斯定律关系曲线

1889 年阿累尼乌斯提出其定律时也提出了理论解释：分子之间要发生反应需要两个分子相遇或碰撞。但不是任何分子相遇都发生反应，只有少数特别活泼的分子碰撞才有作用。所谓这些分子的活泼就是指它们的碰撞能量比普通的分子要超过一定的数值 E，这个超过的能量 E 使分子变成活化分子，也就是阿累尼乌斯定律中的活化能。

3.6.1　活化能

只有碰撞分子所具有的能量超过所需要的活化能才能发生反应。一般化学反应的活化能为 10 ～ 100 kcal/mol。许多燃烧反应的活化能大约为 40 kcal/mol。活化能越小，其反应速度越快。

活化能与反应热有一定的关系。

一般说来，活化能与温度无关。但精确试验表明，E 随温度稍有变化。

各类化学反应的活化能各不相同，它随反应的种类、反应物的结构和反应条件而改变。

3.6.2 指前因子

Z 表示反应物浓度为单位浓度时在单位时间、单位体积中分子碰撞的总数。它代表碰撞频率,又称频率因子。

温度对反应速度的影响,不仅通过 $e^{-\frac{E}{R_0 T}}$,而且通过指前因子 Z,但是由于前者的温度处在指数项上,影响比 Z 大,因此 Z 的影响相对可以忽略不计。

阿累尼乌斯定律应用范围广,不仅适用于一般的均相反应,而且也适用于非均相反应。

在燃烧理论中,阿累尼乌斯定律表示化学反应速度随温度的变化。但是,分子碰撞理论的分析只适用于基元反应。对于复杂反应,总的反应速度受温度的影响,只能从各个基元反应的速度来进行计算,不能直接应用阿累尼乌斯公式。

但是,在某些情况下,一定的温度范围内,某些复杂反应的反应速度可以近似用阿累尼乌斯公式来表示,其中包括相应的指前因子和活化能。

图 3-3 表示五种类型的反应速度随温度的变化关系。

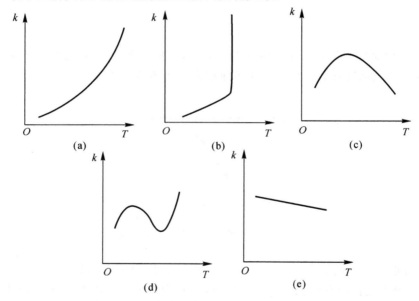

图 3-3 反应速度常数随温度变化的五种类型

只有图 3-3(a) 所示可用阿累尼乌斯定律。

3.7 链 反 应

链反应是一种特殊的化学反应,它由一系列基元反应组成。这种反应一经激发就可以经过一系列连锁步骤自动发展下去。反应的发展依靠激发反应中产生的活化分子(或原子、原子团),又称活性中心。

链反应分为直链反应和支链反应两类。

3.7.1 直链反应

直链反应中,消耗活性中心的数量与新产生的活性中心数量相等。

直链反应分两步:

(1)首先要产生链载体,这是链反应的第一阶段,称为链的开始,又称为链的引发。

(2)第二阶段为链的传递。活性分子参与相应的基元反应,促使生成生成物的反应迅速进行,同时又生成新的活性中心。

从链传递的各个基元反应来看,每一反应消耗活性中心的数量等于新生成的数量,经过这个反应以后,活性中心的数量不增不减,这是直链反应的特征。

但是,有时发生链的终止,又称链的破坏。

例如:

$$H_2 + Br_2 \longrightarrow 2HBr$$

Bodenstain 和 Lind 提出如下链反应机理:

(1)$Br_2 \longrightarrow 2Br$

(2)$H_2 + Br \longrightarrow HBr + H$

(3)$H + Br_2 \longrightarrow HBr + Br$

(4)$H + HBr \longrightarrow H_2 + Br$

(5)$Br + Br \longrightarrow Br_2$

其中:(1)为链反应的第一阶段;(2)(3)为第二阶段;(4)也属于链的传递,它消耗 HBr,影响生成 HBr 的速度;(5)为链的终止,不利于链反应的完成。

可推导得到该直链反应速度为

$$\frac{d[HBr]}{dt} = \frac{2k_3 k_2 \{(k_1/k_5)[Br_2]\}^{\frac{1}{2}}[H][Br]}{k_3[Br_2] + k_4[HBr]} \tag{3-66}$$

3.7.2 支链反应

对于支链反应(分支链反应),在链的传递中,一个活性中心参与某一基元反应后生成多于一个新的活性中心。

在支链反应中,活性中心的数量有可能愈来愈多,总的反应速度也会愈来愈快。其一般机理如下:

(1)$M \xrightarrow{k_1} R + \cdots$

(2)$R + M \xrightarrow{k_2} \alpha R + M' \quad \alpha > 1$

(3)$R + M \xrightarrow{k_3} 生成物$

(4)$R \xrightarrow{k_4} 在容器壁上销毁$

(5)$R \xrightarrow{k_5} 在气相中销毁$

各反应:

(1)为链的开始,同直链反应一样,要通过获得较多的能量才能形成活性中心开始链反应。

(2)为链的分支,通过这个反应,活性中心数量增加,促成后面的反应速度增加。

（3）是生成生成物，同（4）（5）一样，都是链的终止。

可推导得到该支链反应的反应速度为

$$\omega = k_3[\mathrm{R}][\mathrm{M}] = \frac{k_3 k_1 [\mathrm{M}]^2}{k_3[\mathrm{M}] + k_4 + k_5 - k_2(\alpha - 1)[\mathrm{M}]} \tag{3-67}$$

将式（3-67）推广，得到支链反应的一般公式为

$$\omega = \frac{F(C)}{f_s + f_c + A(1 - \alpha)} \tag{3-68}$$

式中，$F(C)$ 为反应物浓度的函数；f_s 是活性中心在容器壁面销毁速度的因素，同 k_4 有关；f_c 是活性中心在气相中销毁的因素，与 $k_3[\mathrm{M}]$ 和 k_5 有关；A 相当于 $k_2[\mathrm{M}]$，是反应物浓度的函数；α 是支链反应中活性中心增殖的倍数。

在直链反应中，$\alpha = 1$，$\omega = F(C)/(f_s + f_c)$，反应速度是一个有限值。

在支链反应中，$\alpha > 1$，$A(1 - \alpha)$ 为一负值，此负值抵消 $f_s + f_c$，使反应速度增大，极端情况，为

$$f_s + f_c + A(1 - \alpha) = 0 \tag{3-69}$$

则反应速度趋于无限大，在一定条件下就要发生爆炸。这种由于支链反应引起的爆炸称为链爆炸。

链爆炸不靠热的作用，而是靠分支链反应中活性中心的迅速增殖，使反应速度迅速增长，形成爆炸。

3.8　爆　炸　极　限

3.8.1　H_2-O_2 系统

在试验中可以观察到，一个装有氢和氧的压力容器，在如图 3-4 所示的条件下，当压力提高时就会发生爆炸。根据直觉可以假定，当压力提高时，自由基的浓度将增大，以至引起爆炸。但是，在试验中也会发现，当压力降低时也会发生爆炸。

封闭容器中存在爆炸极限可以很简单地理解为，容器表面上及气相内链终止反应与链分支反应相比谁占优势。第一个，亦即较低的爆炸极限，出现在一个较大的温度范围内，并几乎在同样的压力下。链载体在壁面上消失（壁面效应）和链载体在气相反应中产生之间达到平衡，就确定了这个较低的爆炸极限。在这个较低的压力范围内，碰撞次数和链载体产生的速率都很低。

$$a'_{临界} = (1 + C_1) + C_2/C_M，以及 C_M \propto p \tag{3-70}$$

压力愈低，$a'_{临界}$ 的值愈大，因而爆炸的机会就愈小。但是，这些分析却不能预测爆炸极限的准确位置，只能解释每个区域中的反应机理。

压力升高，气相反应产生链载体的速率增加，到某种程度时，壁面上链载体的消失就不再足以阻止支链爆炸。较低的爆炸极限的条件，就是气相中链的分支与壁面上链的消失达到平衡。球形容器中化学计量比的氢-氧混合物的爆炸极限如图 3-5 所示。

随着压力上升到爆炸极限，气相中链的分支就变得很重要。关于其反应动力学有两种假设：

20 世纪 20 年代许多研究工作者认为

$$H_2 \longrightarrow 2H - 106 \ kcal/mol（离解）\qquad (3-71)$$

Lewis 和 Von Elbe 提出

$$H_2 + O_2 + M \longrightarrow H_2O_2 + M^*$$
$$\downarrow$$
$$2OH - 51 \ kcal/mol \qquad (3-72)$$

OH 基产生以后

$$OH + H_2 \longrightarrow H_2O + H + 15 \ kcal/mol$$

$$H + O_2 \longrightarrow OH + O - 16 \ kcal/mol$$

$$O + H_2 \longrightarrow OH + H - 2 \ kcal/mol$$

式(3-71)反应比式(3-72)反应的吸热量更大,但是式(3-72)反应需要一个与离解反应不同的载体反应。所以,在低温下可能是式(3-72)反应,而在高温下则可能是式(3-72)反应。

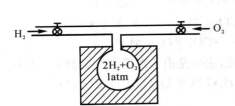

图 3-4　压力容器中 H_2 和 O_2 的混合物

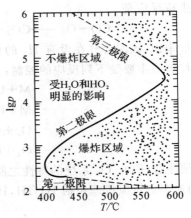

图 3-5　球形容器中化学计量比的氢—氧混合物的爆炸极限

在较高的压力下,将达到第二爆炸极限。如果加入一个载体反应

$$H + O_2 + M \longrightarrow HO_2 + M \qquad (3-73)$$

就不难解释第二爆炸极限的存在。在这个反应中,M 代表能够使 H 和 O_2 稳定结合的任何第三分子。由于亚稳态的中间产物过氧化氢基(HO_2)是相当不活泼的,所以它会向壁面扩散。HO_2 成为自由价消失的媒介物,从而上面的反应可以看作是一个链终止反应。当压力升高时,三元碰撞 $H + O_2 + M$ 的频率相对于二元碰撞 $H + O_2$ 的频率而言将会增大,因此就会有这样一个压力,超过了它,自由价消失的速率将会超过链分支反应产生自由价的速率,由此建立了第二爆炸极限。HO_2 在壁面上消失,可以用下面的反应表示:

$$HO_2 \xrightarrow{\text{壁面}} \frac{1}{2}H_2 + O_2 \qquad (3-74)$$

$$HO_2 \xrightarrow{\text{壁面}} \frac{1}{2}H_2O + \frac{3}{4}O_2 \qquad (3-75)$$

至此,可以假设 HO_2 在链传递或链分支中不再起作用,而是在壁面上消失了。

然而,在第二爆炸极限之上的某个压力下,HO_2 却按下面的反应参与了链传递过程:

$$HO_2 + H_2 \longrightarrow H_2O_2 + H \downarrow$$
$$\downarrow$$
$$2OH$$

$$(3-76)$$

因此,在某一临界压力之上,自由基的数目将激增,这个临界压力就确定了第三爆炸极限。现在,H_2O 的键频率与 HO_2 的很接近,其结构是

$$H—O—H$$
$$O—O—H$$

所以 H_2O 是方程式(3-73)的反应中最好的载体。在爆炸极限图上指出了 H_2O 和 HO_2 有显著影响的区域。值得说明的是,当 $T > 600℃$ 时,HO_2 不稳定,因而在任何压力下都会爆炸。

3.8.2 CO—O_2 系统

一氧化碳和氧的混合物也存在爆炸极限。

链生成反应是

$$CO + O_2 \longrightarrow CO_2 + O, \quad \Delta H_r = 9 \text{ kcal/mol} \quad (放热) \quad (3-77)$$

一般来说,该混合气在没有 H_2 的情况下较难发生这种链生成反应。Lewis 和 VonElbe 认为爆炸极限主要受下列反应的控制:

$$M + CO + O \longrightarrow CO_2 + M$$
$$M + O + O_2 \longrightarrow O_3 + M* \quad (放热)$$
$$O_3 + CO \longrightarrow CO_2 + 2O \quad (非常迅速)$$
$$O_3 + CO + M \longrightarrow CO_2 + O_2 + M*$$

必须注意,$CO-O_2$ 系统的特性之所以会改变,主要是由于混进了少量的 H_2 或 H_2O 的缘故,控制速率的反应机理包括 H,OH,H_2,HO_2,H_2O 以及 O,O_2,CO,CO_2,O_3。

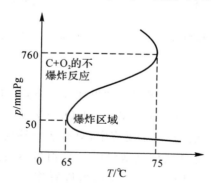

图 3-6 化学计量比的 $CO-O_2$ 混合物的爆炸极限

水煤气反应最有可能是表面催化反应:

$$CO + H_2O \Longleftrightarrow CO_2 + H_2 \quad (表面)$$

接着就是氢和氧的表面反应:

$$H_2 + O_2 \Longleftrightarrow H_2O_2 \quad (表面)$$

链载体的提供,要依靠气相中 H_2O_2 的离解:

$$H_2O_2 \longrightarrow 2OH$$

$$OH + CO \longrightarrow CO_2 + H$$
$$H + O_2 \longrightarrow OH + O$$

习　题

3.1　简述质量作用定律。

3.2　写出 v 级反应的判定准则和半衰期。

3.3　分析定温条件下压强对化学反应速度的影响。

3.4　分析温度对化学反应速度的影响。

3.5　分析阿累尼乌斯各参数的意义。

3.6　推导 $H_2 + Br_2 \longrightarrow 2HBr$ 直链反应速度。

3.7　一级连串反应 $A \xrightarrow{k_1} B \xrightarrow{k_2} C$ 中,A 初始浓度为 $[A]_0$,作图分析各组分浓度变化,求出 C 的反应诱导期,并写出反应诱导期时各组分浓度表达式。

第 4 章　多组分反应系统的基本方程

本章针对多组分连续介质,利用有关定律导出描述多组分反应流体混合物的守恒方程。方程推导过程采用控制体法(欧拉法)。所谓反应流体力学,是指利用连续介质力学观点,研究各种有化学反应的流动过程,这些过程都有化学反应和传热、传质的多组分流体的流动。所谓控制体法,是指研究的不是流体的微团本身,而是流体微团所流过的空间(流场)。

4.1　多组分连续介质的主要参数

假定多组分反应气体混合物是由多种连续介质所形成的连续介质,同时也假定各组分气体都是完全气体。

4.1.1　密度(浓度)

组分 i 在某点的分密度为

$$\rho_i(\xi) = \lim_{\Delta V \to 0} \frac{\Delta m_i}{\Delta V} = \frac{dm_i}{dV} \quad i = 1, 2, 3, \cdots, N \tag{4-1}$$

总密度为

$$\rho = \sum_{i=1}^{N} \rho_i \tag{4-2}$$

用质量分数 Y_i 来表示组分 i 的质量在混合气体质量中所占的比例,如

$$Y_i = \frac{\rho_i}{\rho} \tag{4-3}$$

$$\sum_{i=1}^{N} Y_i = \sum_{i=1}^{N} \frac{\rho_i}{\rho} = 1 \tag{4-4}$$

4.1.2　温度

温度用 T 表示。

4.1.3　压力

假如混合气体中存在多种组分,那么每种组分都存在一个分压力。假设各组分为完全气体,分压力和总压力分别定义如下:

(1)分压力:混合气体中组分气体分子运动所产生的压力等于它单独存在时的压力,此压力称为气体组分的分压力。

(2)总压力:所有气体组分的分子运动同时作用产生的压力是整个混合气体的总压力。根据道尔顿定律,它等于全部气体组分的分压力之和。

总压力和分压力关系如下:

$$p = \sum_{i=1}^{N} p_i \tag{4-5}$$

由分压力定义可得组分 i 的状态方程为

$$p_i = \rho_i \frac{R_0}{M_i} T = \frac{Y_i}{M_i} \rho R_0 T \tag{4-6}$$

混合气体状态方程为

$$p = \sum_{i=1}^{N} \frac{Y_i}{M_i} \rho R_0 T \tag{4-7}$$

混合气体平均分子量为

$$M = \left(\sum_{i=1}^{N} \frac{Y_i}{M_i} \right)^{-1} \tag{4-8}$$

摩尔分数与压力分数关系为

$$X_i = \frac{C_i}{\sum\limits_{i=1}^{N} C_i} = \frac{\dfrac{Y_i}{M_i}}{\sum\limits_{i=1}^{N} \dfrac{Y_i}{M_i}} = \frac{p_i}{p} \tag{4-9}$$

4.1.4　内能和焓

组分 i 的比内能为

$$u_i = u_i^0 + \int_{T_0}^{T} C_{V,i} \mathrm{d}T \tag{4-10}$$

组分 i 的比焓为

$$h_i = u_i + \frac{p_i}{\rho_i} = h_i^0 + \int_{T_0}^{T} c_{p,i} \mathrm{d}T \tag{4-11}$$

混合气体的比内能为

$$u = \sum_{i=1}^{N} Y_i u_i = u_0 + \int_{T_0}^{T} C_V \mathrm{d}T \tag{4-12}$$

混合气体的比焓为

$$h = \sum_{i=1}^{N} Y_i h_i = h_0 + \int_{T_0}^{T} C_p \mathrm{d}T \tag{4-13}$$

u 和 h 不仅是温度的函数,还与混合气体的组成有关。

4.1.5　速度

混合气体平均运动速度 v 是各组分的运动速度按其质量分数加权的平均速度,数学表达式如下:

$$v = \sum_{i=1}^{N} Y_i v_i \tag{4-14}$$

每一组分的扩散速度 v'_i,也就是每一组分相对混合物的相对运动速度,即

$$v'_i = v_i - v \tag{4-15}$$

$$\sum_{i=1}^{N} Y_i v_i = \sum_{i=1}^{N} Y_i v'_i - \sum_{i=1}^{N} Y_i v = v - v = 0 \tag{4-16}$$

任一组分 i 的扩散速度通常由浓度梯度和扩散系数确定。

某一组分的浓度梯度不仅与扩散速度有关,而且与压力梯度扩散、彻体力扩散、热扩散有关。

4.1.6　Fick 扩散定律

早在 1855 年,Fick 就提出:如果不计热扩散、彻体力扩散及压力梯度扩散,只考虑浓度梯度扩散,在单位时间内通过垂直于扩散方向的单位截面积的扩散物质流量(扩散通量)与该截面处的浓度梯度成正比,也就是说,浓度梯度越大,扩散通量越大。故扩散通量 $Y_i V_i$ 可采用如下方程表示(Fick 定律):

$$Y_i v'_i = - D_{i,0} \nabla Y_i \tag{4-17}$$

式中,$D_{i,0}$ 为 i 组分对混合气的双元扩散系数。

4.1.7　实导数

用欧拉法描述流场时,流体的各个物理量不仅是时间的函数,也是空间位置的函数。因此,确定流体微团的任一物理量 A 相对于时间的变化率应包括两部分:

(1)t 时刻位于空间点 P 上的流体微团 A 是时间的函数,在这个点上 A 随时间变化;

(2)原在 P 点的微团经 dt 时间后由于流动到了 Q 点,一般来说,Q 点的 A 和在 P 点时有些不同,也就是说,由于迁移引起 A 的变化。

由一物理量 $A(x,y,z,t)$,具有速度 $v(v_x,v_y,v_z,t)$,A 在空间一点的总变化率为

$$\frac{dA}{dt} = \frac{\partial A}{\partial t} + V_x \frac{\partial A}{\partial x} + V_y \frac{\partial A}{\partial y} + V_z \frac{\partial A}{\partial z} \tag{4-18}$$

由这个算式得到的导数称为随流体运动的导数或实导数。

4.2　连　续　方　程

用 w_i 代表单位时间、单位体积内由于化学反应生成组分 i 的净质量,在整个反应中,一种组分可以转变为另一组组分,但是参加化学反应各物质的质量总和保持不变,从而

$$\sum_{i=1}^{N} w_i = 0 \tag{4-19}$$

在这个前提下,分别讨论在有化学反应的情况下组分 i 的连续方程和混合气体的整体连续方程。

4.2.1　组分 i 的连续方程

设在流场中任取一控制体 V(它在空间是固定的),该控制体的表面为控制面 S。在有化学反应的情况下,因为占据控制体 V 的流体内存在着各组分的质量源和汇,所以根据质量守恒定律,单位时间内,组分 i 从控制面 S 流出的净质量与其在控制体内质量的变化率之和等于组分 i 在控制体 V 内的生成率,即

$$\iint_S \rho_i v_i n \, dS + \frac{\partial}{\partial t} \iiint_V \rho_i \, dV = \iiint_V w_i \, dV \tag{4-20}$$

根据高斯（Gauss）定理

$$\iint_S \rho_i v_i n \, \mathrm{d}S = \iiint_V \nabla \, \rho_i v_i \mathrm{d}V$$

控制体 V 是固定的,不随时间而变化,因此在积分号之前的对时间偏导数运算符 $\dfrac{\partial}{\partial t}$ 可以移到积分号之内。于是式(4-20)可以写为

$$\iiint_V \nabla \, \rho_i v_i \mathrm{d}V + \iiint_V \frac{\partial \rho_i}{\partial t} \mathrm{d}V = \iiint_V w_i \mathrm{d}V \qquad (4-21)$$

因为 V 是任意取的,所以式(4-21)中等号两侧积分中的被积分函数应相等,即

$$\nabla \, \rho_i v_i + \frac{\partial \rho_i}{\partial t} = w_i, \quad i = 1, 2, \cdots, N \qquad (4-22)$$

其中 $\rho_i = \rho Y_i, v_i = v + v'_i$,因此上式又可写成

$$\frac{\partial(\rho Y_i)}{\partial t} + \nabla \, (\rho Y_i v'_i) + \nabla \cdot (\rho Y_i v'_i) = w_i, \quad i = 1, 2, \cdots, N \qquad (4-23)$$

该式就是最后求得的组分 i 的连续方程。

4.2.2　整体连续方程

将式(4-23)对全部 N 种组分求和,即

$$\frac{\partial}{\partial t} \sum_{i=1}^{N} \rho Y_i + \nabla \, \left(\sum_{i=1}^{N} \rho Y_i V \right) + \nabla \, \left(\sum_{i=1}^{N} \rho Y_i v'_i \right) = \sum_{i=1}^{N} w_i$$

由于

$$\sum_{i=1}^{N} \rho Y_i = \rho, \qquad \sum_{i=1}^{N} \rho Y_i V = \rho V$$

$$\sum_{i=1}^{N} \rho Y_i v'_i = 0, \qquad \sum_{i=1}^{N} w_i = 0$$

从而有

$$\frac{\partial \rho}{\partial t} + \nabla \cdot \rho V = 0 \qquad (4-24)$$

该式就是最后求得的反应混合气体的整体连续方程。它同无化学反应的气体动力学中的连续方程是一样的。

4.3　动　量　方　程

这里所说的动量方程是指反应气体混合物整体的动量方程。一般认为,混合物整体的动量不因化学反应而增减,这就是说,由于各组分的生成或消耗而引起的总的动量变化应为零,即

$$\sum_{i=1}^{N} w_i M_i = 0 \qquad (4-25)$$

式中,M_i 为单位质量组分 i 的动量。因此,在动量方程中,不必考虑化学反应对动量变化率的影响。以下推导反应气体混合物的动量方程。

在笛卡儿坐标系中,在流体里划出一块矩形微元六面体,边长分别为 $\mathrm{d}x, \mathrm{d}y, \mathrm{d}z$。规定作用在微元体 $\mathrm{d}x\mathrm{d}y\mathrm{d}z$ 各微元面上的应力如图 4-1 所示。$\sigma_x, \sigma_y, \sigma_z$ 是作用在各微元面上的法向

应力,并分别平行于 x,y,z 轴。$\tau_{xy},\tau_{xz},\tau_{yx},\tau_{yz},\tau_{zx},\tau_{zy}$ 是作用在各微元面上的剪应力,其第一个下角标表示与该应力所在的微元面相垂直的坐标轴,应力的第二个下角标表示该应力的方向。

根据微元体的力矩平衡条件,略去高阶微量,可得

$$\tau_{xy} = \tau_{yx}, \quad \tau_{yz} = \tau_{zy}, \quad \tau_{zx} = \tau_{xz} \tag{4-26}$$

设备表面应力作用在该微元体 $\mathrm{d}x\mathrm{d}y\mathrm{d}z$ 上的合力为 $\boldsymbol{F}_s$,则其沿 x 方向的分量为

$$F_{sx} = \frac{\partial\sigma_x}{\partial x}\mathrm{d}x\mathrm{d}y\mathrm{d}z + \frac{\partial\tau_{yx}}{\partial y}\mathrm{d}y\mathrm{d}x\mathrm{d}z + \frac{\partial\tau_{zx}}{\partial z}\mathrm{d}z\mathrm{d}y\mathrm{d}x \tag{4-27}$$

设 $\boldsymbol{f}_i = f_{ix}\boldsymbol{i} + f_{iy}\boldsymbol{j} + f_{iz}\boldsymbol{k}$ 为单位质量组分 i 所受的彻体力($\boldsymbol{i},\boldsymbol{j},\boldsymbol{k}$ 分别为沿 x,y,z 轴的单位向量),则微元体 $\mathrm{d}x\mathrm{d}y\mathrm{d}z$ 内混合气整体所受的彻体力为

$$\boldsymbol{F}_b = \sum_{i=1}^{N}\rho_i\boldsymbol{f}_i\mathrm{d}x\mathrm{d}y\mathrm{d}z \tag{4-28}$$

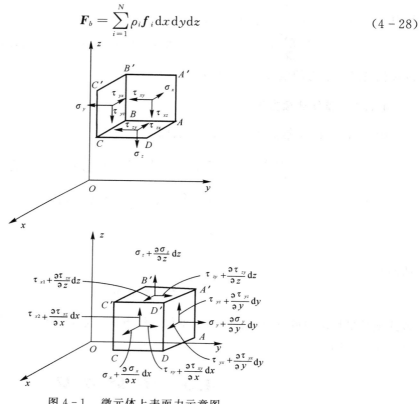

图 4-1　微元体上表面力示意图

它在 x 方向的分量为

$$F_{bx} = \sum_{i=1}^{N}\rho_i f_{ix}\mathrm{d}x\mathrm{d}y\mathrm{d}z \tag{4-29}$$

现计算单位时间内微元体 $\mathrm{d}x\mathrm{d}y\mathrm{d}z$(见图 4-1)在 x 方向动量的增量。首先,从六个表面发散出的 x 向的净动量为

$$\left(\frac{\partial\rho u_x u_x}{\partial x} + \frac{\partial\rho u_y u_x}{\partial y} + \frac{\partial\rho u_z u_x}{\partial z}\right)\mathrm{d}x\mathrm{d}y\mathrm{d}z \tag{4-30}$$

其次,在微元体 $\mathrm{d}x\mathrm{d}y\mathrm{d}z$ 内部,x 向动量变化率为

$$\frac{\partial \rho u_x}{\partial t} \mathrm{d}x\mathrm{d}y\mathrm{d}z \tag{4-31}$$

因此，单位时间内微元体的 x 方向动量的增量为

$$\left(\frac{\partial \rho u_x}{\partial t} + \frac{\partial \rho u_x u_x}{\partial x} + \frac{\partial \rho u_y u_x}{\partial y} + \frac{\partial \rho u_z u_x}{\partial z}\right)\mathrm{d}x\mathrm{d}y\mathrm{d}z \tag{4-32}$$

根据牛顿第二定律，单位时间内微元体在 x 向动量的增量必等于作用在微元体的 x 向分力，而该分力正是表面应力和彻体力在 x 方向的分量之和。写成数学式就是

$$\left(\frac{\partial \rho u_x}{\partial t} + \frac{\partial \rho u_x u_x}{\partial x} + \frac{\partial \rho u_y u_x}{\partial y} + \frac{\partial \rho u_z u_x}{\partial z}\right)\mathrm{d}x\mathrm{d}y\mathrm{d}z = F_{bx} + F_{sx} \tag{4-33}$$

利用连续方程将式(4-33)左边化简，可得

$$\rho \frac{\partial u_x}{\partial t} + \rho u_x \frac{\partial u_x}{\partial x} + \rho u_y \frac{\partial u_x}{\partial y} + \rho u_z \frac{\partial u_x}{\partial z} = \sum_{i=1}^{N} \rho_i f_{ix} + \frac{\partial \sigma_x}{\partial x} + \frac{\partial \tau_{yx}}{\partial y} + \frac{\partial \tau_{zx}}{\partial z} \tag{4-34}$$

将式(4-34)左边用实导数的符号表示，则有

$$\rho \frac{\mathrm{D}u_x}{\mathrm{D}t} = \sum_{i=1}^{N} \rho_i f_{ix} + \frac{\partial \sigma_x}{\partial x} + \frac{\partial \tau_{yx}}{\partial y} + \frac{\partial \tau_{zx}}{\partial z} \tag{4-35}$$

同理可得沿 y，z 方向的关系式

$$\rho \frac{\mathrm{D}u_y}{\mathrm{D}t} = \sum_{i=1}^{N} \rho_i f_{iy} + \frac{\partial \tau_{xy}}{\partial x} + \frac{\partial \sigma_y}{\partial y} + \frac{\partial \tau_{zy}}{\partial z} \tag{4-36}$$

$$\rho \frac{\mathrm{D}u_z}{\mathrm{D}_t} = \sum_{i=1}^{N} \rho_i f_{iz} + \frac{\partial \tau_{xz}}{\partial x} + \frac{\partial \tau_{yz}}{\partial y} + \frac{\partial \sigma_z}{\partial z} \tag{4-37}$$

对黏性流体，在三维流动中应力与变形率的关系为

$$\left.\begin{array}{l}
\tau_{xy} = \tau_{yx} = 2\mu\gamma_z \\[2mm]
\tau_{yz} = \tau_{zy} = 2\mu\gamma_x \\[2mm]
\tau_{xz} = \tau_{zx} = 2\mu\gamma_y \\[2mm]
\sigma_x = -p + \left(\mu' - \frac{2}{3}\mu\right)\nabla \cdot \boldsymbol{v} + 2\mu\theta x \\[2mm]
\sigma_y = -p + \left(\mu' - \frac{2}{3}\mu\right)\nabla \cdot \boldsymbol{v} + 2\mu\theta y \\[2mm]
\sigma_z = -p + \left(\mu' - \frac{2}{3}\mu\right)\nabla \cdot \boldsymbol{v} + 2\mu\theta z
\end{array}\right\} \tag{4-38}$$

式中

$$\theta_x = \frac{\partial u_x}{\partial x}, \quad \theta_y = \frac{\partial u_y}{\partial y}, \quad \theta_z = \frac{\partial u_z}{\partial z}$$

$$\gamma_x = \frac{1}{2}\left(\frac{\partial u_y}{\partial z} + \frac{\partial u_z}{\partial y}\right), \quad \gamma_y = \frac{1}{2}\left(\frac{\partial u_x}{\partial z} + \frac{\partial u_z}{\partial x}\right), \quad \gamma_z = \frac{1}{2}\left(\frac{\partial u_x}{\partial y} + \frac{\partial u_y}{\partial x}\right)$$

θ_x，θ_y，θ_z 分别表示沿 x，y，z 轴方向的线变形率；$2\gamma_x$，$2\gamma_y$，$2\gamma_z$ 分别表示流体微团在垂直于 x，y，z 轴平面内的角变形率，p 为流体静压力，μ 和 μ' 分别是普通黏性系数和体积膨胀黏性系数。对一定的流体，μ 和 μ' 主要是温度的函数，压力对它们只有很微弱的影响。气体的 μ 随温度增高而增大，这个性质与液体的完全不同。从式(4-38)可知，μ 与剪应力及法向应力都有关系，但一般只有剪应力是重要的。其原因是散度 $\nabla \cdot \boldsymbol{v}$ 和剪应变相比往往很小。μ' 只与法向应力有关，当散度为零时，μ' 的作用也是零。所以 μ' 是与体积膨胀或收缩有关的黏性系数。当分子没有内在自由度时，或内在运动没有激发起来时，μ' 的值为零。

至此，只要将式（4-38）代入式（4-37），即可得下述动量方程。

$$\rho\frac{Dv_x}{Dt} = \sum_{i=1}^{N}\rho_i f_{ix} - \frac{\partial p}{\partial x} + \frac{\partial}{\partial x}\left[\left(\mu' - \frac{2}{3}\mu\right)\nabla\cdot\mathbf{v} + 2\mu\frac{\partial v_x}{\partial x}\right] +$$

$$\frac{\partial}{\partial y}\left[\mu\left(\frac{\partial v_y}{\partial x} + \frac{\partial v_x}{\partial y}\right)\right] + \frac{\partial}{\partial z}\left[\mu\left(\frac{\partial v_x}{\partial z} + \frac{\partial v_z}{\partial x}\right)\right] \tag{4-39a}$$

$$\rho\frac{Dv_y}{Dt} = \sum_{i=1}^{N}\rho_i f_{iy} - \frac{\partial p}{\partial y} + \frac{\partial}{\partial x}\left[\mu\left(\frac{\partial v_x}{\partial y} + \frac{\partial v_y}{\partial x}\right)\right] +$$

$$\frac{\partial}{\partial y}\left[\left(\mu' - \frac{2}{3}\mu\right)\nabla\cdot\mathbf{v} + 2\mu\frac{\partial v_y}{\partial y}\right] + \frac{\partial}{\partial z}\left[\mu\left(\frac{\partial v_z}{\partial y} + \frac{\partial v_y}{\partial z}\right)\right] \tag{4-39b}$$

$$\rho\frac{Dv_z}{Dt} = \sum_{i=1}^{N}\rho_i f_{iz} - \frac{\partial p}{\partial z} + \frac{\partial}{\partial x}\left[\mu\left(\frac{\partial v_x}{\partial z} + \frac{\partial v_z}{\partial x}\right)\right] +$$

$$\frac{\partial}{\partial y}\left[\mu\left(\frac{\partial v_y}{\partial z} + \frac{\partial v_z}{\partial y}\right)\right] + \frac{\partial}{\partial z}\left[\left(\mu' - \frac{2}{3}\mu\right)\nabla\cdot\mathbf{v} + 2\mu\frac{\partial v_z}{\partial z}\right] \tag{4-39c}$$

式（4-39）就是最终所要求的动量方程，又称纳维-斯托克斯（Navier-Stokes）方程。

4.4 能 量 方 程

这里推导的是反应气体混合物整体的能量方程。当流体流动时，流体微团不仅有内能（包括化学能和物理内能）的变化，而且有动能与位能的变化。为了方便，引入一符号 e，并令

$$e = u + \frac{v^2}{2} + e_p \tag{4-40}$$

式中　　u——单位质量混合物的内能，即此内能；

$\dfrac{v^2}{2}$——单位质量混合物的动能，$v^2 = v_x^2 + v_y^2 + v_z^2$；

e_p——单位质量混合物的位能

显然 e 代表了单位质量流体的总能量，在有些书上，把 e 称为储存能（stored energy）。

根据能量守恒的原理，化学反应只改变能量的形式，而不会改变总的能量。既然内能中已经包括了化学能，在能量方程中就不必考虑化学反应对总能量变化的影响。

考虑如图4-2所示的微元体，其体积为 $dxdydz$，质量为 $\rho dxdydz$。根据热力学第一定律，微元体 $dxdy$ 内的总能量变化率应等于单位时间内外界传入该微元体的势量加上外力对该微元体单位时间内所做的功，亦即

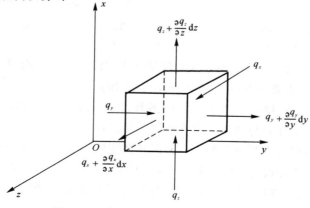

图 4-2　穿过微元体表面热流量示意图

$$\rho \frac{\mathrm{D}e}{\mathrm{D}t}\mathrm{d}x\mathrm{d}y\mathrm{d}z = \delta \dot{Q} + \delta \dot{w} \tag{4-41}$$

该式的左边表示流体微元 $\mathrm{d}x\mathrm{d}y\mathrm{d}z$ 的总能量变化率,而右边的 $\delta \dot{Q}$ 和 $\delta \dot{w}$ 则分别表示单位时间内外界传入该微元体的热量和外力对微元体单位时间内所做的功。下面,讨论上述方程右边各项的组成和数学表达式。

1. 第一项 $\delta \dot{Q}$

设单位时间内通过单位面积的热流 $\boldsymbol{v}$(即热流密度)为 $\boldsymbol{q} = q_x\boldsymbol{i} + q_y\boldsymbol{j} + q_z\boldsymbol{k}$,于是,从图 4 - 2 可见,单位时间通过六个微元表面传给流体微元 $\mathrm{d}x\mathrm{d}y\mathrm{d}z$ 的净热量为

$$\delta \dot{Q} = -\left(\frac{\partial q_x}{\partial x} + \frac{\partial q_y}{\partial y} + \frac{\partial q_z}{\partial z}\right)\mathrm{d}x\mathrm{d}y\mathrm{d}z = -\nabla \cdot \boldsymbol{q}\mathrm{d}x\mathrm{d}y\mathrm{d}z \tag{4-42}$$

q 将包括以下几项:

(1) 由于控制面上存在着的温度梯度而引起的热传导项:

$$q_c = -\lambda \nabla T \tag{4-43}$$

这里负号表示热流方向与温度梯度方向是相反的。

(2) 由于组分 i 相对于混合气体以扩散速度 $\boldsymbol{v}'_i$ 运动,因此,伴随着这种运动,热量必然会通过微元体表面进入微元体内。设 i 组分的比焓为 h_i,那么单位时间为,单位面积上由于 i 组分的扩散而传入微元体内的热量为 $\rho_i h_i \boldsymbol{v}'_i$。对 N 种组分求和,则由于扩散速度而引起的热流密度为

$$\boldsymbol{q}_d = \rho \sum_{i=1}^{N} Y_i h_i \boldsymbol{v}'_i \tag{4-44}$$

(3) 其他还有热辐射和由于杜夫(Dufour)效应引起的热流。然而在燃烧问题中,它们的影响与前两项相比往往可略而不计,因此

$$\boldsymbol{q} = \boldsymbol{q}_c + \boldsymbol{q}_d = -\lambda \nabla T + \rho \sum_{i=1}^{N} Y_i h_i \boldsymbol{v}'_i \tag{4-45}$$

由式(4 - 42)可知

$$\delta \dot{Q} = -\nabla \cdot \left(-\lambda \nabla T + \rho \sum_{i=1}^{N} Y_i h_i \boldsymbol{v}'_i\right)\mathrm{d}x\mathrm{d}y\mathrm{d}z \tag{4-46}$$

2. 第二项 $\delta \dot{W}$

$\delta \dot{w}$ 包括两子项,一子项是单位时间内表面力所做的功 $\delta \dot{w}_s$;另一子项是单位时间内彻体力所做的功 $\delta \dot{w}_b$。

因为 $\delta \dot{w}_s$ 是沿 x, y, z 方向表面力对流体微元所做的净功之和,所以对 $\delta \dot{w}_s$ 可以依次求各个微元面上表面力所做的功。

单位时间内,在流体微元的 $AA'B'B$ 面上表面力作用于流体微元的功为

$$-(v_x\sigma_x + v_y\tau_{xy} + v_z\tau_{xz})\mathrm{d}y\mathrm{d}z$$

式中负号表示应力与速度方向相反。在与 $AA'B'B$ 相对的微元面 $DD'C'C$ 上作用于流体微元的功为

$$\left[\left(v_x + \frac{\partial v_x}{\partial x}\mathrm{d}x\right)\left(\sigma_x + \frac{\partial \sigma_x}{\partial x}\mathrm{d}x\right) + \left(v_y + \frac{\partial v_y}{\partial x}\mathrm{d}x\right)\left(\tau_{xy} + \frac{\partial \tau_{xy}}{\partial x}\mathrm{d}x\right)\right] +$$

$$\left(v_z + \frac{\partial v_z}{\partial x}\mathrm{d}x\right)\left(\tau_{xz} + \frac{\partial \tau_{xz}}{\partial x}\mathrm{d}x\right)\Big]\mathrm{d}y\mathrm{d}z$$

可得垂直于 x 轴的两个微元表面上表面力对流体微元所做的净功为

$$\delta\dot{w}_{sx} = \left\{ \left[\left(v_x + \frac{\partial v_x}{\partial x}\mathrm{d}x \right) \left(\sigma_x + \frac{\partial \sigma_x}{\partial x}\mathrm{d}x \right) - v_x\sigma_x \right] + \right.$$

$$\left[\left(v_y + \frac{\partial v_y}{\partial x}\mathrm{d}x \right) \left(\tau_{xy} + \frac{\partial \tau_{xy}}{\partial x}\mathrm{d}x \right) - v_y\tau_{xy} \right] +$$

$$\left. \left[\left(v_z + \frac{\partial v_z}{\partial x}\mathrm{d}x \right) \left(\tau_{xz} + \frac{\partial \tau_{xz}}{\partial x}\mathrm{d}x \right) - v_z\tau_{xz} \right] \right\}\mathrm{d}y\mathrm{d}z \qquad (4-47)$$

将式(4-47)整理并略去高阶微量可得

$$\delta\dot{w}_{sx} = \frac{\partial}{\partial x}(v_x\sigma_x + v_y\tau_{xy} + v_z\tau_{xz})\mathrm{d}x\mathrm{d}y\mathrm{d}z \qquad (4-48)$$

同理,可以计算垂直于 y,z 轴的微元面上表面力对流体微元所做的净功 $\delta\dot{w}_{sy}$, $\delta\dot{w}_{sz}$ 分别为

$$\delta\dot{w}_{sy} = \frac{\partial}{\partial x}(v_x\tau_{yx} + v_y\sigma_y + v_z\tau_{yz})\mathrm{d}x\mathrm{d}y\mathrm{d}z \qquad (4-49)$$

$$\delta\dot{w}_{sz} = \frac{\partial}{\partial z}(v_x\tau_{zx} + v_y\tau_{zy} + v_z\sigma_z)\mathrm{d}x\mathrm{d}y\mathrm{d}z \qquad (4-50)$$

将式(4-48)、式(4-49)、式(4-50)相加,可得

$$\delta\dot{w}_s = \delta\dot{w}_{sx} + \delta\dot{w}_{sy} + \delta\dot{w}_{sz} = \left[\frac{\partial}{\partial x}(v_x\sigma_x + v_y\tau_{xy} + v_z\tau_{xz}) + \right.$$

$$\left. \frac{\partial}{\partial y}(v_x\tau_{yx} + v_y\sigma_x + v_x\tau_{yz}) + \frac{\partial}{\partial z}(v_x\tau_{zx} + v_y\tau_{zy} + v_z\sigma_z) \right]\mathrm{d}x\mathrm{d}y\mathrm{d}z \qquad (4-51)$$

下面计算 $\delta\dot{w}_b$,前已得出微元体内 i 组分所受彻体力为 $\rho_i\boldsymbol{f}_i\mathrm{d}x\mathrm{d}y\mathrm{d}z$,因此单位时间内该彻体力所做的功为 $\rho_i\boldsymbol{f}_i\boldsymbol{v}_i\mathrm{d}x\mathrm{d}y\mathrm{d}z$。对 N 种组分求和即可得彻体力对流体微元内混合气整体所做的功 $\delta\dot{w}_b$,即

$$\delta\dot{w}_b = \sum_{i=1}^{N}\rho_i\boldsymbol{f}_i\boldsymbol{v}_i\mathrm{d}x\mathrm{d}y\mathrm{d}z \qquad (4-52)$$

最后可得

$$\delta\dot{w} = \delta\dot{w}_s + \delta\dot{w}_b = \left[\frac{\partial}{\partial x}(v_x\sigma_x + v_y\tau_{xy} + v_z\tau_{xz}) + \frac{\partial}{\partial y}(v_x\tau_{yx} + v_y\sigma_y + v_z\tau_{yz}) + \right.$$

$$\left. \frac{\partial}{\partial z}(v_x\tau_{zx} + v_y\tau_{zy} + v_z\sigma_z) \right]\mathrm{d}x\mathrm{d}y\mathrm{d}z + \sum_{i=1}^{N}\rho_i\boldsymbol{f}_i\boldsymbol{v}_i\mathrm{d}x\mathrm{d}y\mathrm{d}z \qquad (4-53)$$

将式(4-46)、式(4-53)代入式(4-41),并消去 $\mathrm{d}x\mathrm{d}y\mathrm{d}z$,可得

$$\rho\frac{\mathrm{D}e}{\mathrm{D}t} = \nabla(\lambda\nabla T) - \sum_{i=1}^{N}\nabla\rho_i h_i v'_i + \frac{\partial}{\partial x}(v_x\sigma_x + v_y\tau_{xy} + v_z\tau_{xz}) + \frac{\partial}{\partial y}(v_x\tau_{yx} + v_y\sigma_y + v_z\tau_{yz}) +$$

$$\frac{\partial}{\partial z}(v_x\tau_{zx} + v_y\tau_{zy} + v_z\sigma_z) + \sum_{i=1}^{N}\rho_i\boldsymbol{f}_i\boldsymbol{v}_i \qquad (4-54)$$

该式说明了单位体积反应气体混合物的总能量变化率与传入该体积的热流密度和对其做功速率之间的关系。由于反应气体混合物位能的变化比内能和动能的变化小得多,因此可略去位能的变化率,从而上式变为

$$\rho\left[\frac{\mathrm{D}u}{\mathrm{D}t} + \frac{\mathrm{D}}{\mathrm{D}t}\left(\frac{v_x^2 + v_y^2 + v_z^2}{2} \right) \right] = \nabla(\lambda\nabla T) - \sum_{i=1}^{N}\nabla\rho_i h_i v'_i + \frac{\partial}{\partial x}(v_x\sigma_x + v_y\tau_{xy} + v_z\tau_{xz}) +$$

$$\frac{\partial}{\partial y}(v_x\tau_{yx} + v_y\sigma_y + v_z\tau_{yz}) + \frac{\partial}{\partial z}(v_x\tau_{zx} + v_y\tau_{zy} + v_z\sigma_z) + \sum_{i=1}^{N}\rho_i\boldsymbol{f}_i\boldsymbol{v}_i$$

$$(4-55)$$

可以利用动量方程把式(4-55)简化。以 v_x, v_y, v_z 分别与式(4-39a)、式(4-39b)、式(4-39c)相乘,然后把所得的三式相加可得

$$\rho \frac{D}{Dt}\left(\frac{v_x^2 + v_y^2 + v_z^2}{2}\right) = \sum \rho_i \boldsymbol{f}_i \boldsymbol{v} + \left(v_x \frac{\partial \sigma_x}{\partial_x} + v_y \frac{\partial \tau_{xy}}{\partial x} + v_z \frac{\partial \tau_{xz}}{\partial x}\right) +$$
$$\left(v_x \frac{\partial \tau_{yx}}{\partial_y} + v_y \frac{\partial \sigma_y}{\partial y} + v_z \frac{\partial \tau_{yz}}{\partial y}\right) + \left(v_x \frac{\partial \tau_{zx}}{\partial_z} + v_y \frac{\partial \tau_{zy}}{\partial z} + v_z \frac{\partial \sigma_z}{\partial z}\right)$$

$$(4-56)$$

将式(4-55)两边分别减去式(4-56)的两边,并且利用式(4-38)中的关系可得用内能表示的能量方程

$$\rho \frac{Du}{Dt} = \nabla (\lambda \nabla T) - \sum_{i=1}^{N} \nabla \rho_i h_i \boldsymbol{v}'_i - p \nabla \boldsymbol{v} + \sum_{i=1}^{N} \rho_i \boldsymbol{f}_i \boldsymbol{v}_i + \Phi \tag{4-57}$$

在式(4-57)中,已经使用了关系式

$$\sum_{i=1}^{N} \rho_i \boldsymbol{f}_i \boldsymbol{v}_i - \sum_{i=1}^{N} \rho_i \boldsymbol{f}_i \boldsymbol{v} = \sum \rho_i \boldsymbol{f}_i \boldsymbol{v}'_i$$

式中的 Φ 称为耗散函数,是黏性耗散所产生的热量,其表达式为

$$\Phi = 2\mu \left[\left(\frac{\partial v_x}{\partial x}\right)^2 + \left(\frac{\partial v_y}{\partial y}\right)^2 + \left(\frac{\partial v_z}{\partial z}\right)^2\right] + \left(\mu' - \frac{2}{3}\mu\right)\left(\frac{\partial v_x}{\partial x} + \frac{\partial v_y}{\partial y} + \frac{\partial v_z}{\partial z}\right)^2 +$$
$$\mu \left[\left(\frac{\partial v_x}{\partial y} + \frac{\partial v_y}{\partial x}\right)^2 + \left(\frac{\partial v_y}{\partial z} + \frac{\partial v_z}{\partial y}\right)^2 + \left(\frac{\partial v_z}{\partial x} + \frac{\partial v_x}{\partial z}\right)^2\right]$$

$$(4-58)$$

当然,能量方程式(4-57)也可用焓来表示,因为

$$\frac{Dh}{Dt} = \frac{D}{Dt}\left(u + \frac{p}{\rho}\right) = \frac{Du}{Dt} + \frac{1}{\rho}\frac{Dp}{Dt} + \frac{p}{\rho}\nabla \boldsymbol{v}$$

从而有

$$\frac{Du}{Dt} = \frac{Dh}{Dt} - \frac{1}{\rho}\frac{Dp}{Dt} - \frac{p}{\rho}\nabla \boldsymbol{v}$$

将此式代入能量方程式(4-57)可导出用焓表示的能量方程如下:

$$\rho \frac{Dh}{Dt} = \nabla (\lambda \nabla T) - \sum_{i=1}^{N} \nabla \rho_i h_i \boldsymbol{v}'_i + \frac{Dp}{Dt} + \sum_{i=1}^{N} \rho_i \boldsymbol{f}_i \boldsymbol{v}_i + \Phi \tag{4-59}$$

可见,对于多组分反应系统,独立的基本方程的个数有 $N+6$ 个(组分连续方程 N 个、整体连续 1 个、动量方程 3 个、能量方程 1 个、气体状态方程 1 个)。未知数的个数也是 $N+6$ 个 $(Y_1, \cdots, Y_N, \rho, V_x, V_y, V_z, T, P)$,从原则来说,方程的数量和未知数的数量相等,在相应物性参数给定条件下,可求解,实际上困难多多,解析解只适用于少量简化的情况。一般情况下,可用数值法求解。大多数情况下,针对不同问题,作一定简化,再求解。

习　　题

4.1　简述 Fick 扩散定律。

4.2　推导微元体整体连续方程。

4.3　推导微元六面体(边长分别为 dx, dy, dz)的动量方程。

4.4　用焓 h 表示的能量方程如下:

$$\rho \frac{\mathrm{D}h}{\mathrm{D}t} = \nabla (\lambda \nabla T) - \sum_{i=1}^{N} \nabla \rho_i h_i \boldsymbol{v}_i + \frac{\mathrm{D}P}{\mathrm{D}t} + \sum_{i=1}^{N} \rho_i \boldsymbol{f}_i \boldsymbol{v}_i + \Phi \qquad\qquad (\mathrm{a})$$

推导:低马赫数下用温度 T 表示的能量方程为

$$\rho C_p \frac{\mathrm{D}T}{\mathrm{D}t} = \nabla (\lambda \nabla T) + \frac{\partial p}{\partial t} \qquad\qquad (\mathrm{b})$$

第5章 预混可燃气着火

着火是燃料由未反应状态到达反应状态的过渡过程,在此过程中,由于外部的激发引起热化学的急剧变化,然后迅速地过渡到自持燃烧过程。

研究着火是为了对这个过渡过程中详细的物理化学过程有所认识,研究着火的基本目的包括:

(1)防止火灾。

(2)为燃料的着火和燃烧设计点火器和能再生的能源。

(3)研究在一定的初始条件下输入一定能量时物质的着火性能。

(4)确定最小点火能。

(5)研究各种物理和化学参数对着火的影响。

一般来说,影响着火的因素很多,如混合物成分及浓度、压力、增压速率、加热的持续时间、系统积存的能量、环境温度、对流速度、湍流尺度和强度、被加热物质的热力特性和输运特性、催化剂、抑制剂等。

5.1 着火的激发及装置

实现着火的方法很多,外部的激发大致分为如下三类:

(1)热激发:通过导热、对流、辐射或这些传热方式的任意组合对反应物传输热能。

(2)化学激发:引入自燃的易反应的媒介物。

(3)机械激发:机械碰撞、摩擦或冲击波。

在工业应用和基础研究中常采用许多不同形式的点火装置,包括火花塞、热丝、电爆管、烟火点火器、高温点火器、喷射气流式自发点火装置、击发式点火剂等。此外,还有一些用于着火研究的各种装置,最常用的有振荡管、电弧聚焦炉、大功率 CO_2 激光器、太阳能聚焦器、冲击试验机等。

5.2 着火概念

5.2.1 燃烧现象分类

燃烧是一种复杂的物理化学过程,要使燃烧能够进行,首先要有燃料和氧化剂作为反应所必需的物质。这两种物质还必须有一定的浓度,且通过混合互相接触才能反应。要使反应达到一定的速度,还必须有一定的环境温度,而反应过程的放热和反应物的消耗又反过来影响燃烧速度,整个燃烧过程自始至终都受到传热传质的影响。

燃烧包括两个过程:

（1）燃料和氧化剂混合：预混、流动和扩散。

（2）剧烈化学反应。

燃烧按控制因素分类：

（1）主要受化学动力学控制；

（2）主要受扩散、流动等物理过程控制；

（3）化学动力学和流动混合过程都起相当的作用。

对于化学动力学控制的化学反应，反应物的混合速度大大超过化学反应的速度，燃烧过程所需时间主要是化学反应的时间。燃烧速度取决于化学反应速度，并由化学动力学因素控制。化学动力学控制的燃烧过程，简称动力燃烧。预混可燃气系统的着火、爆炸、熄火等属于动力燃烧。

对于扩散过程控制的化学反应，当反应物的混合速度大大小于化学反应速度时，燃烧过程所需时间主要是扩散混合时间，燃烧速度取决于燃料和氧化剂相互的扩散速度。扩散过程控制的燃烧过程简称扩散燃烧，如例如高温高压下，气体化学反应速度很快，但燃料和氧化剂的混合需要较长时间。实际上大多数燃烧都属于扩散燃烧：木柴燃烧、碳粒燃烧、蜡烛燃烧、油滴燃烧、煤气炉燃烧等。

对于化学动力学和扩散共同控制的化学反应，燃料和氧化剂混合流动等物理过程需要时间，化学反应也需要相当时间的过程。预混可燃气的燃烧属于此类。

对任一种化学反应，到底由化学动力学控制还是由扩散过程控制，达姆科勒（Damkohlor）提出了控制因素判定准则（Damkohlor 第一准则）：物理过程所需特征时间 t_{ph} 与化学过程所需时间 t_{ch} 之比。

$$D_{amI} = \frac{t_{ph}}{t_{ch}} \qquad (5-1)$$

对扩散过程来说，t_{ph} 为扩散时间，有

$$t_{ph} = \frac{l}{D} \qquad (5-2a)$$

式中，l 为燃烧过程的特征长度；D 为扩散系数。

对流动过程来说，可取流动时间为

$$t_{ph} = \frac{l}{v} \qquad (5-2b)$$

对化学反应来说，可取反应的半衰期为特征时间，即

$$t_{ch} = t_{\frac{1}{2}} \qquad (5-3)$$

当 $D_{amI} \approx 0$ 时，化学反应由动力学过程控制；当 $D_{amI} \approx 1$，化学反应由动力学过程和扩散过程共同控制；当 $D_{amI} \gg 1$：化学反应由扩散过程控制。

5.2.2　着火方式

依靠反应的热效应而实现着火的过程叫作热着火或热点燃。着火方式有多种，如热自燃和强制着火等。

热自燃是指预混气系统的初始条件达到一定水平，依靠系统本身的反应生热而自行达到着火的。强制点燃是指从系统外引入一个点火能源，使预混气的局部反应速度迅速达到着火燃烧，并依靠局部燃烧的效应，使燃烧反应向预混气系统的其他部分传播出去。热自燃和强制点燃都需要一定的外加能源。对于热自燃，必使系统达到一定的初温，这就是外加能源的

作用。

此外,还存在化学链着火。对于一个化学反应,使化学反应速度急剧增加,除了温度的影响以外,还可以借助于链反应中链载体的增加来实现,这就是化学链着火。

5.3　热　自　燃

5.3.1　热自燃临界条件

研究对象如下:密闭容器内充满预混的可燃气体,压力为 p,温度为 T,混合物因有化学反应而放热,热量通过容器壁传至环境。因此,在一般情况下,整个容器内的温度既随空间位置变化,又随时间变化。

作如下假定:

(1) 容器内温度、浓度都均匀分布,只有容器壁有温差;

(2) 整个容器内气体反应放热率为 Q_g;

(3) 整个器壁表面的散热率为 Q_l。

该体系能量方程如下:

$$\rho V C_V \frac{\mathrm{d}T}{\mathrm{d}t} = Q_g - Q_l \tag{5-4}$$

式中,V 为容器体积;C_V 为气体的定容比热。

假设气体混合物在容器内进行 n 级反应,其反应速度为

$$w = Z C_A^n \mathrm{e}^{-\frac{E}{RT}} \tag{5-5}$$

式中,Z 为指前因子;C_A 为预混可燃气浓度。

容器内气体反应放热率 Q_g 和器壁表面的散热率 Q_l 分别为

$$Q_g = V w \Delta H = V \Delta H Z C_A^n \mathrm{e}^{-\frac{E}{R_0 T}} \tag{5-6}$$

$$Q_l = h S (T - T_0) \tag{5-7}$$

式中,ΔH 为单位质量燃料燃烧热;S 为容器表面积;h 为换热系数,ω 为质量反应速率。

如图 5-1 所示,显然,Q_g 随 T 增加而指数关系增加;Q_l 随 T 增加而线性增加。当两条线相切时,可达到热自燃的临界值,切点 C 所代表的温度称为自发着火温度。

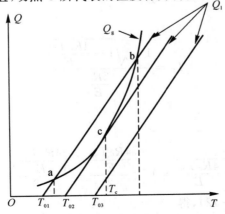

图 5-1　着火过程中热平衡示意图

热自燃的临界条件是

$$(Q_g)_C = (Q_l)_C \tag{5-8}$$

$$\left(\frac{\mathrm{d}Q_g}{\mathrm{d}T}\right)_C = \left(\frac{\mathrm{d}Q_l}{\mathrm{d}T}\right)_C \tag{5-9}$$

可另写成

$$V\Delta H Z C_A^n \mathrm{e}^{-\frac{E}{R_{TC}}} = hS(T_C - T_{0C}) \tag{5-10}$$

$$V\Delta H Z C_A^n \mathrm{e}^{-\frac{E}{R_{TC}}}\left(\frac{E}{R_0 T_C^2}\right) = hS \tag{5-11}$$

可见,达到热自燃的措施有

(1) 提高初始温度;

(2) 增加气压,以提高浓度 C_A,提高 Q_g(见图 5-2);

(3) 改善系统绝热条件,降低换热系数 h,降低 Q_l(见图 5-3)。

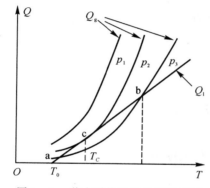

图 5-2 着火时热平衡分析示意图

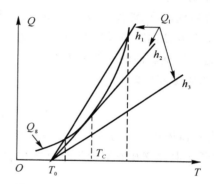

图 5-3 着火时热平衡分析示意图

5.3.2 谢苗诺夫方程

1. 自发着火温度和着火临界壁温的关系

用式(5-11)除以式(5-10)可得

$$\frac{R_0 T_C^2}{E} = T_C - T_{0C}$$

从而有

$$T_C = \frac{1 - \sqrt{1 - \dfrac{4R_0 T_{0C}}{E}}}{\dfrac{2R_0}{E}} \tag{5-12}$$

由于 $\dfrac{4R_0 T_{0C}}{E}$ 很小,可得

$$\sqrt{1 - \frac{4R_0 T_{0C}}{E}} = 1 - \frac{\dfrac{4R_0 T_{0C}}{E}}{2} - \frac{\left(\dfrac{4R_0 T_{0C}}{E}\right)^2}{8} - \cdots \tag{5-13}$$

将式(5-13)代入式(5-12),得

$$T_C = \frac{\dfrac{2R_0 T_{0C}}{E} + 2\left(\dfrac{R_0 T_{0C}}{E}\right)^2 + \cdots}{\dfrac{2R_0}{E}}$$

略去 $\dfrac{R_0 T_{0C}}{E}$ 的高次项，得

$$T_C \approx T_{0C} + \frac{R_0 T_{0C}^2}{E} \tag{5-14}$$

式中，T_C 为自发着火温度；T_{0C} 为着火临界壁温。

显然，自发着火前的温升为

$$\Delta T_C = T_C - T_{0C} = \frac{R_0 T_{0C}^2}{E} \tag{5-15}$$

当活化能为 $30 \sim 60 \ \text{kcal/mol}$，$T_{0C}$ 为 $700K$ 时，T_C 和 T_{0C} 只相差约 $33K$，这说明：用自发着火的临界壁温代替自发着火温度所引起的误差很小。

2. 谢苗诺夫方程 —— 热自燃条件

作如下假定：

（1）用 T_{0C} 代替 T_C，或 $T_{0C} \approx T_C$；

（2）假定气体为完全气体。

代入点火条件式（5-11），得

$$\Delta HVZC_A^n \text{e}^{-\frac{E}{R_0 T_{0C}}} \left(\frac{E}{R_0 T_{0C}^2}\right) = hS \tag{5-16}$$

假定气体为完全气体，且 $T_{0C} \approx T_C$，从而有

$$C_A = \frac{P_{AC}}{R_0 T_{0C}} = X_{AC} \frac{P_C}{R_0 T_{0C}} \tag{5-17}$$

将式（5-17）代入式（5-16），得

$$\frac{\Delta HVZE}{R_0 hS T_{0C}^2} \left(\frac{X_{AC} P_C}{R_0 T_{0C}}\right)^n \text{e}^{-\frac{E}{R_0 T_{0C}}} = 1$$

或

$$\frac{P_C^n}{T_{0C}^{n+2}} = \left(\frac{hS R_0^{n+1}}{\Delta HVZ X^n E}\right) \text{e}^{\frac{E}{R_0 T_{0C}}} \tag{5-18}$$

将式（5-18）取对数得

$$\ln \frac{P_C}{T_{0C}^{1+\frac{2}{n}}} = \frac{E}{nR_0 T_{0C}} + \ln \left(\frac{hS R_0^{n+1}}{\Delta HVZ X^n E}\right)^{\frac{1}{n}} \tag{5-19}$$

当 $n = 1$ 时

$$\ln \frac{P_C}{T_{0C}^3} = \frac{E}{R_0 T_{0C}} + \ln \left(\frac{hS R_0^2}{\Delta HVZ X_{AC} E}\right) \tag{5-20}$$

当 $n = 2$ 时

$$\ln \frac{P_C}{T_{0C}^2} = \frac{E}{2R_0 T_{0C}} + \ln \left(\frac{hS R_0^3}{\Delta HVZ X_{AC}^2 E}\right)^{\frac{1}{2}} \tag{5-21}$$

如图 5-4 所示，$\ln \dfrac{P_C}{T_{0C}^{1+\frac{2}{n}}}$ 为纵坐标，$\dfrac{1}{T_{0C}}$ 为横坐标，式（5-19）为一直线，斜率为 $\dfrac{E}{nR_0}$。自发

着火条件下 P_C 与 T_α 的关系如图 5 - 5 所示。

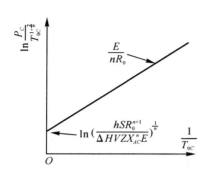

图 5 - 4　系统达到热自燃地临界条件

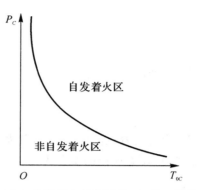

图 5 - 5　自发着火条件下 P_C 与 T_α 的关系

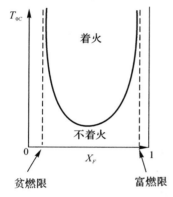

图 5 - 6　自发着火条件下 $T_{\alpha C}$ 与 X_F 的关系

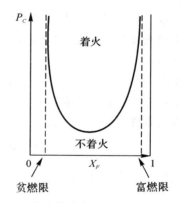

图 5 - 7　自发着火条件下 P_C 与 X_F 的关系

在 $T_{0C} - X_F$ 和 $P_C - X_F$ 曲线中(见图 5 - 6、图 5 - 7),能实现着火的都在 U 形区域内。显然,为了实现着火,燃料的浓度 X_F 有其低限和高限。

温度越低或者压力越低,X_F 可着火区间范围就越窄。

5.4　着火延迟期

谢苗诺夫明确地提出了热自燃的临界条件,但对热自燃前后系统经历的过程没有做过分析。为了了解系统在着火前后的变化,特别是为了研究着火延迟(着火所经历的时间),必须进一步分析系统状态随时间的变化,这就是点火过程的非定常分析。

非定常分析所做的基本假设与谢苗诺夫热自燃理论是相同的,其出发点仍是分析热平衡的能量方程:

$$\frac{\mathrm{d}T}{\mathrm{d}t} = \frac{\Delta H}{\rho C_v} Z C_A^n \mathrm{e}^{-\frac{E}{R_0 T}} - \frac{hS}{\rho V C_v}(T - T_0) \tag{5 - 22}$$

令 $\Delta T = T - T_0$,它是着火前的温升,一般可以认为比 T_0 小得多,即 $\Delta T \ll T_0$,有

$$\frac{E}{R_0 T} = \frac{E}{R_0}\left(\frac{1}{T_0 + \Delta T}\right) \approx \frac{E}{R_0 T_0} - \frac{E}{R_0 T_0^2}\Delta T \tag{5 - 23}$$

引入无因次温升

$$\theta = \frac{E}{R_0 T_0^2}(T - T_0) \tag{5-24}$$

则式(5-22)变为

$$\frac{d\theta}{dt} = \frac{\Delta H}{\rho C_V} Z C_A^n \frac{E}{R_0 T_0^2} e^{-\frac{E}{R_0 T_0}} e^{\theta} - \frac{hS}{\rho V C_V}\theta \tag{5-25}$$

初始条件当 $t=0$，有 $T=T_0$，即 $\theta = \theta_0$

$$\tau_1 = \left(\frac{\Delta H}{\rho C_V} Z C_A^n \frac{E}{R_0 T_0^2} e^{-\frac{E}{R_0 T_0}}\right)^{-1} \tag{5-26}$$

$$\tau_2 = \left(\frac{hS}{\rho V C_V}\right)^{-1} \tag{5-27}$$

方程式(5-25)写成

$$\frac{d\theta}{dt} = \frac{e^{\theta}}{\tau_1} - \frac{\theta}{\tau_2} \tag{5-28}$$

经量纲分析可知，τ_1，τ_2 的量纲都是时间，τ_1 代表反应生成热的特征时间，τ_2 代表表面散热的特征时间。引入无因次时间 $\varphi = \frac{t}{\tau_1}$，则方程式(5-28)又可化为

$$\frac{d\theta}{d\varphi} = e^{\theta} - \frac{\tau_1}{\tau_2}\theta \tag{5-29}$$

可见，方程式(5-29)的解必为

$$\theta = f\left(\varphi, \frac{\tau_1}{\tau_2}\right) \tag{5-30}$$

从式(5-30)可以看出，在无因次温度和无因次时间的关系中，只有一个无因次参数 τ_1/τ_2，因而 τ_1/τ_2 的数值便决定了系统是否发生着火。从直观上看，τ_1/τ_2 代表反应生成热的特征时间与表面散热的特征时间之比，当这个比值越来越小时，则说明反应的放热量越来越大于散热量，从而导致着火点燃。当这个比值越来越大时，则意味着散热量相对于反应加热量逐渐增大，使预混可燃气处于一个稳定的温度，而不发生着火。因此，有关着火的临界条件必定相应于 τ_1/τ_2 处在某一特定值上，即 τ_1/τ_2 等于定值。这个关系是由托杰士首先得到的。

如果此定值为 $\tau_1/\tau_2 = 1$，即可得到谢苗诺夫有关热自燃的临界条件。

下面讨论系统达到着火所需要的时间，即着火感应期。

在自发着火的条件下，方程式(5-29)右边第一项比第二项大得多，这时方程(5-29)可化为

$$\frac{d\theta}{d\varphi} = e^{\theta} \tag{5-31}$$

初始条件为 $t=0$ 或 $\varphi=0$ 时，$\theta=0$。

这种条件下的热自燃称为绝热热自燃(散热特征时间无限长)，又称为绝热热爆炸。既然达到着火条件发生即意味着 θ 达到一定值，或 $d\theta/d\varphi$ 达到一定值，此定值必然对应一个无量纲时间 φ_i 值。由此条件可求得 φ_i 值对应的时间，即着火延迟或着火感应期，用 t_i 表示。由于这是在绝热条件下求得的，因此又把 t_i 称为绝热着火感应期。

为求出 t_i，可对方程式(5-31)积分，得

$$\varphi = 1 - e^{-\theta} \tag{5-32}$$

注意到自发着火的临界温度为 T_C，临界壁温为 T_{0C}，相应的温升为 $T_C - T_{0C} \approx \frac{R_0 T_{0C}^2}{E}$，由

θ 的定义可得到着火时 $\theta_i = 1$。因此由式(5-32)可得

$$\varphi_i = 1 - e^{-1} \tag{5-33}$$

$$t_i = \tau_1 \varphi_i = \tau_1 (1 - e^{-1}) \tag{5-34}$$

此结果是由弗兰克-卡明涅茨基求出的。托杰士利用不同的数学方法求解绝热条件下的点火延迟,他没有利用式(5-23)的近似关系,而是从式(5-21)中略去散热项之后,直接进行积分计算,得到着火感应期为

$$t_i = \tau_1 = \frac{\rho C_V}{\Delta H} \frac{R_0 T_0^2}{E} \frac{1}{Z C_A^n e^{-\frac{E}{R_0 T_0}}} \tag{5-35}$$

式(5-34)和式(5-35)相差一个因子 $(1-e^{-1})$,但是 t_i 正比于 t_i 是共同的,因此常用式(5-35)表示着火感应期。从式(5-35)可以知道:

(1) 混合物的比热小,燃烧热值高,初始反应速度大,都会使着火感应期变短。

(2) 压力的影响也是很清楚的,因为 $C_A \propto P$,因此 $t_i \propto P^{1-n}$。由于燃烧反应通常是二级的,压力越高,则点火延迟越短。

(3) 初温的影响,除了 T_0,还通过 C_A 和 ρ 对 t_i 产生影响。

由式(5-35)可知:

$$t_i \propto T_0^{n+1} e^{\frac{E}{R_0 T_0}} \tag{5-36}$$

通常反应级数 $n=2$,T_0^{n+1} 的影响不如 $e^{\frac{E}{R_0 T_0}}$ 大,主要影响在指数项上,随着 T_0 的增加,点火延迟缩短。

5.5 强 制 着 火

强制着火是指利用外部热源对冷的预混可燃气进行局部快速加热,邻近热源的可燃气因温度升高而反应加快、开始着火,火焰在预混气中向其他部分传播。

强制着火一般包括两阶段:

(1) 局部加热,局部着火;

(2) 火焰传播。

5.5.1 热体点燃

将加热了的高温物体放入预混气中进行强制点燃(见图5-8)。

(1) 在 $X=0$ 处,可燃气的温度梯度比惰性气体的温度梯度小,因为可燃气受热发生化学反应,温度的提升有两方面原因;惰性气体温升仅靠热体加热。

(2) 在 $X=0$ 处,当可燃气的温度梯度为零时,热体附近的预混可燃气反应速度达到一个临界状态。此时,只要热体的温度比 T_c 稍高一点,热体附近预混气的反应速度就会有突跃性的急剧增加,即着火发生。

(3) 泽尔多维奇把预混可燃气中热体(点火源)表面法线方向上的温度梯度达到零作为强制着火的判据:

$$\left(\frac{dT}{dx}\right)_{表面} = 0 \tag{5-37}$$

(4) 什么情况下能促成点火呢?

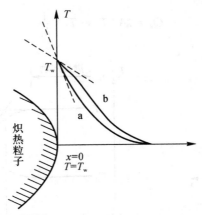

图 5-8　炽热粒子附近的温度分布
a—惰性气体；　b—预混可燃气

实验表明：用一定的热体来点燃一定的预混可燃气，有一个最低的临界温度 T_c。当热体的温度 T_w 高于其临界温度 T_c 时，则预混可燃气的着火是可能的。用石英或铂制的热球的实验结果表明：球的临界温度取决于球的尺寸、催化性质、射入速度、预混可燃气的热化学和动力学等参数。若紧靠热球的可燃气体层中，化学反应产生的热量超过该层中散失的热量，则认为着火是能保证的。其着火的临界准则可推断如下：

在球体周围的一个厚度为 δ 的薄层内，假定温度从球的表面温度 T_w 线性地下降至预混气的初温 T_0，厚度 δ 与球的运动速度、直径、流体的黏度以及热力学性质有关。在厚度 δ 层内发生反应的气体体积近似为 $4\pi r^2\delta$，球的散热面积是 $4\pi r^2$。假设散热是以热传导的方式进行的，且化学反应速度符合阿累尼乌斯定律，则只要

$$\Delta H 4\pi r^2 \delta Z C_A^n e^{-\frac{E}{R_0 T_w}} \geqslant 4\pi r^2 \lambda \frac{T_w - T_0}{\delta} \tag{5-38}$$

即可方式着火。

此处，假定反应物的消耗量忽略不计，对式(5-38)进行简化，得到

$$\frac{T_w - T_0}{\delta} \leqslant \frac{\Delta H \delta Z C_A^n e^{-\frac{E}{R_0 T_w}}}{\lambda} \tag{5-39}$$

当 T_w 等于临界值 T_c 时，式(5-39)取等号。该式说明在反应层内的温度梯度是控制着火发生的重要因素。厚度 δ 越大，越有利于着火点燃。

实验证明：球的尺寸越大，射入速度越低，则临界温度 T_c 越低，即越容易着火。

（5）预混气在热体附近组分的浓度分布，如图 5-10 所示。

（6）火焰速度：火焰前锋的法向传播速度。

（7）火焰厚度：定义为最大温差与最大温度梯度之比，即

$$\delta_f = \frac{T_f - T_0}{\left(\dfrac{dT}{dx}\right)_{max}} \tag{5-40}$$

若 $\overline{w}$ 是整个火焰厚度 δ_f 内的平均反应速度，产生的热量为

$$Q_g \approx \Delta H \overline{w} \delta_f A \tag{5-41}$$

式中，$\delta_f A$ 为火焰区体积；A 是火焰的横截面积。导热量近似为

$$Q_k = \lambda A (T_f - T_0) \frac{1}{\delta_f} \qquad (5-42)$$

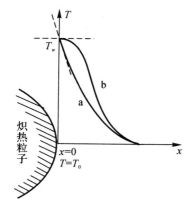

图 5-9　临界状态时粒子附近温度分布
　　a— 惰性气体；　b— 预混可燃气

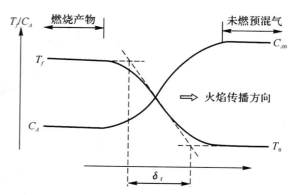

图 5-10　火焰前沿传播现象

将单位质量的未燃气体从温度 T_0 升高到 T_f 需要的热量是 $C(T_f - T_0)$，若 ρ_0 是未燃气体密度，则单位时间中受到加热的质量是 $\rho_0 V_0 A$，其得到的热量是

$$Q_h = \rho_0 V_0 A C (T_f - T_0) \qquad (5-43)$$

令 $Q_g = Q_k$，得

$$\delta_f = \left[\frac{\lambda (T_f - T_0)}{\Delta H \bar{w}} \right]^{\frac{1}{2}} \qquad (5-44)$$

式（5-44）说明，当导热系数 λ 与温差 $(T_f - T_0)$ 比较大，反应产生得热量比较少时，火焰厚度就比较大。

另外，令 $Q_k = Q_h$，注意到热扩散率 $a_0 = \dfrac{\lambda}{\rho_0 C}$，就得到了 δ_f 的另一种表达形式，用以说明热扩散和火焰传播速度的关系：

$$\delta_f = \frac{a_0}{V_0} \qquad (5-45)$$

令 $Q_g = Q_h$，得

$$\delta_f \approx \frac{\rho_0 V_0 C (T_f - T_0)}{\Delta H \bar{w}} \qquad (5--6)$$

可得

$$V_0 \approx \frac{1}{\rho_0 C} \left(\frac{\lambda \Delta H \bar{w}}{T_f - T_0} \right)^{\frac{1}{2}} \approx \left(\frac{\lambda \bar{w}}{\rho_0 C C_{A0}} \right)^{\frac{1}{2}} \qquad (5-47)$$

其中，使用了 $\rho_0 C (T_f - T_0) = C_{A0} \Delta H$，即单位体积内燃料的全部燃烧热用来把单位体积内的反应物和生成物从 T_0 升高到 T_f，C_{A0} 为燃料初始浓度。

由于热传导、比热、燃烧热与总的压力无关，因此

$$V_0 \propto \bar{w}^{\frac{1}{2}} \rho_0^{-1} \qquad (5-48)$$

一个 n 级反应的平均反应速度 $\bar{w}$ 与总的压力的 n 次方成正比，因此

$$V_0 \propto P^{\frac{n}{2}-1} = P^{\frac{n-2}{2}} \qquad (5-49)$$

5.5.2　火焰点火

点燃预混可燃气所需的能量,可以通过一个小火焰来提供。着火的可能性取决于混合物的成分、小火焰和混合物之间的接触时间、小火焰的温度和尺寸。

设有一个无限长的片形火焰,其温度为 T_w,厚度为 $2b$(实际上,小火焰的尺寸是三维的,有限长的,此处选取一无限长、厚度为 $2b$ 的薄片,目的是使数学分析简化为一维问题,取得的结果可以推广到二维或三维的小尺寸火焰中)(见图 5-11)。

如果时间 $t=0$ 时,把片形火焰放入温度为 T_0 的可燃混合气中,并假设没有流动的影响,则瞬态能量守恒方程为

$$\rho C \frac{\partial T}{\partial t} = \lambda \frac{\partial^2 T}{\partial^2 x} + \Delta H Z C_A^n e^{-\frac{E}{R_0 T}} \tag{5-50}$$

受此方程控制,混合气中的温度是随时间和位置而变化的,方程的初始条件和边界条件为

$t \leqslant 0$ 时

$$\begin{cases} T = T_w, & 0 < |x| < b \\ T = T_0, & b < |x| < \infty \text{ 处} \end{cases}$$

$t > 0$ 时

$$\begin{cases} \dfrac{\partial T}{\partial x} = 0, & x = 0 \\ T = T_0, \dfrac{\partial T}{\partial x} = 0, & |x| < \infty \end{cases}$$

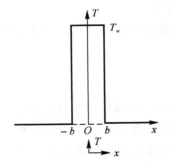

图 5-11　片形火焰温度分布

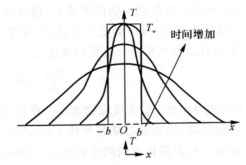

图 5-12　片形火焰温度随时间变化

当没有化学反应热源项 $\Delta H Z C_A^n e^{-\frac{E}{R_0 T}}$ 时,方程式(5-76)的解析解是

$$\frac{T - T_0}{T_w - T_0} = \frac{1}{2}\left[\text{erf}\left(\frac{b-x}{2\sqrt{at}}\right) + \text{erf}\left(\frac{b+x}{2\sqrt{at}}\right) \right] \tag{5-51}$$

式中,$a = \dfrac{\lambda}{\rho C}$,$\text{erf}(\varphi)$ 为误差函数,其定义为

$$\text{erf}(\varphi) = \frac{2}{\sqrt{\pi}} \int_0^\varphi e^{-\eta^2} d\eta \tag{5-52}$$

此解析解描述了温度随时间和空间的变化,图 5-12 定性地表示了这种变化。

如果有化学反应热源项,求解解析解是不可能的,只能求数值解。图 5-12 可以说明,在一开始,化学反应项确实是可以忽略的,到最后,温度分布随时间趋于平缓。现在有两种情况:

（1）原始片形火焰的厚度小于某一临界尺寸,温度分布就连续 f 衰减,直至火焰熄灭。

（2）火焰的厚度大于临界尺寸,放热反应使火焰能向冷的预混可燃气中传播。火焰的临界厚度大约是稳定传播的火焰区厚度 δ_f 的两倍。

$$b_C = \delta_f \tag{5-53}$$

可得

$$b_C \approx \delta_f \approx \frac{a_0}{v_0} \approx \left[\frac{\lambda(T_f - T_0)}{\Delta H \bar{w}} \right]^{\frac{1}{2}} \tag{5-54}$$

式（5-54）表明,要使导热系数大、火焰温度高的预混气着火,必须要求一较厚的火焰。要是平均放热速度（$\Delta H \bar{w}$）大,则火焰的临界厚度可以比较小。更进一步看到,因为热扩散率 a 与密度成反比,而 $v_0 \propto P^{\frac{n-2}{2}}$,所以

$$b_C \propto \frac{1}{\rho_0 v_0} \propto P^{-\frac{n}{2}} \tag{5-55}$$

所以,在压力较高时,火焰的临界厚度比较小,如果是二级反应,则 $b_C \propto P^{-1}$。

5.6 自动催化着火

除了普通热着火,还存在自动催化着火。两者差异如下:

（1）普通热着火:系统反应产生的热量大于系统向环境散失的热量。正是这种热量的积累使反应物温度不断增加,反应速度加快,这样又放出更多的热量,使反应速度更加增加。这种热量、温度和反应速度之间的依次放大,最终导致着火发生。

（2）自动催化着火:反应温度不变,反应速度一开始就随着生成物浓度增大而加快。这样的反应被称为自动催化反应。其反应速度为

$$-\frac{dc_A}{dt} = Z c_A^{n-m} c_p^j e^{-\frac{E}{R_T}} \tag{5-56}$$

式中,c_p 为生成物浓度;c_A 为反应物浓度。在反应开始时,$c_p = 0$,因此反应速度等于零。为了引起自动催化反应,需要通过某些外部手段,产生一些初始的、起催化作用的生成物。当反应产生出足够数量的起催化作用的生成物时,放热的化学反应速度就会在催化项 c_p^j 和温度加速项 $e^{-\frac{E}{R_T}}$ 的综合影响下得到加速。

自动催化反应速度受如下两者的影响:① 催化项;② 温度加速项。

自动催化着火与热自燃具有同样的着火判据。在着火时,反应产生热量的速度超过散热损失的速度。因此谢苗诺夫着火判据或弗兰克-卡门涅茨基着火判据同样适用于自动催化着火,只不过要用 $Z c_A^{n-m} c_p^j e^{-\frac{E}{R_T}}$ 代替原来判据中 $Z c_A^n e^{-\frac{E}{R_T}}$。但是自动催化着火的感应期比热自燃着火的感应期要长得多。其原因在于:热自燃着火中,反应一开始就以很大的速度进行,其感应期是把可燃混合物加热到着火临界温度所需要的时间。而自动催化着火中,其感应期包括两个阶段:第一阶段,反应混合物通过缓慢的反应加热来产生足够的起催化作用的生成物,温度基本是一常数;第二阶段与热自燃着火是相同的,即加速反应放热使反应混合物的温度达到着火温度。第二阶段所用的时间与第一阶段相比,是很小的数值,因此可以认为感应期是第一阶段所用的时间。

习   题

5.1　简述着火种类或方式。

5.2　作图分析谢苗诺夫热自燃的临界条件。

5.3　写出泽尔多维奇热体强制着火判据。

5.4　推导非定常条件下着火延迟期表达式。

5.5　 写出火焰厚度表达式。

5.6　分析催化着火与普通着火的差异。

第6章 预混可燃气燃烧

本章研究在燃烧前已经混合充分的可燃预混气的燃烧问题。对于预混可燃气的燃烧,一般来说,反应动力学与物理流动同时影响燃烧过程。

关于预混可燃气的燃烧,有如下两个范例。

1. 本生灯火焰(见图 6-1)

(1)燃料和空气已预混均匀,在灯口处形成一个锥形火焰。

(2)燃烧反应主要发生在发光的反应区,燃烧产物随着流动离开火焰区。

(3)火焰位置相对固定。新鲜预混气不断送进火焰区,反应后燃气不断从此区流出。

2. 汽油发动机

(1)汽油蒸汽和空气在汽化器中充分混合,被吸入燃烧室中。

(2)压缩后,点火,火焰在燃烧室中传播。

(3)预混气相对静止,火焰在其中传播。

上述两种情况,燃烧火焰和预混气之间都存在着相对运动。燃烧过程既受反应动力学控制,又受反应物的流动物理过程控制。

本章主要介绍预混可燃气的层流火焰的相关知识。

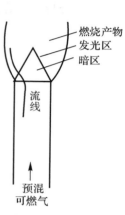

图 6-1 本生灯火焰

6.1 燃烧波——爆燃与爆轰

燃烧火焰与预混气的相对运动可以看成是燃烧火焰在预混气体中的传播,或者说一个燃烧波在预混气体介质中传播。燃烧波的传播就是燃烧的物理化学过程在预混可燃气中的传播。

对于两端开口的长管子中预混气,从一端点燃后,火焰在管内从一段向另一端传播。火焰正常传播是依靠导热使未燃气温度升高而引起反应,从而使燃烧波不断向未燃气中推进。这种波相对于反应物以亚声速传播,其传播速度一般不大于 3 m/s,且传播是稳定的,这种燃烧波为爆燃波。

如果长管子一端封闭,在封闭的一端点燃预混气体后,在一定条件下,火焰的传播可能出现很快的加速,达到每秒几千米,波后压力急剧升高,它可以是波前压力的几十倍。这种燃烧波的传播不是通过传热、传质进行的,而是依靠激波的压缩作用使未燃混气的温度升高而引起化学反应,从而使燃烧波不断向未燃混气中推进。这种波相对于反应物以超声速传播,传播速度通常大于 1 000 m/s,其传播过程也是稳定的,这种燃烧波为爆轰波。

爆燃波的传播机理如下:

(1)热传导机理:高温火焰区向相邻的未燃区传热。

（2）活性分子（链载体）向未燃预混气中进行扩散。

爆轰波的传播机理如下：

（1）由于管子一端封闭，限制了燃烧产物的膨胀，压力升高，产生了压缩波，压缩波在预混气中传播；每一道压缩波过后，火焰前方未燃气的压力、温度和声速都要增加；

（2）后面的压缩波最后都要追上前面的压缩波，这些波叠加起来形成了一个强度足以点燃预混气的冲波向前传播。

（3）后面反应区的高速燃烧又不断发出压缩波，使得它不致衰减，形成稳定的爆轰波。

爆燃波与爆轰波各参数的差异见表 6-1。

表 6-1　爆轰波与爆燃波参数比较

参数名称	爆轰波	爆燃波
燃烧波传播的马赫数 $\dfrac{v_1}{a_1}$	$5 \sim 10$	$0.001 \sim 0.03$
波后波前速度比 $\dfrac{v_2}{v_1}$	$0.4 \sim 0.7$	$4 \sim 16$
波后波前压力比 $\dfrac{p_2}{p_1}$	$13 \sim 55$	$0.98 \sim 0.976$
波后波前温度比 $\dfrac{T_2}{T_1}$	$8 \sim 21$	$4 \sim 16$
波后波前密度比 $\dfrac{\rho_2}{\rho_1}$	$1.4 \sim 2.6$	$0.06 \sim 0.25$

6.2　燃烧波基本方程

将燃烧波作为一个引起物理化学变化的界面（波），研究界面两边气流参数的变化，并将燃烧过程用加热来代替。

作如下假设：

（1）定常传播；

（2）一维，无黏，不考虑彻体力；

（3）管子和介质之间没有热交换。

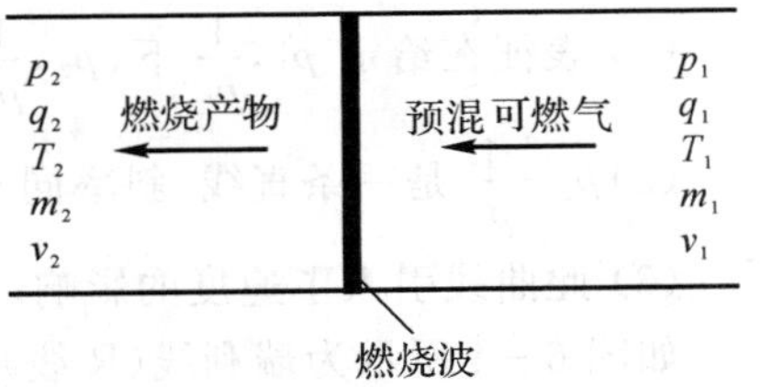

则体系方程如下：

连续方程：

图 6-2　定常燃烧波

$$\dot{m} = \rho_1 v_1 = \rho_2 v_2 \qquad (6-1)$$

动量方程：

$$p_1 + \rho_1 v_1^2 = p_2 + \rho_2 v_2^2 \qquad (6-2)$$

能量方程：

$$C_p T_1 + \frac{v_1^2}{2} + q = C_p T_2 + \frac{v_2^2}{2} \qquad (6-3)$$

状态方程：

$$p = \rho R T \qquad (6-4)$$

上述四个方程中：

(1) 已知数 5 个：p_1，C_p，T_1，ρ_1，q。

(2) 未知数 5 个：p_2，T_2，ρ_2，v_2，v_1。

由于只有 4 个方程，却有 5 个未知数，因而无法求解，必须借助另外的方程。但是，可以根据这 4 个方程，当给定初始状态时，分析终态下各参数的变化。

6.2.1 胡哥尼奥特方程

由连续方程式(6-1)和动量方程式(6-2)进行适当转化，得到

$$\frac{1}{2}(v_1^2 - v_2^2) = \frac{1}{2}\left(\frac{1}{\rho_1} + \frac{1}{\rho_2}\right)(p_2 - p_1) \tag{6-5}$$

将式(6-5)代入式(6-3)可得

$$\frac{\gamma}{\gamma-1}\left(\frac{p_2}{\rho_2} - \frac{p_1}{\rho_1}\right) - \frac{p_2 - p_1}{2}\left(\frac{1}{\rho_1} + \frac{1}{\rho_2}\right) = q \tag{6-6}$$

公式(6-6)为胡哥尼奥特方程，此方程意义在于：

(1) 在初始状态 p_1，$\frac{1}{\rho_1}$，q 给定条件下，规定了 p_2，ρ_2 的关系。

(2) 不同的加热量 q，对应不同的 H 线。$q=0$，绝热冲波。

(3) 此曲线没有引入速度的影响。

如图 6-3 所示为加热流的胡哥尼奥特线（H 线）。

6.2.2 瑞利方程

由连续方程式(6-1)和动量方程式(6-2)可得

$$p_2 - p_1 = -\dot{m}^2\left(\frac{1}{\rho_2} - \frac{1}{\rho_1}\right) \tag{6-7}$$

$$\tan\alpha = -\dot{m}^2 \tag{6-8}$$

式(6-7)为瑞利方程，此方程意义在于：

(1) 表征在给定 p_1，$\frac{1}{\rho_1}$ 下，p_2，$\frac{1}{\rho_2}$ 必须满足的关系。

(2) $p_2 - \frac{1}{\rho_2}$ 是一条直线，斜率同 v_1 有关。

(3) 此曲线引入了速度的影响。

如图 6-4 所示为瑞利线（R 线）。

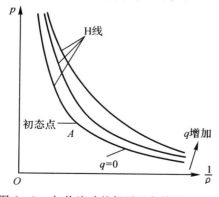

图 6-3 加热流动的胡哥尼奥特线（H 线）

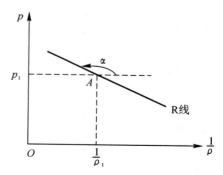

图 6-4 瑞利线（R 线）

6.2.3　解的分析

对于燃烧化学反应来说,解必须满足燃烧波基本方程,显然解也必须满足胡哥尼奥特方程和瑞利方程。给定波前状态 $A\left(p_1, \dfrac{1}{\rho_1}\right)$,波后状态 $\left(p_2, \dfrac{1}{\rho_2}\right)$ 必须都满足 H 线和 R 线,即两线交点(见图 6-5)。

将 H 线划分为五个区:

(1)Ⅰ区和Ⅱ区:波后燃烧产物的压力、密度比波前预混气的压力、密度要高,为爆轰波。

(2)Ⅲ区:R 线斜率为正,$\dot{m}^2 < 0$,解无意义。

(3)Ⅳ区和Ⅴ区:波后燃烧产物的压力、密度比波前预混气的压力、密度要低,为爆燃波。

对于特殊点 E,$\dfrac{1}{\rho_2} = \dfrac{1}{\rho_1}$,$\dot{m} \to \infty$,$V_1 \to \infty$。

对于特殊点 F,$p_2 = p_1$,$\dot{m} \to 0$,$V_1 \to 0$。

根据 R 线,分析各个区速度特性:

(1)Ⅰ区:沿着 H 线往远方,R 线斜率绝对值增大,表明速度增大,J 点声速,故属于超声速区。

(2)Ⅱ区:沿着 H 线往远方,R 线斜率绝对值减小,表明速度减少,J 点声速,故属于超声速区。

(3)Ⅳ区:沿着 H 线往远方,R 线斜率绝对值增大,表明速度增大,K 点声速,故属于亚声速区。

(4)Ⅴ区:沿着 H 线往远方,R 线斜率绝对值减小,表明速度减小,K 点声速,故属于亚声速区。

现根据 H 线和 R 线讨论结果,讨论各区有没有真实的物理意义:

(1)Ⅰ区(强爆轰区)的强爆轰波从理论上讲是可以实现的,然而在实践中尚未观察到。

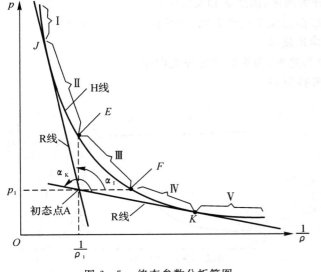

图 6-5　终态参数分析简图

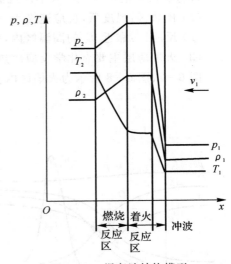

图 6-6　爆轰波结构模型

(2)对于Ⅱ区(弱爆轰区)的弱爆轰波,图 6-6 所示是由泽尔多维奇·冯扭漫·多林提出的爆轰波结构模型,它表明了各重要物理参数在空间的变化。由图可见,爆轰波由三部分组成:前面是冲波;其次是着火感应区;最后是燃烧反应区。

波前超声速气流穿过冲波后,变成亚声速气流;亚声速气流穿过着火感应区和燃烧反应区受到了加热,使得亚声速气流的马赫数增大,但最多只能达到 1,而不会超过 1,因此 Ⅱ 区的状态无法实现。

(3)Ⅲ 区:R 线斜率为正,$\dot{m}^2 < 0$,无意义。

(4)Ⅳ 区(弱爆燃区)的弱爆燃波包括了层流预混火焰的解,是经常能被发现的。它的波前波后的速度只有通过层流预混火焰的结构求解才能确定。

(5)Ⅴ 区(强爆燃区)没有真实物理意义。亚声速气流经过燃烧波相当于经过一个等截面的加热管。亚声速气流经过等截面加热管时,尽管其流速会由于加热而增大,但最多只能达到声速。也就是说,亚声速气流经过燃烧波后,其马赫数增大,但最多只能到 1,而不会超过 1,可见,Ⅴ 区的状态无法实现。

6.3　层流预混可燃气的燃烧

6.3.1　层流预混火焰结构

火焰结构是指厚度以毫米计的火焰区内的温度、反应物和生产物的浓度、流动速度、压力及化学反应速度等参数的分布。

对于层流预混可燃气,其化学反应速度一般有如下规律:首先按照阿累尼乌斯定律,化学反应速度随着温度增加,先是缓慢增加,当接近火焰温度 T_f 时,则急剧增加,达到它的最大值,随后由于新鲜预混气浓度变得非常小而化学反应速度急剧下降到接近零。火焰区内,主要的反应都发生在 T_f 附近的范围内。

常将层流预混可燃气的火焰区近似分为两区:预热区和反应区。

(1)预热区:温度低,反应速度小,一般假定反应放热忽略,只是由于热传导而升温。

(2)反应区:靠近 T_f 的高温区内,反应速度快。

(3)火焰薄层主要靠化学反应放热作为热源,为火焰的传播提供能量。

图 6-7、图 6-8 所示为火焰区内各参数分布。

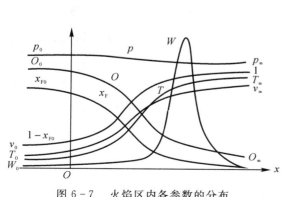

图 6-7　火焰区内各参数的分布

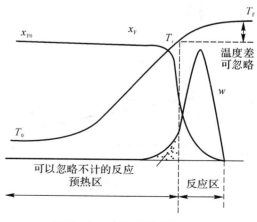

图 6-8　火焰区的近似处理

对于层流预混可燃气,其火焰结构具有如下特点(见图 6-9):

(1) 火焰前锋不是一维的;

(2) 由于壁面摩擦的影响,靠近轴线处火焰速度比靠近壁面处的快。

(3) 黏性的作用使得火焰呈抛物型。

(4) 由于浮力的影响,抛物面将变成非对称型。

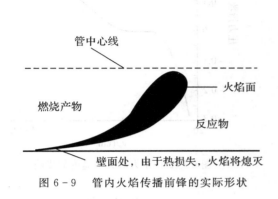

图 6-9　管内火焰传播前锋的实际形状

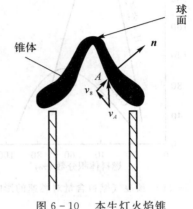

图 6-10　本生灯火焰锥

图 6-10 所示为本生灯火焰锥,在图中,v_0 为火焰速度;v_A 为预混气速度;n 为 A 点曲面法向。

6.3.2　层流火焰的传播速度

火焰传播速度是指未燃预混气在垂直于火焰面的方向上进入火焰区的速度。影响火焰传播速度的因素很多,如预混气的成分、压强、初温和添加物等。现分别讨论它们的影响。

1. 预混气的成分、燃料-氧化剂比例的影响

(1) 燃料-氧化剂化学计量比附近,燃速 v_0 达到最大;燃料太少或氧化剂太少,都不能保持火焰的正常传播。

(2) 燃速在可燃界限附近,迅速下降到零。

(3) 一般火焰温度越高,燃速 v_0 越大。

2. 压强的影响

压强对预混气传播的速度的影响如图 6-11 和图 6-12 所示。

路易斯采用定容弹的方法研究压强对火焰传播速度的影响,得到如下关系:

$$v_0 \propto p^n \tag{6-9}$$

对于一般预混气体系,n 变化规律为

(1) 速度较低时,n 为负值。

(2) 速度逐渐增大,n 趋于零。

(3) 速度进一步增大,n 为正值。

3. 预混气初温 T_0 的影响

如图 6-13 所示为预混可燃气初温对火焰速度的影响。一般认为,初温会使传播速度 v_0 增大。根据大量预混气燃烧试验结果得出如下规律:

$$v_0 \propto T_0^m \tag{6-10}$$

式中,m 为 1.5 ～ 2。

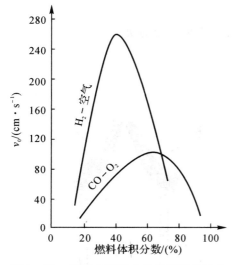

图 6-11　预混气燃料含量对燃速的影响

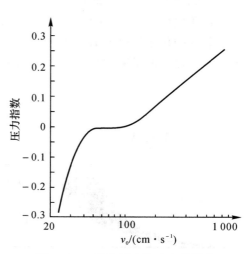

图 6-12　压力对火焰速度的影响

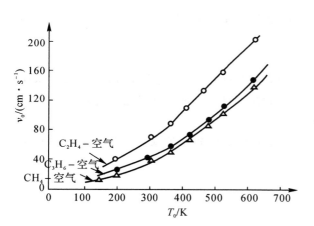

图 6-13　预混可燃气初温对火焰速度的影响

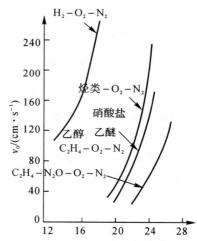

图 6-14　火焰温度对火焰速度的影响

4. 火焰温度的影响

温度是决定火焰传播速度的重要因素,火焰温度对火焰速度的影响如图 6-14 所示。

5. 惰性添加物的影响

惰性添加物加入到预混气种,具有如下影响(见图 6-15):

(1) 加入惰性物质,基本不参与化学反应。

(2) 加入惰性物质,会影响混合物的物理性质(导热系数、比热容)。

(3) 一般来说,加入惰性物质,火焰传播速度降低,可燃范围变窄,当然也有例外。

(4) 加入惰性物质,类似过量的氧或燃料对火焰传播速度的影响。

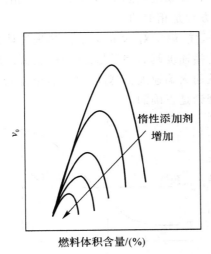

图 6-15　惰性气体含量对燃速的影响

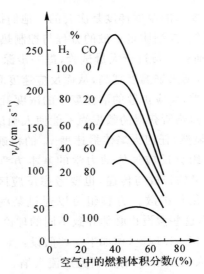

图 6-16　活性添加剂对燃速的影响

6. 活性添加剂的影响

加入活性添加剂,对于预混气的燃烧来说,具有类似催化剂的效果。添加了活性添加剂,相当活性中心增加,链反应增加,火焰传播速度加快(见图 6-16)。显然,不同活性添加剂,对反应的影响不一样。

6.4　层流预混火焰传播理论发展与 M-L 理论

计算层流火焰传播速度的理论方法可分为三类:热理论、扩散理论(原子基团的扩散)和综合理论。

从历史上看,层流火焰的研究也基本按这个顺序进行。有关层流预混火焰传播理论发展历程如下:

(1) 马拉尔(1875 年)、里查特里(1885 年)提出:v_0 传播主要因素为气体层的反向热传导。因此,能量方程是马拉尔-里查特里理论(M-L 热理论)的基础。他们假定火焰区由两部分组成:预热区、燃烧区。两区交界处的温度是着火温度 T_i,由于没有适当的方法确定 T_i,因而 M-L 理论在应用时受到限制。

(2) 泽尔多维奇、弗兰克-卡门涅茨基和谢苗诺夫对 M-L 理论进行了补充和发展,称为 Z-F-S 理论。该理论的基本方程是由谢苗诺夫在 1951 年详细推出,故又称为谢苗诺夫方程。在方程中不仅考虑热扩散,同时也包括了分子的扩散(不是活性分子或自由基团的扩散)。尽管谢苗诺夫在推导方程时也假定了一个着火温度,但是他又通过一种近似方法把这个温度从最后的方程中消去了。Z-F-S 理论在层流火焰理论中占有重要的地位,在层流火焰的试验研究和工程设计中得到了广泛的应用。

(3) 随着层流火焰研究的不断深入,研究人员发现:传热能控制反应过程,某些活性离子(原子基团)的扩散也能控制燃烧过程。活性离子扩散理论首先是由路易斯和冯·埃尔伯在 1934 年研究臭氧反应时提出的。唐福特和皮斯(1947 年)认为活性原子基团的扩散最重要,而热理论所要求的温度梯度是次要的。他们提出了一个在物理概念上与热理论大不相同的扩散理论。当然,控制质量扩散的方程与控制热扩散的方程是相似的。

(4)研究人员进行大量试验,进一步深入了解压强、温度对 v_0 的影响。热理论认为:环境温度越高,则火焰温度越高,从而反应速度和火焰传播速度越高。扩散理论认为:温度越高,离解就越严重,反应扩散的活性离子的浓度就越大,从而火焰速度就越高。因此,根据温度、压力对燃速的影响所获得的数据尚不能使人确认哪种理论是正确的。

(5)显然,任何火焰传播速度 v_0 的精确求解必须利用多组分反应气体动力学的基本方程组。不仅考虑热量的释放与传递,也要考虑反应区中化学组分的变化与扩散。方程组可以通过某些假设得以简化,而这些假设也必然导致不同的理论。

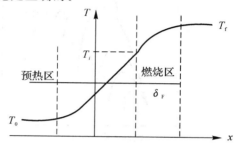

图 6-17　M-L 理论简化模型

研究 M-L 理论,作如下一些假设:

(1)火焰区相对固定,研究层流火焰。

(2)预混可燃气以 v_0 的速度流入火焰区;火焰区分两个区:预热区和燃烧区。

(3)预热区:预混气接受来自燃烧区的热流而升温,反应速度忽略。

(4)燃烧区:温度达到 T_i 后,燃烧反应显著,温度升高到 T_f。

如图 6-17 所示为 M-L 理论简化模型。

体系能量方程如下:

$$\lambda \left(\frac{\mathrm{d}T}{\mathrm{d}x}\right)_i = \rho_0 v_0 C_P (T_i - T_0) \tag{6-11}$$

假如层流火焰区内的温度分布是线性的,且 δ_r 为燃烧区的厚度,则可得

$$v_0 = \frac{\lambda}{\rho_0 C_p} \frac{T_f - T_i}{T_i - T_0} \frac{1}{\delta_r} \tag{6-12}$$

ε 代表燃烧产物的相对速度:

$$\delta_r = v_0 \tau_r \tag{6-13}$$

$$\tau_r = \frac{1}{\dfrac{\mathrm{d}\varepsilon}{\mathrm{d}t}} \tag{6-14}$$

故

$$\delta_r = v_0 \tau_r = v_0 \frac{1}{\dfrac{\mathrm{d}\varepsilon}{\mathrm{d}t}} \tag{6-15}$$

将式(6-15)代入式(6-12)可得

$$v_0 = \left(\frac{\lambda}{\rho_0 C_P} \frac{T_f - T_i}{T_i - T_0} \frac{\mathrm{d}\varepsilon}{\mathrm{d}t}\right)^{\frac{1}{2}} \tag{6-16}$$

热扩散率:$a = \dfrac{\lambda}{\rho_0 C_p}$,从而有

$$v_0 \propto \left(a \frac{\mathrm{d}\varepsilon}{\mathrm{d}t}\right)^{\frac{1}{2}} \tag{6-17}$$

可见,火焰传播速度与热扩散率及化学反应速率的二次方根成正比关系。

影响 $\frac{\mathrm{d}\varepsilon}{\mathrm{d}t}$ 的温度应是反应区内的温度，它随 x 而变化。但由于绝大部分反应发生在最高温度 T_f 附近，因此可以认为 $\frac{\mathrm{d}\varepsilon}{\mathrm{d}t}$ 主要受 T_f 的影响，即

$$v_0 \propto (\mathrm{e}^{-\frac{E}{R_0 T_f}})^{\frac{1}{2}} = \mathrm{e}^{-\frac{E}{2R_0 T_f}} \tag{6-18}$$

可见，T_f 对 v_0 的影响多么显著。改变初温 T_0 可以在一定程度上改变火焰温度，然而初温导致火焰温度的相对增加却很小。因此与 T_f 相比，T_0 对 v_0 的影响就不是那么明显。

M－L 理论将火焰区分为两个区，这非常容易让人理解，但具有如下缺点：

（1）只能定性说明某些因素的影响，不能定量计算。

（2）着火温度 T_i 无法确定。

（3）根据此理论，假如 $T_0 \approx T_i$，则火焰传播速度趋于无限大。这显然有问题。

6.5　Z－F－S 理论

Z－F－S 理论是由泽尔多维奇、弗兰克-卡门涅茨基和谢苗诺夫共同提出来的，是 M－L 理论的发展，它给出了层流火焰传播速度的表达式。

为列出 Z－F－S 理论的基本方程，作如下假定：

（1）包括热扩散、组分扩散方程。

（2）没有考虑活性离子的扩散及其对反应的影响。

（3）Z－F－S 理论也引入了着火温度 T_i，不过它只是为了数学计算才引入的。T_i 可通过一种近似的方法从数学式子中消去。

（4）假定 T_i 非常接近 T_f。

根据谢苗诺夫方程：

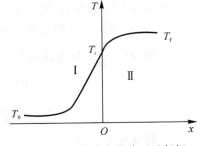

图 6-18　谢苗诺夫的分区近似解

$$\frac{\mathrm{d}}{\mathrm{d}x}\left(\lambda \frac{\mathrm{d}T}{\mathrm{d}x}\right) - \rho_0 v_0 \frac{\mathrm{d}C_p T}{\mathrm{d}x} - q w_1 = 0 \tag{6-19}$$

假定火焰区由 Ⅰ，Ⅱ 两区构成，取其分界点为坐标原点，此处温度为 T_i。

在 Ⅰ 区，化学速度缓慢，可以认为 $w_1 = 0$，从而能量可简化为

$$\frac{\mathrm{d}}{\mathrm{d}x}\lambda \frac{\mathrm{d}T}{\mathrm{d}x} - \rho_0 v_0 \frac{\mathrm{d}C_p T}{\mathrm{d}x} = 0 \tag{6-20}$$

在 Ⅱ 区，认为所有化学反应发生在该区，假定 $T_i = T_f$，温度梯度小，故对流项 $\rho_0 v_0 \frac{\mathrm{d}C_p T}{\mathrm{d}x}$ 可略去，从而能量方程简化为

$$\frac{\mathrm{d}}{\mathrm{d}x}\left(\lambda \frac{\mathrm{d}T}{\mathrm{d}x}\right) - q w_1 = 0 \tag{6-21}$$

在 Ⅰ，Ⅱ 区连接处，由于热流连续，有

$$x = 0, \quad \left(\lambda \frac{\mathrm{d}T}{\mathrm{d}x}\right)_{\mathrm{I}} = \left(\lambda \frac{\mathrm{d}T}{\mathrm{d}x}\right)_{\mathrm{II}} \tag{6-22}$$

路易斯数：

$$L_e = \frac{\text{热扩散率}}{\text{质量扩散速率}} = \frac{a}{D}$$

可求出火焰传播速度表达式如下：

$$v_0 = \sqrt{\frac{2\lambda}{\rho_0^2 C_p (T_f - T_0)} \int_{T_i}^{T_f} (-w_1) \mathrm{d}T} \qquad (6-23)$$

对于零级反应：

$$-w_1 = Z \exp\left(-\frac{E}{R_0 T}\right) \qquad (6-24)$$

$$v_0 = \sqrt{2\left(\frac{\lambda}{\rho_0 C_p}\right) \frac{1}{\rho_0} \frac{R_0 T_f^2}{E} \frac{Z \exp\left(-\dfrac{E}{R_0 T_f}\right)}{T_f - T_0}} \qquad (6-25)$$

对于零级反应：

$$a = \frac{\lambda}{\rho_0 C_p}, \qquad \frac{\mathrm{d}\varepsilon}{\mathrm{d}t} = \frac{Z \exp\left(-\dfrac{E}{R_0 T_f}\right)}{\rho_0}$$

显然，对于零级反应，Z-F-S 理论也表明：

$$v_0 \propto \left(a \frac{\mathrm{d}\varepsilon}{\mathrm{d}t}\right)^{\frac{1}{2}} \qquad (6-26)$$

这与 M-L 理论一致。

如果不是零级反应，则 $-w_1$ 既是温度的函数，也是浓度的函数，需另引入 Y_1 和 T。

当 $l_e = 1$ 时，一级和二级反应的 v_0 计算公式如下：

一级反应（$\dfrac{M_P}{M_R}$ 是生成物与反应物的分子量之比）：

$$v_0 = \sqrt{2\left(\frac{\lambda}{\rho_0 C_p}\right) \frac{T_0}{T_f} \frac{M_P}{M_R} \left(\frac{R_0 T_f^2}{E}\right)^2 \frac{Z \exp\left(-\dfrac{E}{R_0 T_f}\right)}{(T_f - T_0)^2}} \qquad (6-27)$$

二级反应：

$$v_0 = \sqrt{4\rho_0 \left(\frac{\lambda}{\rho_0 C_p}\right) \left(\frac{T_0}{T_f}\right)^2 \left(\frac{M_P}{M_R}\right)^2 \left(\frac{R_0 T_f^2}{E}\right)^3 \frac{Z \exp\left(-\dfrac{E}{R_0 T_f}\right)}{(T_f - T_0)^3}} \qquad (6-28)$$

当 $l_e \neq 1$ 时，一级和二级反应的 v_0 计算公式如下：

一级反应（$\dfrac{A}{B}$ 是修正因子：当 $l_e > 1$，$\dfrac{A}{B} > 1$；当 $l_e < 1$，$\dfrac{A}{B} < 1$）：

$$v_0 = \sqrt{2\left(\frac{\lambda}{\rho_0 C_p}\right) \frac{T_0}{T_f} \frac{M_P}{M_R} \left(\frac{R_0 T_f^2}{E}\right)^2 \left(\frac{A}{B}\right)^2 \frac{Z \exp\left(-\dfrac{E}{R_0 T_f}\right)}{(T_f - T_0)^2}} \qquad (6-29)$$

二级反应：

$$v_0 = \sqrt{4\rho_0 \left(\frac{\lambda}{\rho_0 C_p}\right) \left(\frac{T_0}{T_f}\right)^2 \left(\frac{M_P}{M_R}\right)^2 \left(\frac{R_0 T_f^2}{E}\right)^3 \left(\frac{A}{B}\right)^2 \frac{Z \exp\left(-\dfrac{E}{R_0 T_f}\right)}{(T_f - T_0)^3}} \qquad (6-30)$$

Z-F-S 理论的优缺点分别如下：

（1）优点：提供了一种计算层流火焰传播速度 v_0 的简便方法。有关压强、温度和成分对 v_0 的影响均与实验结果一致。

（2）缺点：在预热区和燃烧区接界处的简化有些问题。其一，温度梯度还是存在的。其二,忽略了对流的影响。其三,没有推导出具体温度场分布计算公式,只是 v_0 的计算式。

6.6　层流火焰的扩散理论

层流火焰的热理论认为:火焰在预混可燃气中的传播是依靠热传导进行的,并假定火焰区中的化学反应是预混可燃气生成燃烧产物的反应,中间没有其他过程。热理论也考虑质量的扩散,不过,这种扩散是组分之间的扩散,冷的预混可燃气向高温反应区扩散吸收热量,热的燃烧产物向冷的预混气扩散放出热量。热理论得出的结论表明:火焰传播速度的大小取决于火焰区内气体的热扩散率(热扩散速度)和预混气燃烧时的火焰温度。当热扩散率越大,火焰温度越高时,火焰的传播速度就越大。按照热理论的观点,可以得到下面的结论:对于一种预混气,在一定的初始条件下,其热扩散率和火焰温度是一定的,从而其火焰传播速度也应是一定的。如果在这种预混气中加入极少量的其他气体,也基本不改变火焰的传播速度,因为加入微量的其他气体后并不明显地影响热扩散速度和火焰温度。对许多预混可燃气地燃烧来说,热理论和实验结果是比较一致的。

但是,在另外有一些预混可燃气的燃烧现象中,其火焰传播速度的试验测量结果和热理论是不一致的,见表 6-2。

表 6-2　预混气中加入微量 H_2 后燃烧速度的变化

序号	组　　分			相应离子分压力 10^{-4} atm			火焰温度/K	速度 v cm·s^{-1}
				P_H	P_{OH}	P_O		
1	40%CO[①]	12.6%O_2	47.4%N_2	2.5	3.4	1.2	2 320	30
2	40%CO[②]	12.6%O_2	47.4%N_2	3.8	4.9	1.1	2 320	40
3	60%CO[①]	39.4%O_2	0.6%N_2	24	86	420	2 930	68
4	60%CO[②]	39.4%O_2	0.6%N_2	38	130	420	2 930	93

注:[①]含有 1.35%的 H_2O。

[②]含有 1.35%的 H_2O 和 1.5%的 H_2。

对比序号 1 和 2,预混气的差别仅仅是在 2 号中加入了 1.5%的 H_2,2 号燃速比 1 号提高了 33%;对比序号 3 和 4,预混气的差别在于 4 号中加入了 1.5%的 H_2,4 号燃速比 3 号燃速提高了 36%。很显然,1 号和 2 号、3 号和 4 号的热扩散率和火焰温度不会因加入了微量的 H_2 而发生明显变化,所以,用热理论不能解释上述现象。

路易斯和冯·埃尔伯(1934 年)以及唐福特和皮斯(1947 年)在试验基础上先后提出了另一种不同的理论——层流火焰的扩散理论。该理论认为:火焰传播的主要机理不是热传导,而是依靠高温燃烧区产生的活性离子(链载体)向未燃预混气体中的扩散来加速燃烧区反应向预混气中的传播。火焰区中各处的反应速度取决于各处活性离子的浓度。火焰区中各点上活性离子浓度主要取决于活性离子的扩散速度、气体的流动以及化学反应过程。

一般情况下,活性离子 H 的质量最小,因此,它的扩散速度最大。

唐福特和皮斯认为在湿的 CO-O_2 的预混可燃气中,特别是在这种预混气中加入微量 H_2

之后,影响燃速的主要因素是活性离子 H 的扩散,其他的活性离子如 OH 或 O 的影响是次要的。虽然上述扩散理论在具体处理上有很多地方不严格,但大致反映了活性离子扩散对火焰传播的重要性。

也有其他的一些扩散理论,但大都需要作出某些假设。事实上,热理论也需要作出一些假设。那么,热理论和扩散理论究竟哪一个更准确?

目前还存在不同的看法。虽然有很多学者专门为此进行了大量试验,但无法得出结果。一般说来,对于不同的燃烧反应,其实际作用的重点也不相同,有的以热传导为主,有的以扩散为主。例如:对于不含 H_2 的预混气加入少量 H_2 或 H_2O 可使燃速增加,但对于含 H_2 的燃烧系统则影响不大。

6.7　预混气的湍流燃烧

层流火焰的传播速度是预混气的物理化学特性参数:

$$v_0 = f\left(\frac{\lambda}{\rho C_P}, \frac{d\varepsilon}{dt}\right) \tag{6-31}$$

随着流动雷诺数 Re 的增加,流动由层流变为湍流,相应的层流火焰变为湍流火焰,其燃烧特征以及火焰传播速度都发生了变化。

例如:本生灯火焰中,保持预混气流量不变,加长管道长度以增加雷诺数 Re,使层流燃烧过渡到湍流燃烧,出现湍流火焰。

湍流火焰和层流火焰区别如下:

(1)湍流火焰锥比层流火焰锥短。当流量增加时,层流火焰锥的高度有明显变化,而湍流的锥高变化不明显。

(2)层流火焰区厚度小(1 mm 左右),边界光滑明显。湍流火焰区厚度大(可达几十毫米),刷状火焰,边界不明显,不整齐。

(3)湍流燃烧有噪声,通过纹影照相发现湍流火焰面有明显皱褶,密度梯度大。

(4)湍流燃烧也有一个火焰传播速度 v_T,它与层流火焰传播速度 v_0 不同。它不仅与预混气的性质有关,而且与流动的状态有关。在层流火焰中热量或质量的输运是依靠分子运动进行的,而在湍流火焰中,除了分子运动外,还有湍流中流体微团脉动引起的传热传质,而且湍流强度越大,产生的影响也越大。

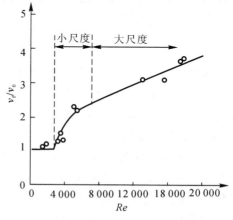

图 6-19　雷诺数 Re 对火焰速度的影响

通常,湍流是以湍流尺度(小尺度或大尺度,并与涡旋尺寸有关)和湍流强度表示其特征的。在湍流中用湍流扩散率 ε 表示随机脉动着的流体微团之间的输运作用,正如运动黏度 μ 和热扩散率 α 是分子运动所引起的输运作用一样。在管流中,ε 近似地与雷诺数 Re 成正比。当 $Re \geqslant 2\,300$ 时,层流过渡到湍流。

达姆科勒用本生灯测量了不同雷诺数下火焰速度。他发现：①$Re < 2\,300$ 时，火焰速度和 Re 无关；②$2\,300 \leqslant Re < 6\,000$ 时，火焰速度和 Re 的二次方根成正比；③$Re \geqslant 6\,000$ 时，火焰速度和 Re 成正比。可见，在湍流情况下，流动状态对火焰传播速度的影响是很大的。

1. 小尺度湍流

当 $2\,300 \leqslant Re < 6\,000$ 时，湍流是小尺度的，即涡旋尺度和混合长度仍小于火焰前锋的厚度。这些小尺度涡旋的作用是提高燃烧波内热量和质量输运过程的强度。在这些情况下，热量、质量的输运与湍流扩散率 ε 成比例，而不是和分子的热量、质量扩散系数成比例。因为层流火焰的传播速度与 $\sqrt{\dfrac{\lambda}{\rho C_p}}$ 成正比，所以可以类比地推断小尺度湍流的火焰速度与 $\sqrt{\varepsilon}$ 成正比。

$$\frac{v_{\mathrm{T}}}{v_0} = \frac{\sqrt{\varepsilon}}{\sqrt{\dfrac{\lambda}{\rho C_p}}} \approx \sqrt{\frac{\varepsilon}{D}} \approx \sqrt{\frac{\varepsilon}{\mu}} \tag{6-32}$$

对管流而言：

$$\frac{\varepsilon}{\mu} \approx 0.01 Re \tag{6-33}$$

因此

$$\frac{v_{\mathrm{T}}}{v_0} \approx \sqrt{\frac{\varepsilon}{\mu}} \approx 0.1 \sqrt{Re} \tag{6-34}$$

2. 大尺度湍流

当 $Re \geqslant 6\,000$ 时，湍流涡旋尺度变大，其尺寸和管径相当，而比层流火焰的前锋厚度大得多。这些涡旋并不像小尺度涡旋那样会增加扩散速率，但是大尺度的涡流会使火焰前锋变形，如图 6-20 所示。由于火焰面的褶皱，使得管道中单位截面积上的火焰前锋面积增大。结果，局部火焰结构虽无多大变化，但是由于有效面积增大，因而火焰传播速度增加。

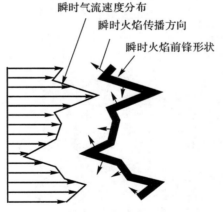

瞬时气流速度分布
瞬时火焰传播方向
瞬时火焰前锋形状

图 6-20　大尺度湍流火焰前锋形状

达姆科勒经估计指出：火焰前锋增大的表面积和特征褶皱尺寸成比例，而特征皱褶尺寸与速度脉动的大小（即湍流强度）成比例。同时因 ε 与湍流的强度和混合长度的乘积成比例，而且 $\dfrac{\varepsilon}{\mu} \approx 0.01 Re$ ，从而有

$$\frac{v_{\mathrm{T}}}{v_0} \propto 褶皱面积 \propto 湍流强度 \propto \varepsilon \propto Re$$

这种解释能满意地描述达姆科勒的大尺度湍流燃烧速度的试验结果。

习　题

6.1　给出爆轰波和爆燃波的定义,并论述两者主要差别。

6.2　写出燃烧波基本方程。

6.3　试分析胡哥尼奥特方程和瑞利方程解的分布。

6.4　分析压强对火焰传播速度的影响。

6.5　何为火焰结构?

6.6　简述层流预混火焰传播理论发展历程。

6.7　简述 M－L 理论的基本观点。

6.8　简述 Z－F－S 理论的基本观点。

6.9　比较层流火焰热理论与扩散理论的差异。

6.10　简述预混气湍流燃烧火焰特点。

第7章 扩散燃烧

预混燃烧是指燃料气体与氧化剂预先混合均匀再燃烧的现象。预混燃烧速度一般受化学反应速度控制。但实际上，绝大部分情况是两者没有事先混合好，而是边混合边燃烧。对固态或液态燃料来说，必须先通过热解、升华等，在气相中燃料气体与氧化剂气体先混合再燃烧，这种燃烧现象称为扩散燃烧。扩散燃烧一般受扩散速度控制。

扩散燃烧可分为如下两类：

(1)均匀相扩散燃烧：燃料和氧化剂都是气态的，如煤气炉、乙炔。

(2)非均匀相扩散燃烧：液体或固体的凝相燃料的燃烧，如木柴、蜡烛、油滴。

对于气体的扩散燃烧，燃烧反应在薄层空间中进行，薄层外只是分子输运；燃料气体和氧化剂气体浓度不均，依靠分子浓度的梯度形成扩散。由于存在扩散现象，扩散火焰中的氧化剂、燃料及产物的浓度、温度在比较宽的区域内变化着，而真正的燃烧反应只是发生在一个其厚度可以忽略不计的区域中。但是对于预混火焰，其组分浓度、温度等参数在一个非常窄的火焰区内才有显著变化，在火焰区外是均匀的。

一般来说，扩散燃烧速度比预混燃烧速度慢，因为混合过程比较慢（扩散燃烧中分子扩散速度较慢）。例如对于乙烯和氧的燃烧，在预混火焰燃烧中其燃烧速度为 $4\ mol/(cm^3 \cdot s)$，而在扩散燃烧中，燃烧速度为 $6 \times 10^{-5}\ mol/(cm^3 \cdot s)$。

本章介绍三种扩散燃烧：气体燃料射流燃烧、燃料液滴的蒸发与燃烧、碳粒的燃烧。

7.1 气体燃料射流燃烧

7.1.1 气体燃料射流燃烧定义

气体燃料射流燃烧是指气体燃料射流进入氧化剂气体环境中的燃烧现象。如果气体边界受限制，则称为受限制的射流燃烧。

现有两根同心管，内管为燃料，内外管之间的环形管内为空气（见图7-1）。在同心管出口截面点燃混合气，研究混合气燃烧特性。

Hottel 和 Hanthone 在1949年对层流的 H_2-空气射流扩散火焰进行了研究，测量了其组分的分布（按化学当量比反应），研究结论如下（见图7-2）：

(1)火焰前锋处：燃料和氧化剂的浓度接近零，燃烧产物的浓度在此最大。

(2)火焰外侧：只有氧化剂气体，没有燃料气体。

(3)火焰内侧：只有燃料气体，而无氧化剂气体。

可见，火焰面就像一面隔板，将燃料和氧化剂截然分开。实际上火焰区并不是一个数学上的面，它总有一个厚度。

在径向，由于组分浓度有较大变化，因而形成各自的径向扩散流动。这种由扩散形成的整体流动叫 Stefan 流动。当多组分反应流体流过惰性表面时,在表面处,各个组分都会有一定的浓度梯度,形成各自的分子扩散流,但这些同时存在的扩散流不可能相互无关,其间必然有一定的联系。同时,相分界面上的物理过程或反应动力学过程要求产生或消耗一定的质量流。于是,在扩散的相互干涉和物理化学过程作用下,表面处产生一个法向总物质流。这个物质流不是外部因素造成的,而是由表面本身的特点形成的,这一现象是 Stefan 首先发现的。Stefan 流发生的充分及必要条件是:表面有物理或化学的过程存在,同时表面附近有扩散的相互影响。

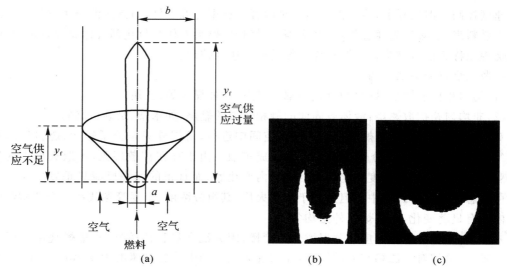

图 7-1　燃料射流火焰的外形

(a)火焰外形;　(b)空气过量火焰照片;　(c)燃料过量火焰照片

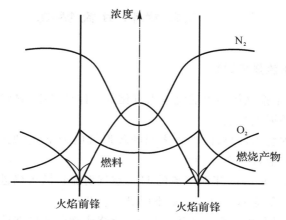

图 7-2　射流扩散火焰的组分浓度分布

运用 Stefan 流概念对分析液面和固面的分界面边界条件(例如推进剂燃烧表面的边界条件)非常重要。

7.1.2 描述射流燃烧的基本方程

首先作如下假设：

(1) 流动是定常的。

(2) 流动 Ma 数远小于 1，流动为低速层流，压强为常数。

(3) Ma 低，故黏性力和体积力可忽略不计。

(4) 组分间扩散遵守 Fick 定律，各组分的扩散系数相同。

(5) 化学反应为一步反应。

总体连续方程：

$$\nabla \rho v = 0 \tag{7-1}$$

i 组分连续方程：

$$\nabla \left[\rho Y_i (v + V_i) \right] = w_i \tag{7-2}$$

能量方程：

$$\rho v \nabla \sum_{i=1}^{N} Y_i h_i = \nabla \lambda \nabla T - \nabla \left(\rho \sum_{i=1}^{N} Y_i h_i V_i \right) \tag{7-3}$$

利用式 (7-1)，式 (7-3) 变成

$$\nabla \left[\rho \sum_{i=1}^{N} Y_i h_i (v + V_i) - \lambda \nabla T \right] = 0 \tag{7-4}$$

将式 (7-2) 及 h, h_i 的表达式代入式 (7-4) 可得

$$\nabla \left[\rho v \left(\int_{T_0}^{T} C_p \mathrm{d}T \right) + \rho \sum_{i=1}^{N} Y_i V_i \left(\int_{T_0}^{T} C_{pi} \mathrm{d}T \right) - \lambda \nabla T \right] = -\sum_{i=1}^{N} h_i^0 w_i \tag{7-5}$$

假定路易斯数为 1，即

$$L_e = \frac{\lambda}{\rho C_p D} = 1 \tag{7-6}$$

由 Fick 定律

$$Y_i V_i = -D \nabla Y_i \tag{7-7}$$

故式 (7-5) 化为

$$\nabla \cdot \left\{ \rho v \left(\int_{T_0}^{T} C_p \mathrm{d}T \right) - \rho D \left[\sum_{i=1}^{N} \nabla Y_i \left(\int_{T_0}^{T} C_{pi} \mathrm{d}T \right) + C_p \nabla T \right] \right\} = -\sum_{i=1}^{N} h_i^0 w_i \tag{7-8}$$

根据混合气体比热定义：

$$\int_{T_0}^{T} C_p \mathrm{d}T = \sum_{i=1}^{N} Y_i \int_{T_0}^{T} C_{pi} \mathrm{d}T \tag{7-9}$$

根据式 (7-9)，可得

$$\nabla \int_{T_0}^{T} C_p \mathrm{d}T = \sum_{i=1}^{N} \nabla Y_i \left(\int_{T_0}^{T} C_{pi} \mathrm{d}T \right) + \sum_{i=1}^{N} Y_i \nabla \int_{T_0}^{T} C_{pi} \mathrm{d}T = \sum_{i=1}^{N} \nabla Y_i \left(\int_{T_0}^{T} C_{pi} \mathrm{d}T \right) + C_p \nabla T \tag{7-10}$$

将式 (7-10) 代入式 (7-8)，可得能量方程：

$$\nabla \cdot \left[\rho v \left(\int_{T_0}^{T} C_p \mathrm{d}T \right) - \frac{\lambda}{C_p} \nabla \int_{T_0}^{T} C_p \mathrm{d}T \right] = -\sum_{i=1}^{N} h_i^0 w_i \tag{7-11}$$

i 组分方程式 (7-2) 可化为

$$\nabla \left[\rho v Y_i - \rho D \nabla Y_i \right] = w_i \qquad (7-12)$$

方程式(7-11)和式(7-12)称为 Shvab-Zeldovich 能量方程及组分连续方程。

假定反应为一步反应,有

$$w = \frac{w_i}{M_i(v_i - v_i)}$$

这样,i 组分的连续方程式(7-12)化为

$$\nabla \left[\rho v \frac{Y_i}{M_i(v_i - v_i)} - \rho D \nabla \frac{Y_i}{M_i(v_i - v_i)} \right] = w \qquad (7-13)$$

能量守恒方程化为

$$\nabla \left[\rho v \frac{\int_{T_0}^T C_p dT}{\sum M_i(v'_i - v''_i)h_i^o} - \frac{\lambda}{C_P} \nabla \frac{\int_{T_0}^T C_p dT}{\sum M_i(v'_i - v''_i)h_i^o} \right] = w \qquad (7-14)$$

假设

$$a_i = \frac{Y_i}{M_i(v''_i - v'_i)} \qquad (7-15)$$

$$a_T = \frac{\int_{T_0}^T C_p dT}{\sum M_i(v'_i - v''_i)h_i^0} \qquad (7-16)$$

引入线性算子:

$$L(a) = \nabla \left[\rho v a - \rho D \nabla a \right]$$

则 i 组分连续方程式(7-13)为

$$L(a_i) = w \qquad (7-17)$$

能量方程式(7-14)为

$$L(a_T) = w \qquad (7-18)$$

若令

$$\Omega = a_T - a_1 = \Omega_T$$
$$\Omega = a_i - a_1 = \Omega_i \quad (i \neq 1)$$

则有

$$L(a_1) = w \qquad (7-19)$$
$$L(\Omega) = 0 \qquad (7-20)$$

可见,原来的 $N+1$ 个含有非线性项 w_i 的组分连续方程和能量方程化成了 N 个线性方程式(7-20)和一个非线性方程式(7-19)。

这些方程组的求解,分析如下:

(1)只要解出非线性方程式(7-19),其他参数可由线性方程式(7-20)确定。

(2)有时候,只求解线性方程,也可得到一些满意的结论。

7.2 Burke-Schumann 对限制性射流燃烧的求解

Burke 和 Schuman 在 1928 年研究用图如图 7-3 所示。

基本假设如下:

（1）出口处燃料气体与空气流速相同，燃料-空气的摩尔比值为 $\dfrac{a^2}{b^2-a^2}$。

（2）在火焰内它们的流速为常数；燃料气体与空气流之间的扩散系数为常量。由于燃烧反应，T 增加，流速 v 和扩散系数 D 都增加，它们对火焰形状和尺寸的影响可以相互抵消。

（3）与径向扩散相比，轴向扩散可忽略不计。可认为 $\rho D\dfrac{\partial Y_i}{\partial y}\approx 0$。

（4）质量平均速度 v 只有轴向分量而无径向分量；

（5）燃烧是按化学计量比进行的。

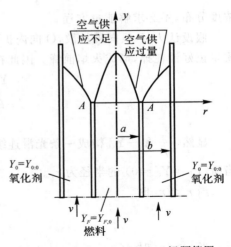

图 7 - 3　Burke - Schumann 问题简图

在这个系统中，参加反应的只有燃料 F，氧气 O 和产物 P。如果认为反应是一步的，则有

$$f\mathrm{F}+\mathrm{O}=(1+f)\mathrm{P} \tag{7-21}$$

根据 Burke 和 Schumann 描述受限制射流燃烧的方程可得

$$a_{\mathrm{O}}=\frac{Y_{\mathrm{O}}}{M_{\mathrm{O}}(v''_{\mathrm{O}}-v'_{\mathrm{O}})}=-Y_{\mathrm{O}}$$

$$a_{\mathrm{F}}=\frac{Y_{\mathrm{F}}}{M_{\mathrm{F}}(v''_{\mathrm{F}}-v'_{\mathrm{F}})}=\frac{Y_{\mathrm{F}}}{f}$$

则

$$\Omega=a_{\mathrm{O}}-a_{\mathrm{F}}=\frac{Y_{\mathrm{F}}}{f}-Y_{\mathrm{O}} \tag{7-22}$$

式(7-20)变为

$$L(\Omega)=\nabla\left[\rho v\Omega-\rho D\,\nabla\Omega\right]=0 \tag{7-23}$$

将式(7-23)中散度算子和梯度算子应用到柱坐标系 (r,θ,y)，变为

$$\frac{v}{D}\frac{\partial\Omega}{\partial y}-\frac{1}{r}\frac{\partial}{\partial r}\left(r\frac{\partial\Omega}{\partial r}\right)=0 \tag{7-24}$$

边界条件为

当 $y=0,0\leqslant r<a$ 时

$$\Omega=\frac{Y_{\mathrm{F,0}}}{f}$$

当 $y=0,a\leqslant r<b$ 时

$$\Omega=-Y_{\mathrm{O,0}}$$

当 $y>0,r=b$ 时

$$\frac{\partial\Omega}{\partial r}=0 \tag{7-25}$$

方程式(7-24)和边界条件式(7-25)是 Burke-Schumann 描述受限制射流燃烧的方程。

从物理意义上讲，Burke-Schumann 分析认为扩散火焰只牵涉 F 和 O 的浓度分布，将化学反应速率看作无穷大，不再考虑温度分布对化学反应速率的影响，而温度对浓度分布的影响通过对 ρD 的影响表现出来。假定 T 对 D 的影响正好和对 v 的影响相互抵消，则只需考虑 F，O 的浓度分布,不必求解能量方程。

假设认为,F 只向外扩散,O 向内扩散,两者以化学计量比相遇发生化学反应,将扩散来的质量正好消耗掉,形成火焰前锋。因此在火焰处有

$$Y_F = 0, \quad Y_O = 0 \tag{7-26}$$

$$\left(-\frac{\rho D}{f}\right)\frac{\partial Y_F}{\partial r} = \rho D \frac{\partial Y_O}{\partial r} \tag{7-27}$$

显然,$\frac{Y_F}{f}$ 和 $-Y_O$ 构成一条光滑连续的曲线,这条曲线就是 $\Omega(y, r)$(见图 7-4)。其中,火焰面($Y_F = Y_O = 0$)的半径为 r_f。

当 $r < r_f$ 时

$$\Omega = \frac{Y_F}{f}$$

当 $r > r_f$ 时

$$\Omega = -Y_O$$

当 $r = r_f$ 时

$$\Omega = \left(\frac{Y_F}{f}\right)_f - (Y_O)_f = 0 \tag{7-28}$$

为了便于方程求解,引入无量纲坐标:

$$\xi = \frac{r}{b}, \quad \eta = \frac{Dy}{b^2 v} \tag{7-29}$$

$$\gamma = \frac{f\Omega}{Y_{F,O}} = \frac{Y_F - fY_O}{Y_{F,O}} \tag{7-30}$$

则方程式(7-24)化为

$$\frac{\partial \gamma}{\partial \eta} = \frac{1}{\xi} \frac{\partial}{\partial \xi}\left(\xi \frac{\partial \gamma}{\partial \xi}\right) \tag{7-31}$$

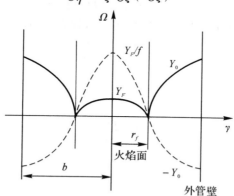

图 7-4　垂直于 y 轴截面上的浓度分布

利用分离变量法,求解方程式(7-31),可得方程解为

$$\gamma(\xi, \eta) = (1+v)c^2 - v + 2(1+v)c \sum_{n=1}^{\infty} \frac{1}{\mu_n} \frac{J_1(c\mu_n)}{[J_0(\mu_n)]^2} J_0(\mu_n \xi) e^{-\mu_n^2 \eta}$$

$$\tag{7-32}$$

有了浓度分布 $\gamma(\xi,\eta)$ 后,可求解火焰形状方程。方程 $\gamma(\xi,\eta)=0$ 在柱坐标系中所描述的曲面就是火焰面,因此可根据 $\gamma(\xi,\eta)=0$ 求出火焰形状方程为

$$(1+v)c^2 - v + 2(1+v)c\sum_{n=1}^{N}\frac{1}{\mu_n}\frac{J_1(c\mu_n)}{[J_0(\mu_n)]^2}J_0(\mu_n\xi)e^{-\mu_n^2\cdot\eta}=0 \qquad (7-33)$$

其中

$$\xi=\frac{r}{b}, \qquad \eta=\frac{Dy}{b^2v}$$

J 为贝塞尔函数;μ_n 为贝塞尔函数 $J_1(\mu)=0$ 的一连串正根;$c=\dfrac{a}{b}$;v 为内管管口处与通风情况有关的参数,通风不足,v 小,反之,则大。

当通风不足时,$\xi=1$(开口扇形火焰)。

$$\eta=\frac{1}{\mu_1^2}\ln\left\{\frac{2(1+v)cJ_1(c\mu_1)}{[v-(1+v)c^2]\mu_1 J_0(\mu_1)}\right\} \qquad (7-34)$$

当通风过量时,$\xi=0$(封闭长火焰)。

$$\eta=\frac{1}{\mu_1^2}\ln\left\{\frac{2(1+v)cJ_1(c\mu_1)}{[v-(1+v)c^2]\mu_1[J_0(\mu_1)]^2}\right\} \qquad (7-35)$$

式中,$\mu_1=3.831\,7$,$c=\dfrac{a}{b}$,$v=\dfrac{fY_{O,0}}{Y_{F,0}}$。

图 7-5 所示为 $c=0.5$ 时,不同 v 值计算的限制性射流扩散火焰的形状。

Burke 和 Schumann 对几种情况进行了求解计算,计算结果与试验结果相当一致。Burke 和 Schumann 根据理论分析得出如下结论:

(1) 如果 F 和 O 的流率不变,圆柱形火焰的高度不受管子尺寸的影响。

(2) 只要其他所有因素不变,则火焰高度和扩散系数成反比。

(3) 火焰的垂直尺寸与流速 v 成正比。

(4) 因为 D/v 与压力无关,所以当总流率不变时,火焰高度与压力无关。

(5) 提高燃料和氧化剂的初温对 D,v 的影响可以相互抵消,从而对火焰形状没有影响。

(6) 如果在燃料中加惰性气体,使得 F 的净流率降低(总流率不变),则火焰向内移动,使通风过量的火焰高度下降,通风不足的火焰高度上升。

(7) 当化学计量比 f 增加时,火焰向内移动,使通风过量的火焰高度减少,通风不足的火焰高度上升。

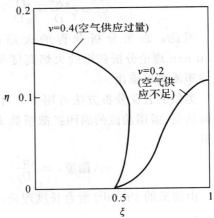

图 7-5 Burke-Schuman 问题的火焰形状($c=0.5$)

7.3 自由射流火焰的表象分析

假定燃烧过程不影响燃料射流与氧气之间的扩散混合速率。在圆柱射流问题中,氧气从

射流边界扩散到火焰中心处,燃料就全部烧完,也就是说,在这点上,火焰结束。这就变成了一个层流射流的扩散混合问题。通过计算射流边界上 O 扩散到中心线的时间,可求出火焰高度。

分子运动论指出,在分子扩散中一个分子的平均位移,可由下式求出:

$$\frac{1}{2}\frac{\mathrm{d}\overline{x^2}}{\mathrm{d}t} = D \tag{7-36}$$

$$\xi^2 = 2Dt \tag{7-37}$$

式中,D 为扩散系数。$\overline{x^2}$ 为时间 t 内,在规定的方向上质点位移均方值。ξ^2 为指时间 t 内,由于扩散分子离开某一位置位移的均方值。

对于圆柱射流,管子半径为 a,空气达到火焰顶点需穿过平均距离为 a 所需扩散时间和燃料微团从管口流向火焰顶点所需时间,假定流率 v 为常量:

$$t = \frac{y_f}{v} \tag{7-38}$$

$$\xi^2 = a^2 = 2Dt \tag{7-39}$$

$$y_f = vt = \frac{va^2}{2D} = \frac{Q}{2\pi D} \tag{7-40}$$

式中,$Q = \pi a^2 v$ 为体积流率;y_f 为层流射流扩散火焰的高度。

根据 Burke-Schumann 理论分析所得火焰高度为

$$y_f = \eta\frac{vb^2}{D} = \frac{\eta Q}{\pi D} \tag{7-41}$$

因此,表象分析获得的火焰高度和 Burke-Schuman 理论分析获得的火焰高度是一致的,即高度与体积流率成正比。

类似的表象分析方法可用于自由湍流射流火焰。不同的是,需用湍流的涡团扩散系数 D_t 取代分子扩散系数:

$$y_f(\text{湍流}) \propto \frac{va^2}{D_t} \tag{7-42}$$

由湍流的 Prandtl 混合长度理论:

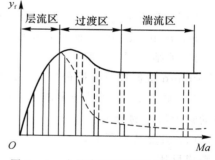

图 7-6 火焰高度随射流速度的变化

$$D_t \propto lv' \propto av \tag{7-43}$$

式中,D_t 为涡团扩散系数;a 为管子半径 y_f;l 为湍流混合长度;v' 表征湍流强度。

由式(7-42)和式(7-43)可得

$$y_f \propto a \tag{7-44}$$

这表明,湍流扩散火焰的高度正比于管道半径,而与射流速度无关。

7.4　燃料液滴的蒸发与燃烧

燃料液滴的蒸发与燃烧是柴油机、空气喷气发动机和液体火箭发动机燃烧室工作过程的一个基本环节,它的蒸发或燃烧速度直接影响燃烧室尺寸和发动机性能。液滴燃烧是一个典型的凝相燃烧问题,它所涉及的凝相气化过程具有更加普遍的意义。

有关液体燃料在气态氧化剂中的燃烧机理,有如下看法:

(1) 早前:认为燃烧发生在液体表面,即液相表面的燃料分子与气相中氧分子反应。

(2) 现在:发现燃烧时液体燃料表面温度很低,远低于着火所需温度,且液体气化所需能量(蒸发热)远低于反应活化能,故认为液相表面无燃烧反应。液体燃料先蒸发,后在气相中燃烧。

在一般条件下,由于燃料气和氧气从两个方向朝火焰区扩散,在压强和温度都不太低的环境,化学反应时间远小于扩散时间,因而液体燃料燃烧属于扩散燃烧。燃料液滴的燃烧机理与液面燃烧基本相同,也属于扩散燃烧。

当然,某些参数在特殊条件(挥发性高、雾化细、相对速度高、气流进口温度高等)下,只有纯液滴蒸发,直到全部液滴蒸发完才发生燃烧反应,这种情况下,接近预混气燃烧。

7.4.1 基本方程

只要压力不太低,燃料液滴在氧化剂气体中的燃烧都属于扩散燃烧。先是液滴表面受热蒸发(或分解)气化,燃料气体向周围扩散,氧化剂气体则向滴面扩散,两者相遇,在离滴面一定距离的地方形成球形或近似球形的扩散火焰。随着燃料的消耗,液滴的直径逐步缩小,火焰的位置也向里移动,因此整个过程是与时间有关的非定常过程。

由于液体燃料的密度比周围气体的密度大得多,液面向里推进的速度比周围气体运动的速度要小得多,因此在分析液滴的燃烧过程时,可以把液面和扩散火焰看作是相对不动的,把整个过程当作准定常过程。可以把射流燃烧所做的全部假设照搬,射流燃烧的基本方程也完全适用于液滴燃烧。

唯一不同的是把液滴看作是一个半径为 R 的球,在任何一个半径为 r 的球面上各参数相同,也就是说球对称。

总体质量守恒

$$4\pi r^2 \rho v = 4\pi R^2 (\rho v)_s \tag{7-45}$$

组分连续方程

$$\rho D_i \frac{\mathrm{d}}{\mathrm{d}r}\left(r^2 \frac{\mathrm{d}Y_i}{\mathrm{d}r}\right) - \frac{\mathrm{d}(r^2 \rho v Y_i)}{\mathrm{d}r} + r^2 w_i = 0 \tag{7-46}$$

能量方程

$$\lambda \frac{\mathrm{d}}{\mathrm{d}r}\left(r^2 \frac{\mathrm{d}T}{\mathrm{d}r}\right) - C_p \frac{\mathrm{d}(\rho v r^2 T)}{\mathrm{d}r} - r^2 \sum_{i=1}^{N} h_i^0 w_i = 0 \tag{7-47}$$

7.4.2 液滴表面的边界条件

液滴的蒸发和燃烧是从燃料表面开始,一直延续到整个空间。其边界条件发生在两处:一是液滴的凝相表面,一是离表面甚远的自由空间。

液滴的燃烧速度是指凝相表面蒸发气化的速度。

如图 7-7 所示为液滴表面附近温度浓度分布。

坐标:液滴中心处 $r=0$,液面处 $r=R$。

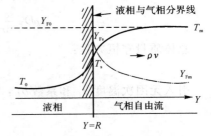

图 7-7 液滴表面附近温度浓度分布

1. 液面处能量平衡方程（不考虑热辐射）

$$(\rho v)_s Q = \lambda_g \left(\frac{dT}{dr}\right)_s \qquad (7-48)$$

考虑热扩散率

$$a = \frac{\lambda}{\rho C_p}$$

引入无因次温度

$$b_T = \frac{C_p(T - T_\infty)}{Q}$$

则能量方程变为

$$(\rho v)_s = \rho a \left(\frac{db_T}{dr}\right)_s \qquad (7-49)$$

2. 液面处质量平衡方程

$$(\rho v)_s = \rho D_F \left[\frac{d}{dr}\left(\frac{Y_F}{Y_{Fs} - Y_{F0}}\right)\right]_s \qquad (7-50)$$

其中，D_F 为燃料气体扩散系数。

引入系数

$$b_D = \frac{Y_F - Y_{F\infty}}{Y_{FS} - Y_{F0}}$$

则质量平衡方程变为

$$(\rho v)_s = \rho D_F \left(\frac{db_D}{dr}\right)_s \qquad (7-51)$$

从上两式可以看出：表面上温度梯度和浓度梯度越大，气化速率越快。

7.5　液滴单纯稳态蒸发

液滴的蒸发是一种比较简单的情况，没有化学反应，基本方程可简化。

能量方程：

$$\lambda \frac{d}{dr}\left(r^2 \frac{dT}{dr}\right) - C_p \frac{d}{dr}(\rho v r^2 T) = 0 \qquad (7-52)$$

组分连续方程（只有液滴蒸发，$i = 1$，$Y_i = Y_F$）：

$$\rho D_F \frac{d}{dr}\left(r^2 \frac{dY_F}{dr}\right) - \frac{d}{dr}(r^2 \rho v Y_F) = 0 \qquad (7-53)$$

总体质量守恒方程：

$$4\pi r^2 \rho v = 4\pi R^2 (\rho v)_s \qquad (7-54)$$

引入无因次温度 b_T 和系数 b_D：

$$\left.\begin{array}{l} b_T = \dfrac{C_p(T - T_\infty)}{Q} \\[2mm] b_D = \dfrac{Y_F - Y_{F\infty}}{Y_{Fs} - Y_{F0}} \end{array}\right\} \qquad (7-55)$$

能量方程变为

$$\rho a \frac{\mathrm{d}}{\mathrm{d}r}\left(r^2 \frac{\mathrm{d}b_T}{\mathrm{d}r}\right) - \left[(\rho v)_s R^2\right]\frac{\mathrm{d}b_T}{\mathrm{d}r} = 0 \qquad (7-56)$$

组分守恒方程变为

$$\rho D_F \frac{\mathrm{d}}{\mathrm{d}r}\left(r^2 \frac{\mathrm{d}b_D}{\mathrm{d}r}\right) - \left[(\rho v)_s R^2\right]\frac{\mathrm{d}b_D}{\mathrm{d}r} = 0 \qquad (7-57)$$

方程的边界条件：

$r = R$ 处

$$\left.\begin{array}{l} b_T = b_{Ts} = \dfrac{C_p(T_s - T_\infty)}{Q} \\[3mm] b_D = b_{Ds} = \dfrac{Y_{Fs} - Y_{F\infty}}{Y_{Fs} - Y_{F0}} \end{array}\right\} \qquad (7-58)$$

$$\left.\begin{array}{l} (\rho v)_s = \rho a = \left(\dfrac{\mathrm{d}b_T}{\mathrm{d}r}\right)_s \\[3mm] (\rho v)_s = \rho D_F \left(\dfrac{\mathrm{d}b_D}{\mathrm{d}r}\right) \end{array}\right\} \qquad (7-59)$$

$r = \infty$ 处

$$\left.\begin{array}{l} b_T = b_{T\infty} = 0 \\[2mm] b_D = b_{D\infty} = 0 \end{array}\right\} \qquad (7-60)$$

假定路易斯数 $l_e = 1$，即 $a = D_F$，则能量方程与组分连续方程的解相同，即 $b_T = b_D$，因此可以省去下标 T 和 D，再将能量方程积分可得

$$\rho a r^2 \frac{\mathrm{d}b}{\mathrm{d}r} - \left[(\rho v)_s R^2\right]b = C_1 \qquad (7-61)$$

利用边界条件，且当 $r = R$ 和 $b = b_s$ 时，质量蒸发速度为

$$(\rho v)_s = \frac{\rho a}{R}\ln(b_\infty - b_s + 1) \qquad (7-62)$$

由此方程可以看出，较小的液滴比较大的液滴蒸发速度更快。

如果消去 $(\rho v)_s$，可求得另一个 b 的表达式

$$(b - b_s + 1) = \left[(b_\infty - b_s) + 1\right]^{1-\frac{R}{r}}$$

自由流和液体表面间的 b 值之差，从其本身的含义来看是自由流和液体表面之间的温度差或者浓度差，它是传热传质的驱动力，称之为传递数（传热数或传质数），用 B 来标记，表达式如下：

$$B = b_\infty - b_s$$

假定 L 为蒸发热，则

$$B = \frac{C_p(T_\infty - T_s)}{L + C_L(T_s - T_0)} = \frac{Y_{F\infty} - Y_{Fs}}{Y_{Fs} - Y_{F0}}$$

对于一个直径为 d 的小液滴悬浮于热气体介质中，它的热交换问题是通过努赛尔数 Nu、雷诺数 Re 和普朗特数 Pr 表示的。若 v 是介质的流动速度（相对于液滴的流动速度），介质的导热系数、运动黏度和热扩散系数分别由 λ，γ 和 a 表示，则有

$$\overline{Nu} = \frac{\overline{h}d}{\lambda} = 2 + 0.6\left(\frac{vd}{\gamma}\right)^{\frac{1}{2}}\left(\frac{\gamma}{a}\right)^{\frac{1}{3}} \qquad (7-63)$$

若液滴尺寸很小，由于受到气流的携带，则两者相对运动速度 v 就很小，雷诺数 Re 近似为

零,因此式(7-63)可简化为

$$\overline{Nu} = \frac{\overline{h}^{\cdot} d}{\lambda} = 2 \qquad (7-64)$$

其中,对流换热系数 $\overline{h}^{\cdot}$ 可由下式求出(l 为蒸发体的特征尺寸):

$$\overline{h}^{\cdot} = \frac{\rho C_p a}{l} \overline{Nu} \qquad (7-65)$$

根据热扩散系数的定义,式(7-65)可变为

$$\frac{\overline{h}^{\cdot}}{C_p} = \frac{2\rho a}{d} \qquad (7-66)$$

考虑 $d = 2R$,将式(7-66)代入式(7-62)得

$$(\rho v)_s = \frac{\overline{h}^{\cdot}}{C_p} \ln(B+1) \qquad (7-67)$$

式中,B 为热力学因数,从能量角度考虑,$B_T = \dfrac{C_p(T_\infty - T_s)}{L + C_l(T_s - T_0)}$,其中 L 为蒸发热;从质量角度考虑,$B_D = \dfrac{Y_{F\infty} - Y_{Fs}}{Y_{Fs} - Y_{F0}}$。

从式(7-67)可以看出,蒸发问题被分为两个独立的部分,一部分是 $\dfrac{\overline{h}^{\cdot}}{C_p}$,由液体表面与环境自由流之间的换热决定;一部分是 $\ln(B+1)$,由热力学的相平衡决定。

7.6　液滴燃烧蒸发过程及扩散火焰

燃烧时,液滴蒸发过程主要依靠火焰区与液滴表面之间的温度差和浓度差作为传热传质的驱动力。一般情况下,液滴燃烧的扩散火焰是在离开表面一定距离处形成的。在扩散火焰中,认为燃料和氧化剂的化学反应速度比扩散混合的速度快得多。

如图7-8所示,火焰区是一个球形薄壳,它将燃料气体和氧化性气体隔开。在火焰面上,燃料和氧化剂的浓度为零(梯度不为零),燃烧产物的浓度和温度在这里为最大值。

进行液滴燃烧研究的目的是:

(1)确定蒸发速率。

(2)确定火焰相对液体燃料表面的位置。

(3)在给定几何形状和流动条件下,确定浓度和温度的分布。根据方程可对液滴的燃烧速度、火焰位置、温度、浓度进行计算。

如果液滴和环境的相对速度不大(自然对流和强迫对流很小),则液滴的蒸发与燃烧可认为在相对静止的环境中进行,它是球对称的。

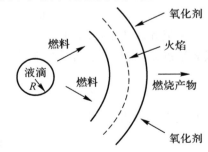

图 7-8　燃料液滴燃烧模型

一般工作过程中,液滴与氧化性气流间有较大的相对速度,这对燃料液滴的蒸发与燃烧将产生影响,此时液滴周围不再是球对称的 Stefan 流,包围液滴的火焰不再呈球形,而呈卵形,球对称模型不再适用。

假定液滴燃烧是一步反应,并且在反应系统中,参加反应的只有燃料 F、氧化剂 O 和产物

$$C_p(T_f - T_s) = \frac{C_p(T_\infty - T_s) + fY_{0\infty}\left(\Delta H - \dfrac{Q}{Y_{F0}}\right)}{1 + \dfrac{fY_{0\infty}}{Y_{F0}}} \tag{7-81}$$

燃料浓度分布($R < r < r_f$)如下：

$$Y_F(r) = (Y_{F0} + fY_{0\infty})\left\{1 - \exp\left[-\frac{(\rho v)_s R^2}{\rho a r}\right]\right\} - fY_{0\infty} \tag{7-82}$$

氧化剂浓度分布($r_f < r < \infty$)如下：

$$Y_O(r) = -\frac{(Y_{F0} + fY_{0\infty})}{f}\left\{1 - \exp\left[-\frac{(\rho v)_s R^2}{\rho a r}\right]\right\} + Y_{0\infty} \tag{7-83}$$

7.7　相对静止高温环境中液滴的蒸发与燃烧

如图 7-11 所示，液滴和环境相对静止，是球对称径向一维流动。

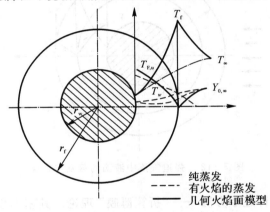

图 7-11　相对静止高温环境中液滴的蒸发与燃烧

作如下假定：

(1) 没有热辐射和热解离。

(2) 燃料气由液滴表面向周围扩散，氧和惰性气体由四周向液滴表面扩散。

(3) 燃烧产物由火焰区分别向液滴表面和环境两侧扩散。

(4) 火焰为球对称。

(5) 燃烧区放出的热量一部分传给液滴用于蒸发，大部分释放于环境中。

(6) 不考虑边界内移效应，过程为准定常。

列出该体系方程如下：

连续方程：

$$4\pi r^2 \rho v = 4\pi (r^2 \rho v)_w = \text{const} \tag{7-84}$$

动量方程：

$$P = \text{const} \tag{7-85}$$

扩散方程：

$$\rho v \frac{\mathrm{d}Y_s}{\mathrm{d}r} = \frac{1}{r^2} \frac{\mathrm{d}}{\mathrm{d}r}\left(r^2 D\rho \frac{\mathrm{d}Y_s}{\mathrm{d}r}\right) + \dot{w}_s \qquad (7-86)$$

能量方程：

$$\rho v C_p \frac{\mathrm{d}T}{\mathrm{d}r} = \frac{1}{r^2} \frac{\mathrm{d}}{\mathrm{d}r}\left(r^2 \lambda \frac{\mathrm{d}T}{\mathrm{d}r}\right) - \dot{w}_s Q_s \qquad (7-87)$$

7.8 强迫气流中液滴的蒸发与燃烧

在实际的液雾两相流中，当燃料离开喷嘴或当气流湍流脉动较强时，液滴与气流之间存在较大的相对速度，这对燃料液滴的蒸发与燃烧产生较大影响，此时，包围液滴的火焰不再呈圆形、卵形，球对称模型不再适用。

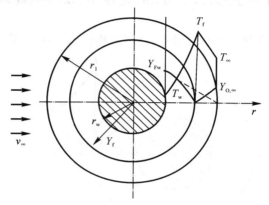

图 7-12　强迫气流中液滴的蒸发与燃烧

为此，工程上提出一种近似方法——"折算薄膜"理论。其基本思想如下：把一个真实的轴对称对流传热、传质问题折算成一个假想的等值球对称分子导热与扩散问题，并把问题人为地分成以下两步：

（1）暂不考虑蒸发与燃烧，把液滴看作是只和气流有对流换热的固球，并把这一对流换热转换成为假想的等值固球导热问题。

（2）不考虑对流的存在，只研究该假想的有分子导热和扩散的球层内的蒸发和燃烧，从而确定蒸发和燃烧速率。

经过大量试验，获得"折算薄膜"半径的经验公式为

$$r_1 = \frac{r_w}{1 - \dfrac{2}{Nu_T^*}}$$

$$(7-88)$$

式中

$$Nu_T^* = \frac{h^* d_w}{\lambda} = 2 + 0.6 Re^{0.5} Pr^{0.38}$$

这样的话，很容易将前述球对称理论得到的公式推广到有强迫气流的情况，只需将原来的外边界 $r = \infty$ 换成 $r = r_1$。

7.9 碳粒的燃烧

固体燃料包括煤、金属燃料(Al、Mg)、非金属燃料(C、B)和固体推进剂。

固体燃料燃烧方式主要包括：

(1)表面燃烧。推进剂燃烧、飞行器头部防护层燃烧。

(2)粉状燃烧。煤粉、金属粉燃烧。

(3)浆状燃烧。

(4)流态化燃烧。

(5)层燃烧。

对于固态碳来说，由于碳沸点很高(接近 5 000K)，在固体表面上的碳分子只能和吸附的 O_2，CO，CO_2 等气体分子发生多相反应。碳的燃烧常常是扩散-动力燃烧，受气体组分扩散和表面的反应动力学两类因素的共同制约。

固态碳表面上多相反应机理与气相反应机理不同。碳表面及其附近气层中同时进行下列几种反应：

$$表面反应\begin{cases} 正反应\begin{cases} (1)C+O_2 \rightarrow CO_2+394\ 600\ [kJ/(kg \cdot mol^{-1})] \\ (2)2C+O_2 \rightarrow 2CO+219\ 000 \end{cases} \\ 副反应(3)C+CO_2 \rightarrow 2CO-175\ 600 \end{cases}$$

$$容积反应：副反应(4)2CO+O_2 \rightarrow 2CO_2+570\ 200$$

碳表面反应动力学与吸附过程有关，仍服从 Arrhenius 定律，反应级数一般可按供应不足的组分(如 O_2，CO_2)的表面浓度的一级反应来考虑。

动力学数据表明，一般情况下，$E_1 < E_2 < E_3$。在温度较低(800℃以下)时，以反应(1)(2)为主；温度较高时，反应(3)起主要作用。

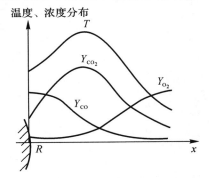

图 7-13　一般情况下碳表面附近的温度
分布和组分浓度分布

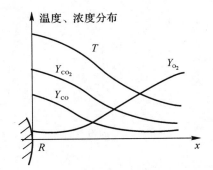

图 7-14　只存在表面氧化反应时碳表面附近的
温度分布和组分浓度分布

两种情况下碳表面附近的温度及组分浓度分布情况如图 7-13 和图 7-14 所示。图 7-13中 CO_2 的浓度存在一"驼峰"，说明碳表面存在 CO 的容积燃烧；温度"驼峰"形状也说明这一现象。碳表面温度高于气相温度，而且碳表面黑度系数大，故辐射效应显著，这一特点往往影响碳的着火特性等。

碳粒燃烧的基本方程,可用类似描述液滴燃烧的基本方程组来描述:

连续方程:

$$4\pi r^2 \rho v = 4\pi r_p^2 (\rho v)_w = \mathrm{const} \tag{7-89}$$

动量方程:

$$P = \mathrm{const} \tag{7-90}$$

扩散方程:

$$\rho v \frac{\mathrm{d}Y_s}{\mathrm{d}r} = \frac{1}{r^2} \frac{\mathrm{d}}{\mathrm{d}r}\left(r^2 D\rho \frac{\mathrm{d}Y_s}{\mathrm{d}r}\right) + \dot{w}_s \tag{7-91}$$

能量方程:

$$\rho v C_p \frac{\mathrm{d}T}{\mathrm{d}r} = \frac{1}{r^2} \frac{\mathrm{d}}{\mathrm{d}r}\left(r^2 \lambda \frac{\mathrm{d}T}{\mathrm{d}r}\right) - \dot{w}_s Q_s \tag{7-92}$$

式中,r_p 为碳粒半径;$\dot{w}_s$ 为反应率。

习　　题

7.1　写出描述射流燃烧的基本方程。

7.2　简述 Burke 和 Schumann 对射流燃烧的基本观点。

7.3　写出液滴单纯蒸发的基本方程。

7.4　写出强迫气流中液滴燃烧模型和基本方程。

7.5　写出碳粒燃烧特点和基本方程。

7.6　分析液滴燃烧模型,给出燃烧速度、火焰位置、温度分布、燃烧时间的计算公式。

第 8 章　固体推进剂

固体火箭发动机主要由固体推进剂、封头、燃烧室、喷管和点火装置等组成。固体火箭发动机的整个工作过程由固体推进剂装药的点火过程、燃烧过程和燃气在喷管内的流动过程构成。固体推进剂是发动机工作的能源和工质源。固体推进剂在燃烧室内燃烧，由化学能转化成热能，生成高温高压燃气，燃气通过喷管膨胀加速，将热能转化为动能。

为了完成某一飞行任务，发动机设计者必须根据总体部门提出的要求，如总冲量、发动机工作时间、尺寸限度、重量限度、储存期限、储存条件、运输条件、使用条件等，选择一种能量特性和燃烧特性符合要求的固体推进剂及其装药构型，然后根据使用条件和受载情况对所设计的装药进行结构完整性分析，以鉴定推进剂力学性能是否符合要求。最后为了保证发动机工作可靠，还要求固体推进剂装药在发动机内的燃烧过程不出现任何类型的不稳定燃烧现象。如果在发动机设计过程中发现现有固体推进剂性能满足不了设计要求，就需要向固体推进剂工作者提出要求，由他们调整或研究新配方。

通常固体推进剂所进行的是快速的燃烧反应。但是，当激发反应的方式或反应进行的环境条件不同时，固体推进剂还可以发生缓慢的分解反应和激烈的爆轰反应。这种缓慢的分解反应在固体推进剂的加工、储存和使用过程中都存在，其速度取决于环境温度、湿度及杂质等。常温下分解反应速度慢，短期内难以察觉；升高温度可使反应速度加快。

8.1　固体推进剂发展历程和性能要求

最早的固体推进剂是我国古代四大发明之一的黑火药。早在唐朝初期，公元 682 年左右，炼丹家孙思邈所著《丹经》一书中就有黑火药的配方。它是用 15％的木炭作为燃烧剂，75％硝酸钾作氧化剂。10％的硫黄既是燃烧剂又有黏合木炭和硝酸钾的作用。公元 975 年用黑火药的火箭已作为一种武器在战争中使用。13 世纪这种火箭传入阿拉伯国家，以后又传到欧洲。但是黑火药能量低，强度差，不能制成较大的药柱，燃烧时生成大量的烟和固体残渣。使用黑火药的固体火箭射程近、杀伤力小。目前黑火药在军事上主要用作固体火箭发动机的点火药。随着工业和科学技术的发展，1832 年和 1864 年相继发明了硝化纤维素和硝化甘油，为固体推进剂的发展提供了条件。1888 年瑞典科学家诺贝尔以硝化甘油增塑硝化纤维素制得了双基火药，主要用于枪炮武器上。1935 年苏联的科学家用添加燃烧稳定剂和催化剂的方法降低了双基火药完全燃烧的临界压强，首先将双基推进剂用作火箭发动机的装药，这种火箭弹在第二次世界大战中发挥了威力。1942 年美国开始了复合固体推进剂的研究。最初的复合固体推进剂是用高氯酸铵为氧化剂，沥青作燃烧剂并起黏合氧化剂的黏合剂作用。1947 年美国制成了聚硫橡胶复合固体推进剂，成为第一代的现代复合固体推进剂，以后又发展了聚氨酯，接着又相继出现了改性双基推进剂、聚丁二烯-丙烯酸推进剂、聚丁二烯-丙烯酸-丙烯腈推进剂以及端羧基聚丁二烯推进剂。20 世纪 60 年代后期研制成了端羟基聚丁二烯推进剂。在 20 世纪末,相继开始了四组元固体推进剂、NEPE固体推进剂、GAP类推进剂、含硼富燃推进剂、膏体推进剂和电流变推进剂等研制。

固体推进剂是以燃料和氧化剂为主,兼有多种添加成分的多组元物质。为了比较全面地满足上述要求,必须精心挑选和匹配各种组元。实际上,在固体推进剂的发展过程中,曾经尝试过难以数计的多种组成,产生了各种不同的配方,经过实用中的不断选汰,已经形成了几类基本的固体推进剂。

第二次世界大战后,火箭技术的日益发展也促进了固体推进剂性能的发展。军事上应用的战术导弹有地-地、地-空(防空导弹)、空-空,舰-空、舰-地、反坦克导弹等。作为战略目的用的有洲际导弹。防御用的则有反洲际导弹。20世纪60年代,大型固体助推器进入航天领域,用于大型运载火箭和航天飞机。火箭技术的其他用途也在不断发展,如作为救生、应急用的抛射火箭,产生振动源的激振器,作为气源的燃气发生器等。

随着火箭技术的不断发展,对固体推进剂性能提出了愈来愈高的要求。固体推进剂性能要求如下所述。

1. 能量特性

作为火箭推进系统的能源和工质源,固体推进剂的能量特性最终表现为比冲。比冲计算公式如下:

$$I_s = c^* C_F$$

$$c^* = \frac{\sqrt{RT_f}}{\Gamma}$$

此处T_f,R和Γ都取决于推进剂的能量和燃烧产物的特性,推进剂是决定比冲的基础。但是,比冲的数值还与发动机有关,推力系数C_F就取决于喷管的设计和工作条件。为了比较各种推进剂的能量水平,必须在相同的C_F条件下测试比冲,这就要规定测试比冲的某些标准条件。例如,通常规定喷管的膨胀压强比为$p_c/p_e = 70/1$,外界大气压为海平面大气压以及规定喷管出口的扩张角等等。

从影响比冲的因素来说,特征速度c^*是表征推进剂能量水平的一个适当的参数,它已经排除了喷管的影响,我们经常可以看到各种推进剂的特征速度的数据。但目前还缺乏较好的直接实测特征速度的有效方法,有关c^*的数值大都通过换算才能得到。

在有些推进剂的制造行业中还习惯用每千克推进剂燃烧所释放的热量来表征其能量水平,称为"爆热"。由于燃烧条件不同,有定容下的爆热和定压下的爆热两种。在火箭发动机中的燃烧一般看作是定压条件下的燃烧,其释放的能量相当于定压下的爆热。与爆热相对应,将相应的燃烧温度定义为"爆温",也分定容和定压下的两种爆温。此外,还定义每千克推进剂的燃烧产物在标准条件下的体积为比容,用它来表征推进剂的气体生成量,也反映了气态燃烧产物的分子量,它通过影响气体常数R而影响比冲。有关爆热的测试数据可以用来对推进剂的能量水平做出初步比较。但是,它们的测试条件有些方面与发动机中的实际情况有相当大的差别,难于直接用来计算发动机的性能。

2. 力学性能

固体推进剂药柱在生产、贮存、运输和使用过程中要承受各种载荷。例如,在固化冷却收缩或温度循环条件下的温度载荷,由于自重、飞行加速度、运输和勤务处理中的冲击和振动、点火过程的冲击增压以及发动机工作过程中的压力载荷等等,这些载荷使推进剂药柱产生应力和应变。如果超过其力学性能的许可范围,就会破坏药柱的完整性,使药柱产生裂纹、脱黏、过度变形甚至破碎,以致发动机不能正常工作,或者产生灾难性的后果。为了保证发动机工作可靠、保证药柱的完整性,要求所用的固体推进剂具有足够的力学性能。其主要是指抗拉强度、抗压强度、弹性模量和延伸率,以及它们随工作温度、加载速度和作用时间的变化特性。

一般来说,对推进剂力学性能的具体要求应根据药柱在受载情况下的应力应变分析来确定。它主要取决于药柱结构、受载情况以及工作温度范围等等。

对于自由装填的药柱,承受的载荷主要是发射时的加速度过载、燃气压强以及贮存时的重力和运输、勤务处理中的冲击振动,因而要求推进剂具有较高的弹性模量和抗压强度,同时要有一定的延伸率以承受冲载荷而不致破碎。为了保证低温下药柱不致有很大的脆性,要求推进剂的玻璃化温度尽量低,尽可能接近或低于最低使用温度。自由装填式小型发动机如采用抗压强度较高的双基推进剂,一般药柱强度是足够的,通常可不进行药柱结构完整性分析。

对于贴壁浇注式发动机,通常需要考虑药柱强度问题,特别是内孔构形比较复杂的药柱。在生产、贮存、运输和使用过程中,它承受温度载荷、重力和加速度载荷、压力载荷和冲击、振动。应力应变的最大值往往发生在药柱与壳体的黏合面上和药柱的内表面上,容易引起药柱与壳体结合面或包覆层的脱黏和药柱内表面的脆裂,还有由于蠕变引起的过度变形。在温度载荷的情况下,由于推进剂热膨胀系数比金属壳体的热膨胀系数要大得多(大至 10 倍),在固化冷却后药柱要承受较大的拉伸。对这类药柱,如果抗拉强度不过分低,延伸率是主要考虑的力学性能。由于推进剂的延伸率在低温下最低,抗拉强度在高温下最低,因而常以低温下的延伸率和高温抗拉强度来要求贴壁浇注推进剂药柱的力学性能。一般要求在最低使用温度下,延伸率应大于 30%,在最高使用温度下,抗拉强度大于 1.0MPa。

3. 燃烧特性

固体推进剂燃烧特性主要包括临界压强、燃速、压强指数、温度敏感系数、点火特性等。

固体推进剂的燃烧特性中最重要的是燃速特性,是指推进剂燃速的高低及其受工作条件影响而变化的规律。不同的发动机对燃速的高低有不同的要求。

燃速压强指数 n 与推进剂本身的性质有关,而对于指定的推进剂来说,n 又与压强范围有关。它是衡量一种推进剂燃烧稳定性好坏的重要指标之一。通常为了火箭发动机工作稳定,希望燃速压强指数愈小愈好。但是,对于某些推力可控的火箭发动机则希望推进剂的燃速压强指数高一些。

4. 贮存安定性

双基推进剂的储存安定性问题首先是化学安定性,这是指在长期贮存条件下保持化学成分不变的能力。通常硝酸酯类化合物在贮存条件下都会缓慢分解,而且分解产物又对分解起催化加速的作用,导致贮存中组元变质、能量下降、力学性能变坏。因此,往往加入少量的安定剂来保持化学安定度。化学安定度的测定通常是在人工加速(加热)分解的条件下测定推进剂试样达到一定分解程度所需的时间。时间愈长,其安定度愈好,安全贮存期也愈长。

双基推进剂的物理安定性问题主要是低温或温度变化剧烈时出现的"汗析"和"晶析"现象,在推进剂表面有部分硝化甘油、芳香族硝基化合物、中定剂或某些晶体物质(如氧化镁)等析出,呈液滴或结晶状附于表面。这是因为随着温度降低,各组元相互溶解的能力减小,个别组元通过扩散析出推进剂表面,使推进剂性能变坏。要避免这类问题,主要是掌握推进挤配方中的溶剂比和注意贮存中的温度控制。

复合推进剂的安定性问题主要是防止老化。老化是由于黏合剂高聚物的降解和交联而导致推进剂变质和性能变坏。此处还有贮存中某些组元的迁移、低温结晶和吸湿等也会使推进剂性能改变。通常也要通过人工加速老化试验来预测其贮存期。但是人工加速的老化总是不能完全等同于自然老化，由人工老化而预测的贮存期应该由自然老化来进行实验，尽管自然老化周期太长，耗资亦多。

5. 安全性能

固体推进剂是一种易燃易爆的物质，通常要鉴定其危险品等级，测定其对外界刺激的敏感度，如热感度、冲击感度、摩擦感度以及冲击波感度和爆轰感度。各种感度都有规定的标准，并通过相应的仪器进行测定。

6. 经济性能

以往火箭技术的发展，注意力主要放在新技术应用上，飞行器的高性能是设计的准则，较少考虑经济性能。但在未来发展的空间运输系统中，固体发动机想在竞争中取胜，提高其经济性能是重要条件之一。为了降低固体推进剂的成本，应选用来源丰富、价格低廉、工艺性好的原材料。

7. 工艺性能

要求固体推进剂有良好的工艺性能，制成的药柱质量均匀，性能重现性好。

8. 低特征信号性能

新一代导弹武器要求具有"隐身"能力，也就要求固体推进剂具有低特征信号。

低特征信号目前主要包括低火焰温度（预防红外探测）、微烟或无烟。固体推进剂燃烧排出的燃气有烟雾，易被敌人发现发射基地，尤其是防空导弹基地，可能遭到被射击目标的轰炸。某些用激光或红外光等制导的导弹，烟雾会使光波衰减。因此许多国家都在致力于无烟或少烟推进剂的研究。

火箭技术对固体推进剂的要求是多方面的，很难期望任何一种推进剂能完全理想地达到上述要求。发动机设计者应根据飞行任务的需要，抓住主要矛盾，选择近乎最佳性能的固体推进剂。

8.2　固体推进剂主要组分

8.2.1　固体推进剂分类

随着火箭技术的不断发展，固体火箭发动机的应用愈来愈广，固体推进剂的品种也日益增多。

为了使用、学习和研究上的方便，对现有的固体推进剂进行了分类。分类方法很多，如有以能量高低分类，把固体推进剂分成低能固体推进剂（比冲在 2 156 N·s/kg 以下）、中能固体推进剂（比冲为 2 156～2 450 N·s/kg）和高能固体推进剂（比冲在 2 450 N·s/kg 以上）三类；也有按固体推进剂的力学性能特点分成软药和硬药两类。按照燃烧产物中烟的浓度可分有烟、少烟、无烟三类。这些分类方法对于使用者较方便，但对于学习和研究者来说，根据固体推进剂的结构和基本组分的特点进行分类是更为合适的。根据构成固体推进剂的各组分之间有无相的界面，固体推进剂可分成均质推进剂和异质推进剂两大类。复合推进剂中根据氧化剂的不同又可分高氯酸铵复合推进剂和硝胺复合推进剂。复合推进剂的不同黏合剂组成了若干系列复合推进剂。

在均质推进剂中燃料组元与氧化剂组元互相均匀结合，形成一种胶体溶液的结构，其组成成分和性能在整个基体上都是均匀的。其中单基推进剂是以硝化纤维为基本组元的胶体结构。双基推进剂是以硝化纤维素和硝化甘油为基本组元的胶体结构。两者都是均质推进剂。在异质推进剂中则情况与此相反。燃料和氧化剂组元虽然也要求掺混均匀，但只能在微细颗粒的条件下尽量均匀。从细微结构来看，其组成和性质是不均匀一致的，是机械的混合物。黑火药就是一种典型的异质推进剂，由硫黄、木炭和硝酸钾组成的机械混合物。现代复合推进剂也是按此类似的原则组成的，已经广为采用。改性双基推进剂是在双基推进剂的基础上加入某些异质成分来改善双基推进剂性能的，因而属于异质推进剂范畴。

8.2.2　双基推进剂主要组分

双基推进剂是一种均质推进剂，它的主要组分硝化甘油和硝化纤维素（硝化棉）的分子中既含可燃元素 C 和 H，又含氧化元素氧，且硝化纤维素能在硝化甘油中形成胶体溶液，各组分无相界面，故结构均匀。各组分的性质及作用分述如下。

1. 硝化纤维素（NC）

硝化纤维素的一般化学式可写为

$$[C_6H_7O_2(OH)_{3-x} \cdot (ONO_2)_x]_n$$

它是棉纤维或木纤维大分子 $[C_6H_7O_2(OH)_3]_n$ 与硝酸反应的生成物。由于高聚物的化学多分散性，实际生产中纤维素分子中每一个链节中的 3 个羟基并不是全部被硝酸酯基取代的，各链节中被取代数不尽相同，因而其反应方程应写成

$$[C_6H_7O_2(OH)_3]_n + nx HNO_3 \xrightleftharpoons{H_2SO_4} [C_6H_7O_2(OH)_{3-x}(ONO_2)_x]_n + nx H_2O$$

其中浓 H_2SO_4 作为吸水剂，使反应向左移动，以提高纤维素的酯化程度。分子式中 n 为大分子的基本链节数目，即聚合度。x 是纤维素大分子的基本链节中被—(ONO_2) 取代的—(OH) 数。对一个链节来说，x 是等于或小于 3 的整数，但因反应过程的不均匀，每个链节的 x 不尽相同，其平均值不一定是整数。

纤维素被酯化的程度习惯上用含氮量 $W(N)$ 表示，它代表了硝化纤维素中氮元素的质量分数。控制反应条件可以得到含氮量不同的硝化纤维素，含氮量由实验测定。根据含氮量的多少硝化纤维素可分成表 8-1 中的几种。

表 8-1　硝化纤维素分类

品　　种	含氮量/（%）
一号强棉	13.0～14.0
二号强棉	12.05～12.41
爆胶棉	12.5～12.7
弱　棉	11.5～12.1

含氮量的高低对硝化纤维素的能量及溶解性均有影响。硝化甘油能很好地溶解弱棉，而

对强棉的溶解性能较差,故双基推进剂中一般使用含氮量在 $11.8\%\sim12.1\%$ 的弱棉。但也有使用强棉的,如美国 JPN 型双基推进剂中硝化纤维素的含氮量在 13.0% 以上。

干燥的硝化纤维素能迅速燃烧,燃烧反应式随含氮量的不同而异。当 $W(N)=13.45\%$,硝化纤维素聚合度 n 取 4,化学分子式为 $C_{24}H_{29}O_9(ONO_2)_{11}$ 时,燃烧反应为

$$C_{24}H_{29}O_9(ONO_2)_{11} \longrightarrow 12CO_2+12CO+8.5H_2+5.5N_2+6H_2O$$

$W(N)=12.75\%$,则

$$C_{24}H_{30}O_{10}(ONO_2)_{10} \longrightarrow 10CO_2+14CO+9H_2+5N_2+6H_2O$$

$W(N)=11.11\%$,则

$$C_{24}H_{32}O_{12}(ONO_2)_8 \longrightarrow 6CO_2+18CO+10H_2+4N_2+6H_2O$$

从以上反应式可以看出,含氮量愈高,完全燃烧产物 CO_2,N_2 增加,放出热量就愈多。还可以看到,硝化纤维素是缺氧的化合物,故燃烧生成物中有未完全燃烧产物 CO 和 H_2 存在。硝化纤维素含氮量与爆热的关系见表 8-2。

表 8-2 硝化纤维素含氮量与能量的关系

含氮量/(%)	爆热/(kJ·kg^{-1})	爆温/K	比体积/(L·kg^{-1})
14.0	4 496.62	3 690	835
13.6	4 195.17	3 510	836
13.1	3 897.91	3 300	880
12.8	3 713.69	3 180	892
12.2	3 324.32	2 900	954
11.8	3 077.36	2 740	983

在计算双基推进剂能量特性时,首先要将推进剂各组分的分子式写成 $C,H,O,N,\cdots$ 排列的一般化学式,由一般化学式计算出假定化学式(假定化学式定义为 1 kg 组分(或推进剂)所含各化学元素的摩尔原子数)。硝化纤维素假定化学式的计算步骤如下:

首先写出硝化纤维素的一般化学式:

$$C_{6n}H_{(10-x)n}O_{(5+2x)n}N_{xn}$$

1kg 硝化纤维素的假定化学式为 $C_cH_hO_n$。

计算该假定化学式中各元素的原子摩尔数的公式推导如下:当 1 kg 硝化纤维素的聚合度 n 用 y 代替时,则

$$C_cH_oO_oN_n=C_{6y}H_{(10-x)y}O_{(5+2x)y}N_{xy}$$

由此可得

$$c=6y \tag{8-1}$$

$$h=(10-x)y \tag{8-2}$$

$$o=(5+2x)y \tag{8-3}$$

$$n=xy \tag{8-4}$$

$$12c+h+16o+14n=1\,000 \tag{8-5}$$

将式(8-1)~式(8-4)代入式(8-5)中,得到

$$12\times6y+(10-x)y+16\times(5+2x)y+14xy=1\,000$$

化简后得到

$$162y + 45xy = 1\,000 \tag{8-6}$$

由含氮量定义可知

$$W(N) = \frac{14n}{1\,000} = \frac{14xy}{1\,000}$$

$$xy = 71.4W(N) \tag{8-7}$$

将式(8-7)代入式(8-6)后可得

$$y = 6.172\,8 - 19.84W(N) \tag{8-8}$$

将式(8-8)代入式(8-1),式(8-7)代入式(8-4),再把这两式同时代入式(8-2)、式(8-3)后得到以下结果:

$$\left. \begin{array}{l} c = 37.037 - 119.0W(N) \\ h = 61.730 - 269.8W(N) \\ o = 30.864 + 43.7W(N) \\ n = 71.4W(N) \end{array} \right\} \tag{8-9}$$

　　硝化纤维素在双基推进剂中起着主要能源和保证机械强度的作用。前者因为硝化纤维素易燃,能提供推进剂燃烧时所需的可燃元素和部分氧化元素,产生大量气体并放出大量热量。后者则因为硝化纤维素被溶剂硝化甘油塑化后,其分子成为推进剂的基体或骨架,赋予药柱以一定的物理机械性能。

　　国产的双基推进剂中,硝化纤维素的含量在 $11.8\% \sim 12.1\%$。适当增加硝化纤维素的含量可以提高双基推进剂的抗拉强度和弹性模量。

　　2. 硝化甘油(NG)和硝化二乙二醇(DEGDN)

　　硝化甘油是甘油与硝酸作用的产物,其反应式为

$$C_3H_5(OH)_3 + 3HNO_3 \underset{}{\overset{H_2SO_4}{\rightleftharpoons}} C_3H_5(ONO_2)_3 + 3H_2O$$

　　硝化甘油是无色或淡黄色油状液体,密度为 $1\,591 kg/m^3$,微溶于水。$50℃$ 时溶解度为 $0.25 g/100 mm^3$,能与一些有机溶剂互溶。硝化甘油能很好地溶解弱棉。当温度大于某临界温度时,硝化纤维素和硝化甘油可以任意比例互溶;如温度低于临界温度,只有在两者比例合适时才可以得到所希望的固态溶液(即硝化甘油溶于硝化纤维素的一相),否则会出现两相,一相是硝化甘油溶于硝化纤维素中,另一相是硝化纤维素溶于硝化甘油中;在更低的温度下则会成为互不溶体。硝化甘油析出的现象称为"汗析"。实践证明,采用质量分数 $25\% \sim 30\%$ 的硝化甘油所制得的双基推进剂在较宽的使用温度范围不会出现"汗析"。

　　硝化甘油是一种高威力的液体炸药,对机械振动和冲击作用非常敏感,易由此引起爆炸,爆速为 $7\,600 m/s$。它不易自燃,但在 $150 \sim 160℃$ 时将着火,温度升高到 $220℃$ 时即爆炸。爆炸反应式为

$$4C_3H_5(ONO_2)_3 \longrightarrow 12CO_2 + 10H_2O + 6N_2 + O_2 + 4 \times 1\,435 kJ$$

　　硝化甘油在爆炸时生成大量气体,并放出大量的热量(爆热为 $6\,322\ kJ/kg$),分子中的氧量不仅足以使其本身的碳和氢完全燃烧,还有自由氧放出。

　　硝化甘油有毒,会引起头痛、恶心、呕吐等,因此加工双基推进剂时应注意通风。

　　根据硝化甘油的上述性质,它在双基推进剂中是硝化纤维素的主要溶剂和主要能源。前一作用是因为硝化甘油与硝化纤维素可形成固态溶液。硝化甘油充填于硝化纤维素大分子之

间,削弱了大分子间的作用力,增加了硝化纤维素的柔顺性和可塑性,便于加工成型,并使推进剂具有一定的力学性能。后一作用是由于硝化甘油燃烧时生成大量气体,并放出大量的热量。生成的气体中含有一部分自由氧,这部分自由氧可供给缺氧的硝化纤维素使之燃烧完全程度提高,因此也把硝化甘油叫作有机氧化剂。

国产的双基推进剂中硝化甘油的含量一般在 $25\%\sim30\%$ 之间。增加硝化甘油的含量可提高双基推进剂的能量,因为现有的双基推进剂都是负氧平衡的。但硝化甘油的含量过多时,不仅加工危险性增加,且会造成"汗析"。综合考虑加工安全性、能量、贮存性能及使用温度范围等,硝化甘油的含量一般不大于 43.5%(多数在 30% 左右)。

硝化二乙二醇的分子式为

$$O\left\langle\begin{array}{l}CH_2CH_2ONO_2\\CH_2CH_2ONO_2\end{array}\right.$$

它是无色(有时带淡黄色)、无臭的液体,它的挥发性比硝化甘油大,也是一种炸药,但威力低于硝化甘油,爆炸反应式是

$$O\left\{\begin{array}{l}CH_2CH_2ONO_2\\CH_2CH_2ONO_2\end{array}\right.\rightarrow 1.5CO_2+2.5CO+1.5H_2O+2.5H_2+N_2+951\ kJ$$

可见它是缺氧的爆炸物。

硝化二乙二醇对硝化纤维素的胶化能力高于硝化甘油,因此也可以作双基推进剂的主溶剂,用为部分或全部取代硝化甘油。但因为它是贫氧的化合物,能量低于硝化甘油,所以用它制成的双基推进剂爆热和燃烧温度都较硝化甘油制成的双基推进剂低,但气体生成量较大(比容 $1020L/kg$),适合在燃气发生器中使用。

3. 助溶剂

助溶剂主要作用是增加硝化纤维素在主溶剂中的溶解度,常用的助溶剂有二硝基甲苯、硝化二乙醇胺(吉纳)等。助溶剂能与硝化甘油互溶,从而增加了硝化甘油与硝化纤维素的溶解性能,防止硝化甘油"汗析",提高生产过程的安全性。另外,通常使用的助溶剂本身就是炸药,故也起辅助能源的作用。

4. 增塑剂

双基推进剂在低温下力学性能较差,在冲击力作用下易脆性破裂,产生裂缝。增塑剂的作用是削弱硝化纤维素大分子之间的作用力,增加其塑性,因此用它降低双基推进剂低温下脆性。就其对硝化纤维素的作用来说,实际上属于助溶剂类,但对推进剂的能量无贡献,故不能多用,一般限制在 3% 以下。常用的增塑剂为邻苯二甲酸丁酯。

5. 化学安定剂

化学安定剂可减缓和抑制硝化纤维素及硝化甘油的分解,使双基推进剂能长期贮存而保持其化学性质不变。由于二苯胺对硝化甘油有皂化作用(水解的一种,指酯与碱生成对应的酸与醇的反应),双基推进剂中更多地选用中定剂。中定剂也有助溶和增塑作用,但因为它们也是弱碱性物质,而且对双基推进剂的能量无贡献,故也不能多用,一般限制在 3% 以下。双基推进剂的化学安定剂见表 $8-3$。

表 8 - 3　双基推进剂的化学安定剂

代　号	学　名	化学式
1♯中定剂	二乙基二苯脲	$O=C\begin{cases}N(C_2H_5 \cdot C_6H_5)\\N(CH_3 \cdot C_6H_5)\end{cases}$
2♯中定剂	二甲基二苯脲	$O=C\begin{cases}N(CH_3 \cdot C_6H_5)\\N(CH_3 \cdot C_6H_5)\end{cases}$
3♯中定剂	甲、乙基二苯脲	$O=C\begin{cases}N(CH_6 \cdot C_6H_5)\\N(C_2H_5 \cdot C_6H_5)\end{cases}$
二苯胺	二苯胺	$C_{12}H_{11}N$

6. 燃烧催化剂和燃烧稳定剂

为了保证在固体发动机燃烧室较低的工作压强下稳定燃烧,并满足各种用途的发动机内弹道性能的要求,根据需要调节燃速的大小,减小推进剂燃速受外界温度和压强的影响,在固体推进剂中还加有燃烧催化剂和燃烧稳定剂。

燃烧催化剂有增速和降速两类,前类可使燃速增加,后者可使燃速降低。增速催化剂种类繁多,常用的有铅、镁、铜、钛、镍、锰等金属氧化物,铅和铜的有机酸盐和无机酸盐、碳墨。近年来发现二硝基乙腈盐是很有效的催化剂。降速催化剂的品种就少多了,常用的是樟脑、多聚甲醛、草酸盐、磷酸盐和氧化镍。

燃烧稳定剂主要用来消除双基推进剂的不正常燃烧,增加其低压燃烧稳定性。常用的燃烧稳定剂有氧化镁、氧化钴、碳酸钙、苯二甲酸铅、石墨等。

燃烧催化剂和燃烧稳定剂还能调节双基推进剂燃速与燃烧压强的关系和燃速的温度敏感性。虽然它们的含量通常只是双基推进剂质量的 $1\%\sim4\%$,但对改进发动机内弹道性能起着重要的作用,因此也叫弹道改良剂。

7. 工艺附加物

为了保证双基推进剂的强度,需要提高双基推进剂中硝化纤维素的含量,但这将降低可塑性,导致加工困难且危险。因此常加入一些附加物以减少药料的内摩擦,使加工容易。常用的工艺附加物有凡士林、硬脂酸锌和石蜡等。双基推进剂的配方范围见表 8 - 4。某些双基推进剂的组成及性能见表 8 - 5。

表 8 - 4　双基推进剂配方范围

组分名称	质量分数变化范围/(%)
硝化纤维素	50~66
主溶剂(硝化甘油、硝化二乙二醇)	25~47
助溶剂(二硝基甲苯、硝化二乙醇胺)	0~11
化学安定剂(中定剂、二苯胺、硝基二苯胺等)	0~3
燃烧催化剂与稳定剂(炭黑及各种金属氧化物及有机酸盐和无机酸盐)	1~4
工艺附加物(凡士林、石蜡等)	1~3

表 8-5　某些双基推进剂的组成及性能

成分和性能	名称 含量/(%)	双石-2	双芳镁-2	平台-12	JPN（美国）	T6（美国）	H（苏联）	SD（法国）	R-6M（联邦德国）
成分	硝化纤维素	55.0	57.0	56.0	51.5	55.5	57.0	66.0	
	$W(N)$	12.0	12.0	12.0	13.25	12.2	12.0	11.7	61.5
	硝化甘油	29.3	24.0	29.0	43.0	27.0	28.0	25.0	34.0
	二硝基甲苯	10.0	13.0	6.5	3.25	10.5	11.0		
	苯二甲酸二丁酯		2.8	2.0					
	中定剂	3.0			1.0	4.0	3.0	8.0	1.2
	苯二甲酸铅	0.9							
	凡士林	1.3	1.2	1.0		1.0	1.0		0.35
	硫酸钾				1.25				
	石墨	0.5				0.5			
	氧化镁		2.0					0.25	
	水杨酸铅			3.0					
	2-硝基二苯胺			2.0					
	其他附加物			0.5		1.5		1.0	2.7
性能	密度/(kg·m⁻³)	1 589	1 570	1 620	1 620			1 590	1 570
	比冲/(N·kg⁻¹)	1 966	1 950	2 028.6	2 254	2 254		2 205	
	压强指数	0.485	0.52	0.15	0.69	0.60		0.6~0.7	

8.2.3　复合推进剂主要组分

典型的现代复合推进剂是由氧化剂、金属燃料和高分子黏合剂为基本组元组成,再加上少量的添加剂来改善推进剂的各种性能。其中氧化剂和金属燃料都是细微颗粒,共同作为固体含量充填于黏合剂基体之中,形成具有一定机械强度的多组元均匀混合体。复合推进剂主要包括黏合剂、氧化剂、金属燃料、固化剂、增塑剂、交联剂、催化剂、防老剂和工艺助剂等。

可以作为复合固体推进剂主要能量组分的黏合剂和氧化剂的品种轮多,这就使得这类推进剂品种繁多。根据氧化剂来分有高氯酸铵复合固体推进剂和硝胺复合推进剂。由所用的黏合剂来分则有聚硫、聚酯、聚氯乙烯、聚丁二烯、聚醚等。

1.氧化剂

氧化剂的主要作用有四方面:

(1)提供推进剂燃烧所需要的氧,并生成气体以保证能量。

(2)作为黏合剂基体的充填物以提高推进剂的弹性模量和机械强度。

(3)控制氧化剂粒度大小,调节推进剂的燃速。

(4)增大推进剂的密度。

为此,作为复合固体推进剂的氧化剂应满足下述要求。

(1)有效氧含量高。有效氧指的是氧化剂分子中全部可燃元素与氧化元素(O,Cl,F)化合,其化合价得到满足后所剩余的氧。有效氧含量则是氧化剂分子中有效氧的质量(以相对原子质量表示)与氧化剂相对分子质量之比。

以高氯酸铵为例:

$$NH_4ClO_4 \longrightarrow 0.5N_2 + HCl + 1.5H_2O + 1.25O_2$$

故其有效氧含量为

$$W(O_2) = \frac{1.25 \times 32}{117.5} = 34.04\%。$$

对于一定量的复合固体推进剂,所用的氧化剂有效氧含量愈高,达到同样燃烧完全程度所需要的氧化剂量就愈少。这将降低固相组分的质量比,改善药浆的流动性,有利于浇注工艺。如果氧化剂的含量不变,使用有效氧含量高的氧化剂,能提供更多的氧,这将提高推进剂燃烧的完全程度,因而能量提高。

(2)生成焓高。由热化学可知,在标准状态(298K,1atm)下,化学反应的定压热效应等于体系的焓降,即

$$Q_s = \sum_i n_i \Delta H_i^{\ominus} - \sum_j n_j \Delta H_j^{\ominus} \tag{8-10}$$

若推进剂在绝热条件下燃烧,Q_s 即为推进剂的定压爆热,n_i 和 $\Delta H_i^{\ominus}$ 分别为推进剂组分 i 的摩尔数和标准生成焓;n_j 和 $\Delta H_j^{\ominus}$ 则为推进剂燃烧生成的产物 j 的摩尔数和标准生成焓。

由式(8-10)可以看出,要提高 Q_s,推进剂各组分,特别是含量较大的氧化剂,其标准生成焓应愈大愈好,而各种燃烧产物的标准生成焓应尽可能低。

(3)密度大。氧化剂的密度愈大,制成的固体推进剂密度也愈大,这不仅可以减小燃烧室的容积(对装填同样装药重量),而且当推进剂中氧化剂含量不变时,选用大密度的氧化剂可降低它和黏合剂的体积比,这有利于浇注工艺及安全生产;若两者体积比一定,增大氧化剂密度可提高其含量,能给燃烧剂提供更多的氧,使燃烧更完全,从而增加推进剂的能量。

(4)气体生成量大。气体生成量一般用 1 kg 氧化剂分解产生的气体在标准状态下所占有的体积来表示。为满足这一要求,氧化剂应由原子量低的元素组成。

此外还要求在推进剂加工过程中不与其他组分发生反应,即相容性好。为了保证装药在发动机中能可靠点火,必须有小的吸湿性。

高氯酸钾(KP)有较高的有效氧含量,密度大,但燃烧生成的 KCl 为固体微粒,因此气体生成量少。它的标准生成焓也较小,故用它制成的推进剂有中等能量、密度大、燃速高、燃速压强指数高等特点,适用于做可控发动机的装药。硝酸铵(AN)有高的气体生成量,燃烧产物无毒、无烟,价格最低,但它的生成焓低,有效氧含量又少,由它制成的固体推进剂能量低于 1 960N·s/kg,并有很大的吸湿性。更麻烦的是它存在着五种结晶形式,随温度变化晶形转变,体积变化可能导致推进剂产生裂缝,特别是 303K 时的晶形变换影响更大。硝酸铵推进剂燃速低,在 6.86MPa 压强下为 0.1～0.3cm/s。燃烧温度低,特别适用于燃烧时间长的燃气发生器中。早期的固体推进剂使用硝酸铵作氧化剂,但因上述这些缺点,已很少使用。随着空间

运输系统和航天飞机对经济性能的重视,硝酸铵价廉的优点可能成为优势,正在研究克服存在的缺点。高氯酸铵(AP)是目前广泛采用的氧化剂,因为它具有与其他组分相容性好、气体生成量较大、生成焓大、吸湿性较小、成本低、各项性能都较好的优点,但燃烧产物 HCl 相对分子质量大,与 H_2O 形成雾,腐蚀性大。高氯酸锂有很高的有效氧含量,密度大,用它制成固体推进剂可望获得很高的比冲,最高可达 2 646 N/kg。但其燃烧压强指数高、燃烧稳定性差、吸湿性大、化学安定性低、成本高,因此它在推进剂中的应用还在研究中。氧化剂性能见表 8-6。

表 8-6　氧化剂性能

氧化剂名称	分子式	密度 $kg \cdot m^{-3}$	有效氧含量 %	气体生成量 $dm^3 \cdot kg^{-1}$	标准生成焓 $kJ \cdot kg^{-1}$
高氯酸钾	$KClO_4$	2 520	46.2	323	$-3\ 130.66$
硝酸铵	NH_4NO_3	1 730	20.0	980	$-4\ 568.85$
高氯酸铵	NH_4ClO_4	1 950	34.0	790	$-2\ 473.40$
高氯酸锂	$LiClO_4$	2 430	60.2	437	$-3\ 856.26$
高氯酸硝酰	NO_2ClO_4	2 250	66.7	616	$+255.68$
黑索金	$C_3H_6N_6O_6$	1 818	-21.6	907	$+318.0$
奥克托金	$C_4H_8N_8O_8$	1 870	-21.6	908	$+252.8$

黑索金(RDX)和奥克托金(HMX)作为氧化剂,它们的性能有许多相同之处,两者均为高能的硝胺类炸药,气体生成量大、无烟、不吸湿。虽然它们的氧平衡是负值,但生成焓高,具有良好的热安定性及贮存性能,且与推进剂其他组分的相容性好,是较为理想的氧化剂。

因为黑索金和奥克托金的生成焓很高,它们在燃烧时产生大量的热,爆热分别为 6 025kJ/kg 和 6 092kJ/kg。因氧平衡是负值,若用它们全部取代现有复合推进剂中的高氯酸铵,则会使能量降低;若用 10%～40% 的黑索金或奥克托金取代高氯酸铵,可以使复合推进剂的能量提高。用这两种氧化剂和双基黏合剂制成的改性双基推进剂具有高能、无烟等良好性能,它的研制和发展受到国内外广泛的重视。

2. 黏合剂

复合固体推进剂是以黏合剂为连续相,以固体填料(固体组分,如氧化剂、铝粉等)为分散系的多相体系,所以推进剂的力学性能主要取决于黏合剂。黏合剂还提供推进剂燃烧所需要的可燃元素 C,H,S 等,以保证能量。黏合剂的性能还对推进剂的制造工艺、燃烧性能、贮存性能有重要影响。固体推进剂的发展是建立在黏合剂发展的基础上的,现有的复合推进剂都以黏合剂的种类命名。对于黏合剂的要求有:

(1)能量高。有高的生成焓,密度大,气体生成量大,最好含有一定的氧元素。

(2)黏度低。用浇注工艺制造固体推进剂时要求各组分均匀混合,混合后有良好的流动性,为此组分中应有足够的液态黏合剂。但黏合剂多,高能组分的固体物质氧化剂和铝粉的相对含量就减少,会使固体推进剂能量降低,密度小。为提高固体装填量,又有良好的工艺性能,要求黏合剂有低的黏度。

（3）固化后的玻璃化温度 T_g 低。玻璃化温度是高聚物力学状态发生变化的温度。高于 T_g，高聚物在力作用下呈橡胶状的高弹性，低于 T_g 就成硬而脆的塑料，受冲击力易破坏。黏合剂的力学性质对固体推进剂的力学性质起决定性的影响，黏合剂的 T_g 低，制成的推进剂在低温下不易破裂。

（4）贮存性能好。长期贮存过程中能保持良好的力学性能，即不易老化。

作为黏合剂的都是高分子聚合物，它们的种类繁多。根据黏合剂固化机理的不同，可以把现有的黏合剂分成两大类：热塑性黏合剂和热固性黏合剂。

热塑性黏合剂：这类黏合剂的固化系统（也称为黏合剂系统）是黏合剂加上增塑剂。其固化属物理过程，在加热条件下，增塑剂经过扩散进入高聚物（黏合剂）分子间，将颗粒状或粉状的高聚物变成宏观上均匀、连续的固体，从而完成固化过程。该黏合剂系统常温变硬，温度升高到一定程度又会软化呈塑性，故称热塑性。属于这类的黏合剂有硝化纤维素塑溶胶黏合剂，由 NC 和 NG（或 DEGDN）组成。这种黏合剂本身含有大量的氧元素，气体生成量也大，故能量很高，且有良好的贮存性能，是改性双基推进剂的黏合剂。但它的玻璃化温度高，低温力学性能较差。

聚氯乙烯塑溶胶黏合剂由聚氯乙烯和癸二酸二丁酯增塑剂组成，也是一种热塑性黏合剂。因含有大量原子量高的氯原子，气体生成量较小，燃烧生成的氯化氢气体又有很大的腐蚀性，低温发脆，高温发软，制成的复合推进剂能量较低，已不太应用。

热固性黏合剂：这类黏合剂是低聚合度的液态高分子预聚物。热固性黏合剂固化过程不同于上述黏合剂。它是由黏合剂（液态预聚物）同交联剂、固化剂进行聚合反应，使黏合剂进一步聚合成有适度交联的网状结构的高聚物。黏合剂由液态转变成有良好力学性能的推进剂弹性基体。这里黏合剂、固化剂、交联剂共称为黏合剂系统。热固性黏合剂系统固化后再升温不能使其变软。这类黏合剂的力学性能好。

目前，绝大多数的复合固体推进剂的黏合剂都属于热固性的。应用比较多的是聚醚丙三醇、聚丁二烯/丙烯酸/丙烯腈三聚物（PBAN）、端羧基聚丁二烯（CTPB）黏合剂、端羟基聚丁二烯（HTPB）。近来研制成并得到了应用的有缩水甘油叠氮基聚醚（GAP）、交联双基黏合剂（XLDB）。

常用黏合剂的主要性能见表 8-7。

（1）聚硫橡胶黏合剂。我国使用的是乙基缩甲醛聚硫化合物和丁基醚聚硫化合物。这类黏合剂有良好的力学性能和黏合性。20 世纪 50 年代聚硫推进剂曾广泛地用于固体火箭发动机。但是聚硫橡胶黏合剂存在着明显的缺点：有金属粉存在时，固化反应放出氧气，使推进剂内部形成气泡，因而不适于加入金属粉，并且含有原子量较大的硫元素使气体生成量不够大。所以聚硫推进剂的能量难以提高，不能满足火箭技术发展的需要。现在聚硫橡胶已逐渐被其他性能更好的黏合剂所取代。

（2）聚醚黏合剂。我国常用的是聚醚丙三醇，它的主要优点是来源比较丰富，黏度低，因而可以加入较多的固体填料，制成的推进剂能量高。其固化速率合适，固化温度较低，因此工艺性好，固化后热应力小，力学性能也很好。

表 8-7 常用黏合剂的主要性能

名 称	化学结构式	密度 kg·m^{-3}	生成焓/ kJ·kg^{-1}	黏度 Pa·s	T_g ℃
乙基缩甲醛聚硫	$—(CH_2CH_2OCH_2CH_2SS)n—$	1 270	−574	17~25	
聚醚丙三醇	$CH_2(OCH_2CH)_{n_1}(OCH_2CH_2CH_2CH_2)_{n_1}OH$ $CH_2(OCH_2(CH))_{n_2}(OCH_2CH_2CH_2CH_2)_{n_2}OH$ $CH_2(OCH_2CH)_{n_3}(OCH_2CH_2CH_2CH_2)_{n_3}OH$	1 200~ 1 300	−3 435		−45.5
丁二烯/丙烯酸/丙烯腈三聚物(PBAN)	$(CH_2CHCHCH_2)_x(CH_2CH)_3(CH_2CH)_z$ $\quad\quad\quad\quad CN \quad\quad COOH$	930~ 940		30~35	−79.0
端羧基聚丁二烯(CTPB)	$HOOCCH_2CH_2CH_2(CH_2CHCHCH_2)_n$ $CH_2CH_2CH_2COOH$	910	−585	23	−93.0
端羟基聚丁二烯(HTPB)	$HO(CH_2CHCHCH_2)OH$	930	−315	4~6	−84.4
缩水甘油叠氮基聚醚(GAP)	$\quad\quad CH_2N_3$ $H_2CO(CH_2CHO)_{n_1}H$ $\quad\quad CH_2N_3$ $HCO(CH_2CHO)_{n_2}H$ $\quad\quad CH_2N_3$ $HCO(CH_2CHO)_{n_3}H$	1 300	1 957		

（3）丁二烯/丙烯酸/丙烯腈三聚物（PBAN）黏合剂。这种黏合剂的玻璃化温度低，因此能在更低的温度下使用。它的价格是现在复合推进剂中最低的。它的缺点是黏度较大，影响了固体组分的含量，力学性能的重现性还不够满意。

（4）端羧基聚丁二烯黏合剂（简称丁羧胶，CTPB）。它是在 PBAN 基础上发展起来的，克服了 PBAN 力学重现性不够理想的缺点，具有极优良的力学性能。黏度较低，因此制成的推进剂能量有提高，但老化性能尚需提高。

（5）端羟基聚丁二烯黏合剂（简称丁羟胶，HTPB）。HTPB 有较高的生成焓，黏度低，力学性能好，贮存期长。用这种黏合剂制成的复合固体推进剂性能优良，在各类火箭发动机中得到了广泛的应用，已逐渐取代了丁羧胶的地位。

（6）缩水甘油叠氮基聚醚（GAP）。这是近年来美国研制成的一种新型高能黏合剂，为提高固体推进剂的能量，增加固体组分的含量是有限的。必须研制出新型的高能组分，才有可能使固体推进剂的能量指标有新的突破。GAP 有正的生成热和大的密度，而它的气体生成量又大，因此其能量明显优于以上所介绍的黏合剂。在推进剂中现已进入应用研究阶段，可望于20 世纪 90 年代在一些先进的发动机型号中得到应用。

　　(7)交联双基黏合剂(XLDB)。热塑性的硝化纤维素塑溶胶有很好的能量,但是高、低温的力学性能较差,高温发软,低温发脆。为了改良性能,扩大硝化纤维素塑溶胶作为黏合剂的适用温度范围,用橡胶类的高聚物(现已研究出用柔性很好的液态橡胶预聚物聚乙二醇己二酸酯)共聚,在硝化纤维素大分子间形成交联的网状结构,这种交联的双基黏合剂高温不软化,低温下有很好的弹性,并且因为减少了硝化纤维素含量,降低了黏合剂的黏度,高能的固体组分含量可提高,因此 XLDB 推进剂的能量也高于改性双基推进剂。

　　3. 金属燃烧剂

　　金属燃烧剂是现代复合推进剂的基本组分之一。因金属燃烧后能释放出大量的热,它们又都有高的密度,故加入金属燃烧剂的目的在于提高推进剂的爆热和密度。同时,燃烧生成的固体金属氧化物微粒,起着抑制振荡燃烧的作用。为此对金属燃烧剂要求其燃烧热高、密度大、与其他组分混合后在制造及贮存条件下不发生反应,即相容性好,还应有低的耗氧量。所谓耗氧量是指 1g 物质完全燃烧所需的氧量,若由金属燃烧剂和氧化剂按化学当量比混合组成推进剂,该推进剂的燃烧热随金属燃烧热的增加而增加,而与耗氧量成相反的关系,因此为了更有效地提高固体推进剂的能量,要求金属燃烧剂的耗氧量小。可用的金属燃烧剂有锂、铍、硼、镁、铝等(见表8-8)。由表中可看出铍有很高的燃烧热,耗氧量较小,用它制成的推进剂可获得最高的能量。但铍粉和燃烧生成的氧化铍都是毒性很大的物质,铍又极稀有,故对铍粉的应用研究曾一度中止。随着航天技术发展对固体推进剂高能的要求,近年来美国又重新开展了含铍推进剂的研究。

表 8-8　一些金属元素的性质

名称	符号	相对分子质量	密度/(g·cm^{-3})	燃烧热/(kJ·kg^{-1})	燃烧产物	耗氧量/(g·g^{-1})
氢	H	1.01		120 999	H_2O	7.94
碳	C	12.01	2.25	33 076	CO_2	2.66
锂	Li	6.94	0.53	42 988	Li_2O	1.16
铍	Be	9.01	1.85	64 058	BeO	1.77
硼	B	10.81	2.34	58 280	B_2O_3	2.22
镁	Mg	24.31	1.74	25 205	MgO	0.66
铝	Al	26.98	2.70	30 480	Al_2O_3	0.88

　　硼的燃烧热也很高,并且有较高的密度。它的来源较丰富,毒性小,是有希望得到应用的高能燃烧剂,但由于它在燃烧过程中生成沸点很高的 B_2O_3 液体薄膜,不能很快挥发,使包在内部的 B 不能完全燃烧,导致实际上加硼粉的推进剂能量还不如加铝粉的高。最近美国的研究表明,使用含氧黏合剂,提高固体推进剂的氧平衡,在高燃烧温度的燃气中,B 的燃烧产物可成为气体,使实际燃烧效率比目前推进剂中的铝粉还高。

　　锂粉的燃烧热和耗氧量都引人注目,但单独的锂很不稳定。此外,密度小,这不仅影响推进剂的密度,而且因为高的固体容积装填量会降低固体推进剂的力学性能,实际应用价值不大。

　　铝粉的燃烧热虽然较低,但其耗氧量低,密度高,这使得固体推进剂中可以有较高的铝粉含量,对提高比冲的作用相当显著,再加上原材料丰富、成本较低等优点,因而被广泛采用。

镁粉的耗氧量小,与氧化剂混合所放出的热量高于铝粉,但它的密度小,在推进剂的实际应用中,提高能量的效果还没有铝粉好。

4. 固化剂和交联剂

固化剂和交联剂是热固性黏合剂系统的组成部分。其作用是使液态的线型预聚物大分子转变成适度交联的网状结构的高分子聚合物,以提高固体推进剂的力学性能,防止高温下塑性流动,低温下发脆。

线型高分子为二维结构,分子间没有化学键结合,在受热和力的情况下,分子间可以相互滑动(流动),没有力学性能。网状结构的高分子有三维的空间结构(见图8-1),大分子间不能滑移,具有可逆性的弹性变形和力学性能,高分子的交联度不同,力学性能也不同,交联度小,弹性好,机械强度和硬度较低;交联度增加,机械强度和硬度都将增加,最后失去弹性而变脆。

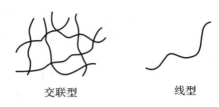

交联型　　　　　　　线型

图 8-1　线型与交联型网状结构的高分子

为使含有三个或三个以上官能团(指具有反应能力的基团,例如—OH,—NH$_2$,—COOH等)的线型高分子转变成交联的网状结构高分子,必须和另一类至少有2个官能团的物质发生反应,这一类物质叫固化剂。

使含2个官能团的线型高分子链反应,形成所希望的网状结构的化合物应是具有三官能团的交联剂。有些含2个官能团的高分子需要交联剂和固化剂同时反应才能形成交联型高分子。

不同预聚物的结构与不同的化学性质,所需的固化剂或交联剂也不相同,它们应满足以下要求:

(1)与黏合剂反应时不放出低分子物质,以免在药柱内产生气孔。

(2)与黏合剂反应时不放热或少放热,以防固化时发生自燃事故。

(3)最好在常温下能和黏合剂反应并反应完全,没有明显的后固化,这样可避免高温固化后冷却过程所产生的热应力。后固化会引起贮存期力学性能的改变。

(4)与黏合剂的反应速率合适,反应速率过高,混合好的药浆还没有全部浇注进模具就失去了流动性;反应速率过低,固化时间长,延长了固体推进剂的生产周期。有时可以通过加入固化抑制剂或固化促进剂来控制固化剂或交联剂与黏合剂的反应速率。

同一种黏合剂采用不同的固化剂和交联剂不仅对推进剂的力学性能会有影响,而且对物理安定性、燃烧性能也有影响。例如用异沸尔酮二异氰酸酯作固化剂端羟基聚丁二烯推进剂力学性能、贮存性能都优于用甲苯二异氰酸酯固化的。

黏合剂系统的交联度和固化剂、交联剂的用量有关,增加交联剂和固化剂用量,变联度增加,为了满足力学性能的要求,固化剂要适量。常用黏合剂与固化剂、交联剂见表8-9。

表 8 - 9　常用黏合剂与固化剂、交联剂

黏合剂	固化剂、交联剂	化学分子式
聚硫橡胶	过氧化铅	P_6O_2
	顺丁烯二酸酐对苯醌二肟	$CH_4H_2O_3$
聚丁二烯/丙烯	均苯三酸(2-乙基氮丙啶)	$C_6H_3(CONC_2H_3C_2H_5)_3$
酸/丙烯腈三聚物	三(2-甲基氮丙啶-1)氧化磷	$NCH_2CHCH_3)_3PO$
	三甲基醇丙烷三缩水甘油醚	$C_3H_5(CH_2OC_3H_5O)_3$
端羧基聚丁二烯	同上	
端羟基聚丁二烯	甲苯二异氰酸酯	
	异沸尔酮二异氰酸酯	$CH_3C_6H_3(NCO)_2$
	己三醇	$(CH_3)_3C_6H_7CH_2(NCO)_2$
	三乙醇胺	$C_6H_{11}(OH)_3$
	三(2-甲基氮丙啶-1)氧化膦	$N(C_2H_4OH)_3$
聚醚丙三醇	甲苯二异氰酸脂	
缩水甘油叠氮基聚醚	甲苯二异氰酸脂	

5.增塑剂

增塑剂的作用有两方面：

(1)降低药浆的黏度以改善其流变性能,有利于浇注工艺；

(2)降低固体推进剂的玻璃化温度以改善低温力学性能。

为了有较大的增塑效率并使增塑剂能长期保留在黏合剂中,理想的增塑剂应该是对黏合剂具有良好的互溶性,分子量大,挥发性小,化学稳定性大,且在固化反应过程中是惰性的。由于这类物质对推进剂的能量无贡献,因而不能多用,一般限制在 3% 以下。常用增塑剂的主要性质见表 8-10。

表 8 - 10　常用增塑剂的主要性质

名称	分子式	沸点 ℃	熔点 ℃	密度 $\dfrac{}{kg \cdot m^{-3}}$	黏度 $\dfrac{}{Pa \cdot s}$
邻苯二甲酸二丁酯	$C_{16}H_{22}O_4$	205	1 045		
邻苯二甲酸二辛酯	$C_{24}H_{38}O_4$	231	-55	986	
癸二酸二辛酯	$C_{26}H_{50}O_4$	248	-55	910~913	$19.9 \times 10^{-3}(20℃)$
壬二酸异癸酯	$C_{29}H_{54}O_4$	150	-80	855~866	$1.38 \times 10^{-3}(100℃)$
己二酸二辛酯	$C_{22}H_{42}O_4$	214	-70	919~924	$13.7 \times 10^{-3}(20℃)$

20 世纪 70 年代后期,国外高能推进剂的研究放在富能黏合剂和富能增塑剂上,对富能增塑剂的基本要求除应满足前述增塑剂的要求外,还应有与硝化甘油相当的能量,密度大于 1.6 g/cm³,现已得到开发,并应用于某些黏合剂的高能增塑剂是硝酸酯增塑剂,硝化甘油,1,2,4-

丁三醇三硝酸酯,三乙二醇二硝酸酯等。

6.燃速催化剂

燃速催化剂包括正催化剂和负催化剂。正催化剂加入推进剂中增加推进剂的燃速;负催化剂加入推进剂中降低推进剂的燃速,具体使用何种催化剂要由指标要求、历史经验和安全性能等多种因素决定。

7.其他功能组分

除以上各组元以外,复合推进剂中还有少量的其他添加剂,如为了防止黏合剂受空气氧化的防老剂(常用的是酚类和胺化合物),降低药浆黏度的稀释剂(如苯乙烯)等工艺助剂。

表 8-11 列出了一些固体推进剂的配方和性能。

表 8-11 一些固体推进剂的配方和性能

	质量 分数/(%) 推进剂代号 性能和组分	815#	843#	862#	ST-35	GS-17	改性双基
组分	高氯酸铵	67.0	72.0	67.0	10.5	23.7	15.0
	铝粉	8.0	8.0	15.0	19.0	10.0	15.0
	苯乙烯	3.0	2.0	2.0		1.9③	5.0③
	固化剂	0.3	2.0	0.9			
	端羧基聚丁二烯		11.0				
	端羟基聚丁二烯			14.0			
	乙基聚硫橡胶	19.0					
	环氧树脂	1.3	1.6				
	哨化纤维素(12.0%N)				19.0	25.7	17.5
	硝化甘油				27.5	30.0	26.5
	奥克托金				18.0		20.0
	二硝基甲苯				5.0②	4.7	
	二号中定剂				0.5	1.0	0.5
	其他①	1.4	3.4	1.1	0.5	3.0	0.5
性能	密度/(kg/m³)	>1 750	>1 750	>1 750	1 810	1 752	1 800
	比冲/(N·s/kg)	2 151 (50℃, 5.2 MPa)	2 206~ 2 353	2 255~ 2 353	2 508	2 203.4	2 452
	特征速度/(m/s)	1 443		1 560	1 522.8	1 445.5	1 594
	燃速压强指数	0.17	0.267	0.417	0.61	0.50	0.62

注:①其他组分主要是燃速调节剂、固化速度调节剂、防老剂等附加物。

②为吉纳的含量。

③为三醋酸甘油酯的含量。

8.2.4　微烟推进剂主要组分

由于当代军事技术的发展,导弹的命中精度和智能程度愈来愈高,如新型的空对地导弹由飞机上的雷达控制,飞至坦克上空,释放子武器(每枚导弹装有多枚较小的导弹)对敌目标进行攻击。美国的爱国者导弹使用先进的雷达系统,精确的制导导弹,使得敌机难以穿越防卫空域。英国的轻剑式是较小型的地对空导弹,它由微波无线电制导,也有采用激光制导的导弹。但是固体推进剂燃烧产生的烟雾,会干扰制导,或因烟雾对光的吸收作用使制导作用减弱甚至失效。

火箭发动机排出的含烟雾的燃烧产物,使得导弹发射阵地易暴露。某些由个人携带和发射的小型导弹产生的烟雾使射手健康受到损害。因此,高能的无烟、少烟推进剂成为当前国内外固体推进剂的主要研制方向。

1. 固体推进剂燃烧产物中烟的基本概念

(1)烟的分类。根据推进剂燃烧产物中烟的形成过程,可以把烟分为两类:

1)初烟。它是由固体推进剂在燃烧室中燃烧产生的凝相微粒,由喷管排出的燃气中微粒的数量和尺寸大到对光的散射和吸收作用足以被检查到时,这些微粒就形成了初烟。

为了提高固体推进剂的比冲和燃烧稳定性,在复合固体推进剂中加入的铝粉在燃烧过程中生成的三氧化二铝是初烟的主要来源。作为燃速调节剂的铁、铅、铬、钛、镁等金属氧化物和它们的盐类则是初烟的另一来源。通常所谓的无烟推进剂中铝和燃速调节剂的量要减少到能满足内弹道性能要求的最小量,一般为推进剂质量的 $1\% \sim 2\%$。

2)二次烟。由喷管排出的燃气中存在着可凝聚的 H_2O 气体,当温度降到露点,燃气中 H_2O 的分压达到或超过水的饱和蒸汽压,并有凝聚核心存在时,水就冷凝成液滴。形成的液滴数量和尺寸使光的散射和吸收作用足以被检查到时即形成了二次烟。大量的二次烟也同样使导弹的光制导系统受影响。在大气环境足够潮湿或温度很低的情况下,甚至一些无烟药也有烟形成。

由上述可知,所谓的无烟固体推进剂是指初烟量不足以影响光散射的推进剂;但在燃气排入大气后还可能生成二次烟,大量的二次烟仍然会对制导系统产生不利的影响。如何减少二次烟,这首先得了解二次烟是如何形成的。

(2)二次烟的化学来源。属于无烟、少烟类推进剂的有,不含铝的高氯酸铵(AP)复合推进剂,以奥克托金(HMX)或黑索金(RDX)取代部分 AP 的硝胺复合推进剂,HMX(RDX)和双基黏合剂为主要组分的硝胺改性双基推进剂。典型的无烟推进剂燃烧产物的组成见表 8-12,因为生成的 N_2 和 CO_2 不凝聚与二次烟的形成无关,不列入表中。下面来讨论组分对二次烟形成的影响。

表 8-12　典型的无烟推进剂燃气组分

推进剂种类	燃气组分/mol			
	CO	H_2	H_2O	HCl
AP—碳氢黏合剂	13	6	42	20
HMX—NG—NC	6	15	20	—
AP—HMX—NG—NC	23	17	23	4
NG—NC	37	26	9	—

燃气中可以凝聚的组分只有 H_2O。从喷管排出的燃气和空气混合，H_2 和 CO 与空气中的氧发生"二次燃烧"生成 H_2O 和 CO 放出热量，并使 H_2O 的含量增加。燃气沿着喷管的中心线与火箭作反向运动，刚排出的燃气有很高的温度，不会产生小的凝聚。水蒸气的凝聚需要足够的分压，低于或等于露点的温度，还得有凝聚核存在。水蒸气凝聚的条件如下：

1）水的露点。水蒸气冷凝成为水滴的最高温度称为露点，露点的高低与相对湿度有关。当相对湿度从 $0\%\sim100\%$ 范围变化时，水的露点从 $-40℃\sim21.1℃$ 变化。燃气流动过程中，边界层与外界大气混合，温度降低，可能达到水凝聚的条件，燃气流的中心区域气体温度高，不产生凝聚过程。

2）水凝聚所需的水蒸气分压。在溶有 HCl 液滴表面的蒸气压可以用下式表示：

$$p_r = \frac{p^0 \, e^{\frac{2\sigma V}{RT_r r}}}{1 + \frac{in}{n_s}} \tag{8-11}$$

式中，p^0 为纯水滴的蒸气压；σ 为液-气界面的表面张力；V 为摩尔体积；R 为气体常数；n 为单位体积溶质摩尔数；n_s 为单位体积溶剂摩尔数；T_r 为液滴的温度；i 为非理想溶液的特性系数。

当排气流中水的分压大于由式（8-11）计算得到的 p_r 时，就会发生水的凝聚。如果 p_r 小，排气流中较小的分压就会达到可发生凝聚的条件，也即易产生二次烟。对于理想溶液（纯水的情况也可看成是理想状态的溶液）系数 i 为 1 而 HCl 的水溶液是非理想溶液，其值高达 40，因此有 HCl 存在时大大促进了水的凝聚，HCl 的浓度愈高即 n 愈大，p_r 愈小，二次烟也愈易产生。

3）凝聚核。凝聚核是水凝聚的必要条件。凝聚核可以由可凝聚气体分子的碰撞，足够的分子积累而形成。由可凝聚气体分子形成的核称为均相核；此外，燃气中的氧化铅、炭黑、铅盐等晶粒也可成为 H_2O，HCl 的凝聚核，这类核称为异相晶核。

均相凝聚核的成核速率定义为每秒每立方厘米体积内生成的凝聚核数，这一速率是排气流中水的气体分压与水滴或 HCl 水溶液的饱和蒸气压之比—— 过饱和度的函数。过饱和度表示为 $p/p_{sol}^{\ominus}$，$p_{sol}^{\ominus} = \dfrac{p^0}{1 + \dfrac{in}{n_s}}$。$p/p_{sol}^{\ominus}$ 愈大成核速度愈大，显然排气流中水气含量高，有 HCl 存在都对成核有利。

4）凝聚液滴的尺寸。与气相平衡时的凝聚液滴的半径 r^* 为

$$r^* = \frac{26V}{RT_r} \ln \left(\frac{p}{p_{sol}^{\ominus}} \right) \tag{8-12}$$

如果 $p = p_{sol}^{\ominus}$，$r^* \to \infty$；如果 $p < p_{sol}^{\ominus}$，那么一旦形成了液滴，会蒸发而消失；如果 $p > p_{sol}^{\ominus}$，氯相中的水是过饱和的，由凝聚生成的液滴半径大于 r^*，会逐渐减小，处在平衡条件下的直径为 r^* 的液滴既不增长，也不蒸发。

（3）液滴对光的散射作用。单一波长的入射光通过均相凝聚核形成的液滴时，由于液滴表面的散射，入射光的光强 I_0 衰减为 1。经 N 个微粒半径为 r 的微粒后，光强的衰减可由 Beer-Lambert-Bouger 定律描述，即

$$\frac{I}{I_0} = \exp(- N\pi r^2 KL) \tag{8-13}$$

式中，K 为光的衰减系数，它是微粒半径 r 和入射光波长的函数，也与液体的折射率有关；L 是

光导长度。因为通过尾气流传播的单一光的光束要透过不同微粒密度,不同半径的液滴,所以需对式(8-13)进行修改,但由于我们不去作定量的计算,不必引出修改后的公式。

初烟对入射光的衰减作用大,因此对那些能产生初烟的金属粉、金属氧化物和金属盐应限制在 2% 以下。二次烟对光的衰减作用和凝聚微粒的多少、尺寸大小有关。显然,若燃烧产物中不存在可凝聚的 H_2O,就可以避免二次烟,但这是不现实的。为减少 H_2O 的凝聚量,更实际的是减少或不用 AP 氧化剂,以消除或减少燃气中的 HCl,因为 HCl 促进了水的凝聚作用。此外,提高固体推进剂的燃烧温度,使排出气体的温度增高,二次烟在离喷管更远的距离生成。大气的稀释程度增加,可使排气流中水的气体分压降低,液滴减少。

2.无烟、少烟固体推进剂的组成

实际上不可能制成完全无烟的推进剂,只是根据初烟和二次烟对光的衰减作用大小人为地把推进剂分成有烟、少烟、无烟推进剂。日本的学者以尾气流中烟雾对光的散射、吸收作用及使入射光减弱的分数——消光率大小——来分类。消光率可表示为 $1-(I/I_0)$,消光率在0.3 以下为无烟推进剂,0.3~0.4 之间为少烟推进剂,0.4 以上被认为是有烟推进剂。

普通的双基推进剂是属于少烟推进剂,它的比冲较低,密度也是各类推进中最低的,还由于低温力学性能较差,因而不能满足某些用途的导弹武器的要求。现代的无烟推进剂希望有更高的性能。无烟、少烟推进剂的组成基本上与复合固体推进剂相同,只是取消了高能燃烧剂铅粉。由于没有铝粉,能量会明显降低,因此如何提高无烟推进剂的能量是组分选择时应该考虑的问题。下面介绍无烟、少烟推进剂的主要组分。

(1)氧化剂。对氧化剂除还应考虑燃烧产物无烟。由于 HCl 能促进二次烟的形成,因此AP 不是理想的氧化剂。AN,RDX 和 HMX 中不含 Cl 原子,有大量的氮,燃烧生成的 N_2 是不可凝性气体,是无烟推进剂的理想组分,但 AN 能量较低,并有大的吸湿性,目前不大使用。HMX 和 RDX 有正的生成焓,气体生成量也很高,但有效氧含量是负的,这意味着不能为燃烧黏合剂的可燃元素提供燃烧需要的氧。因此,严格说来两者都不是氧化剂,而是一种高能的固体添加剂,但习惯上还是把它们叫氧化剂。现有的无烟推进剂是以 HMX 或 RDX 和 AP 混合使用,达到既有高的能量又减少了 HCl 的生成量。HMX 和 RDX 也可单独作为氧化剂,但这时的黏合剂必须选择含有大量氧的那些组分,如双基黏合剂,否则能量很低。

(2)黏合剂。当使用 HMX(或 RDX)+AP 混合氧化剂时,前一节所述复合固体推进剂的黏合剂都可作为无烟推进剂的黏合剂,但用 HMX(RDX)或 AN 单组分氧化剂时为了获得较高的能量,必须选用能量高的黏合剂,即黏合剂有高的氧含量,高的生成热。为了减少燃气中H_2O 气体的分压,希望黏合剂中含有较多的氮原子。因此,用双基(NC+NG)黏合剂无论从能量要求和无烟的要求都是比较理想的。近来已获得应用的缩水甘油叠氮聚合物(GAP),是一种含氮高的高能黏合剂,它的生成热为 +957kJ/kg,密度为 1 300kg/m^3,分子式为 $C_3H_5O_3$-$(CH_2CH_2N_3CHO)_nH_3$。

(3)增塑剂。使用不同黏合剂时,增塑剂是不同的。以 GAP 为黏合剂、HMX 和 RDX 为氧化剂的硝胺改性双基推进剂用丁三醇三硝酸酯(BTTN)或三乙二醇二硝酸酯(TEGDN)和三羟甲基乙烷三硝酸酯(TMETN)作增塑剂。这些增塑剂都含有较多的高能基团硝酸酯,氧含量高,其他黏合剂的增塑剂同前。

其他组分还有固化剂、燃速调节剂、防老剂等,这里不作详细介绍。

8.3   固体推进剂主要能量参数

固体火箭发动机设计工作者在进行推进剂选择时,首先要求所选推进剂应具有所需要的能量特性。表征固体推进剂能量大小的物理量是比冲、密度比冲和特征速度。影响能量大小的因素是推进剂的爆温、爆热和燃烧产物的气体生成量。

8.3.1   固体推进剂的比冲

1. 比冲的定义和意义

(1) 推力。火箭发动机是一种推进用的动力装置。首先要求它产生一定的推力,飞行器依靠发动机的推力起飞加速,克服各种阻力完成飞行任务。推力是由发动机燃烧室内的推进剂燃烧产生的高温高压燃气在发动机喷管中膨胀加速,然后从喷管高速喷出所产生的反作用力产生的。由发动机原理导出的推力公式为

$$F = \dot{m}u_e + (p_e - p_a)A_e \tag{8-14}$$

式中,F 为火箭发动机所产生的推力,N;$\dot{m}$ 为燃气通过喷管的质量流率,kg/s;u_e 为燃气通过喷管的出口截面处的速度,m/s;p_e 为喷管出口截面处压强,Pa;p_a 为外界大气压强;A_e 为喷管出口截面积,m^2。

(2) 总冲量。火箭发动机的总冲量 I 是指推力的冲量。在推力不变的情况下,它是推力和工作时间的乘积,即

$$I = Ft_a \tag{8-15}$$

一般情况下,推力是随时间变化的,因此发动机的总冲量定义为推力对工作时间的积分,即

$$I = \int_0^{t_a} F \mathrm{d}t$$

总冲量的单位:在国际单位制中是 N·s,在工程单位制中是 kg·s。发动机的总冲愈大,火箭的射程愈远或发射的载荷愈重。

(3) 比冲。燃烧 1 kg 质量的推进剂所产生的冲量,用符号 I_s 表示,因此比冲是总冲与产生这么大总冲消耗的推进剂质量之比,即

$$I_s = \frac{I}{M_p} \tag{8-16}$$

比冲的单位在国际单位制中是 N·s/kg 或 m/s,在工程单位制中是 kg·s/kg 或 s。比冲是固体推进剂以及固体火箭发动机工作者用得最多的能量特性参数,也是评定火箭发动机质量的重要指标。比冲对火箭的性能有重要的影响。若发动机的总冲确定,比冲愈高,则所需要的推进剂质量愈小,因此发动机的尺寸和质量都可以减小。若推进剂质量给定,比冲愈高则发动机总冲也愈大,这可使火箭的射程或者载荷相应增加。对于小型火箭,其装药量只有数千克到数百千克,装药比冲的提高对总冲的影响不很大。但是,战略导弹、大型运载火箭、航天飞机助推器等大型发动机中的装药重量常达数百吨,甚至数千吨,比冲提高带来的总冲增加是十分显著的。当然也可以用增加推进剂总量的方法来增大发动机总冲,这样,一部分提高的总冲又会因加速增加的推进剂和发动机重量而消耗掉。可见,提高固体推进剂的比冲对火箭技术的

发展有着重要的影响。

2.比冲的基本公式

根据固体火箭发动机工作原理已知,在设计状态(即喷管出口处燃气压强与外界大气压强相等的状态)下,比冲可用下式表示

$$I_s = \left\{ \frac{2k}{k-1} \frac{R_0 T_c}{\overline{M}} \left[1 - \left(\frac{p_e}{p_c} \right)^{\frac{k-1}{k}} \right] \right\}^{\frac{1}{2}} \tag{8-17}$$

式中,k 为燃烧产物的比热比;R_0 为通用气体常数,8.314J/(mol·K);T_c 为固体推进剂的定压爆温;$\overline{M}$ 为燃烧产物平均相对分子质量,kg/kmol;P_c 为燃烧室工作压强,MPa。

可以看出,I_s 的大小取决于 $\frac{k}{k-1} \frac{T_c}{\overline{M}}$ 和 $1 - \left(\frac{p_e}{p_c} \right)^{\frac{k-1}{k}}$ 两项的值,前一项中各参数均是表征燃气性质的,因而取决于推进剂本身的性质。要提高 I_s,T_c 愈大愈好,$\overline{M}$ 和 k 则愈小愈好;第二项被定义为喷管热效率 μt,其中除 k 表征燃气性质外,主要取决于发动机的设计,减小比值 $\frac{p_e}{p_c}$ 使 μt 增加,从而使 I_s 增加。由于 $\frac{p_e}{p_c}$ 代表喷管出口处未转化为动能的那部分能量的大小,$\frac{p_e}{p_c}$ 愈小说明燃气在喷管中膨胀得愈充分,燃气的热能转化为动能愈完善。k 值对这两项都有影响,但增加 k 值使第一项减小,使第二项增加。因前者是主要的,故 k 值增加比冲略有减少。现有推进剂的 k 值变化范围大多数在 1.2~1.3 之间。表 8-13 给出了在膨胀压强比 $\frac{p_e}{p_c} = \frac{1}{70}$ 条件下,推进剂比冲随 k 和 $(T_c/\overline{M})^{0.5}$ 变化的关系。

表 8-13　比冲随 k 和 $(T_c/\overline{M})^{0.5}$ 的变化关系

k ＼ $\left(\frac{T_c}{\overline{M}} \right)^{0.5}$	7	8	9	10	11	12
1.15	1 630	1 863	2 096	2 329	2 562	2 795
1.20	1 575	1 800	2 025	2 250	2 475	2 700
1.25	1 527	1 745	1 964	2 182	2 400	2 618
1.30	1 485	1 698	1 910	2 122	2 334	2 546

爆温愈高,比冲愈大;燃烧产物平均分子量减小,比冲增加。相对爆温,k 的可变化范围小,影响小,故通过改变 k 值来提高比冲没有多少实用价值。

从以上的分析可知,用 I_s 来对比不同固体推进剂的能量特性时必须规定相同的 $\frac{p_e}{p_c}$ 值。目前,国内用 $\frac{p_e}{p_c} = \frac{1}{100}$,$\frac{A_e}{A_t} = 5$(其中 A_e 为喷管出口截面积,A_t 为喷管喉部截面积)的标准发动机。双基推进剂用 $\phi50$ 试验发动机(燃烧室内径 $\phi50$),装药药型为 $\phi45/8$ mm×(300~400)mm 的管状装药。复合固体推进剂采用浇注成型的壳体黏合式,圆柱形内孔与两端面同时燃烧的装药,暂规定标准发动机的燃烧室内径为 $\phi75$ mm,$\phi118$ mm,$\phi165$ mm,$\phi300$ mm 的系列。在实验发动机中测出的比冲称实际比冲。

通常把根据推进剂热力计算得到 T_c、$\overline{M}$ 和 k，再求得发动机的比冲称为理论比冲。如果选择的 p_e，环境压强 p_a，A_e/A_t，喷管出口扩张半角 α 不同，计算结果就不一致，这对于不同的推进剂系统就无法比较其能量性能，因此需要有一个统一的标准。实际应用中一般规定的标准条件如下：

(1) 燃烧室压强为 $p_c = 70.924 \times 10^5$ Pa；

(2) 环境压强为 1.013×10^5 Pa；

(3) 喷管出口处燃气的压强等于环境压强；

(4) 固体推进剂完全燃烧，燃烧产物在流动过程中处于平衡状态；

(5) 燃烧产物为完全气体，每种单一气体和其混合物均可利用完全气体的状态方程；

(6) 燃烧产物的流动是一维的，即同一截面上燃烧产物的组分、压强、温度和速度都是均匀分布的，在喷管出口截面上燃气射流是轴向的；

(7) 燃烧过程是绝热的，燃烧产物在喷管中的流动过程是定常、等熵的。

当推进剂及其燃烧产物的热力学特性固定不变时，比冲就只与膨胀压强比 p_e/p_c 有关。如果发动机在真空条件下工作，燃气等熵膨胀到 $p_e = 0$，这时燃气的热能全部变成气体的动能，从而得到最大的比冲。但实际上 $p_e = 0$ 是无法实现的。

现有的双基推进剂实测地面比冲在 $1\,860 \sim 2\,260$ N·s/kg；复合推进剂的实测地面比冲在 $2\,150 \sim 2\,410$ N·s/kg；复合改性双基推进剂的实测地面比冲在 $2\,300 \sim 2\,500$ N·s/kg。

8.3.2　固体推进剂的密度比冲

固体推进剂是直接装填在固体火箭发动机燃烧室中的，因此推进剂的密度大小对燃烧室的大小就很有影响，燃烧室体积大小关系到发动机的质量。以单级理想火箭为例，略去空气阻力及重力影响，齐奥尔科夫斯基导出的火箭主动段末速公式为

$$V_m = I_s \ln \frac{M_0}{M_f} \tag{8-18a}$$

因为火箭起飞时的总质量 M_0 是火箭结构质量 M_f 和推进剂质量 M_p 之和，所以式(8-18a)也可以写成

$$V_m = I_s \ln \frac{M_p + M_f}{M_f} \tag{8-18b}$$

或

$$V_m = I_s \ln \frac{M_0}{M_0 - M_p} \tag{8-18c}$$

固体发动机的结构质量包含在 M_f 中。从以上的公式中可以看出，当固体推进剂的 I_s 和 M_p 限定时，要提高火箭的射程，可以增大推进剂密度，以减小发动机的质量。若 I_s 和发动机容积不变，使用大密度的推进剂则可使 M_p 得以增加，也可加大火箭射程。为了全面地评价推进剂的能量特性和正确地选择推进剂品种，应该有一个能将比冲和密度结合在一起的性能参数，这就是密度比冲。密度比冲定义为推进剂的密度和推进剂比冲的乘积，即

$$I_p = I_s \rho_p$$

当选择固体推进剂时，希望密度比冲大，但若是两种推进剂密度比冲相等，应选择密度大的推进剂呢，还是比冲大的推进剂？或者，为了提高火箭的射程，改变推进剂的密度好呢，还是提高比冲更有利？为了说明这些问题，分析一下比冲和密度对火箭末速的协同效果。

将式(8-18a)进行微分,得

$$dV_m = I_s d\left(\ln \frac{M_0}{M_f}\right) + \ln \frac{M_0}{M_f} dI_s = I_s \frac{1}{M_0/M_f} d\frac{M_0}{M_f} + \ln \frac{M_0}{M_f} dI_s$$

等式两边除以 V_m,得

$$\frac{dV_m}{V_m} = \frac{I_s}{V_m} \frac{1}{M_0/M_f} d\left(\frac{M_0}{M_f}\right) + \frac{\ln(M_0/M_f)}{V_m} dI_s \qquad (8-19)$$

由式(8-18)知

$$\frac{1}{I_s} = \ln(M_0/M_f)/V_m \qquad (8-20)$$

将式(8-20)代入到式(8-19),得

$$\frac{dV_m}{V_m} = \frac{I_s}{V_m} \frac{1}{M_0/M_f} d\left(\frac{M_0}{M_f}\right) + \frac{dI_s}{I_s} \qquad (8-21)$$

现来分析一下固定容积的火箭发动机,怎样能使 V_m 发生变化。因为容积固定,M_f 是常数。推进剂的质量 $M_p = V_p \rho_p$,V_p 是推进剂的体积。发动机容积一定,V_p 也不能改变,于是式(8-21)中的第一项可作以下变换:

$$\frac{1}{M_0/M_f} d\left(\frac{M_0}{M_f}\right) = \frac{M_p}{M_0} \frac{d\rho_p}{\rho_p} \qquad (8-22)$$

将此式和由式(8-18)得到的 $\dfrac{I_s}{V_m} = \left(\ln \dfrac{1}{1-M_p/M_0}\right)^{-1}$ 一并代入式(8-21)中,得到

$$\frac{dV_m}{V_m} = \frac{M_p/M_0}{\ln \dfrac{1}{1-M_p/M_0}} \frac{d\rho_p}{\rho_p} + \frac{dI_s}{I_s} \qquad (8-23)$$

式中,M_p/M_0 称为推进剂的质量分数,式(8-23)表示了推进剂密度变化与比冲变化对改变火箭系统主动段末速度的协同关系。提高密度和增加比冲都将加大 V_m,因此可以说 I_s 和 ρ_p 有着等效的作用。这种等效关系可根据式(8-23)计算的结果得到。表8-14列出不同的质量分数,推进剂密度变化1%,与其等效的比冲变化百分数。从表8-14中的数据可以看出,推进剂的质量分数愈小,密度的变化变得愈重要,即密度的较小变化相当于比冲的较大变化。如把某一推进剂质量分数为0.70的导弹所用的推进剂密度从 $1\,600\ kg/m^3$ 提高到 $1\,800\ kg/m^3$,密度变化了12.5%。质量分数为0.70时密度变化1%,比冲变化的等效值为0.581%,因此等于比冲增加了 $12.5 \times 0.581\% = 7.2\%$,相当于将 $2\,304.41\ N \cdot s/kg$ 的比冲提高到 $2\,470.33\ N \cdot s/kg$。如果用添加金属粉、增加氧化剂的方法增加密度,那么密度提高的同时又提高了推进剂的比冲,对 V_m 的增加就更有效了。

表 8-14　不同推进剂质量分数密度与比冲变化的等效值

推进剂质量分数 M_p/M_0	与密度变化1%等效的比冲变化 %	推进剂质量分数 M_p/M_0	与密度变化1%等效的比冲变化 %
0.95	0.317	0.60	0.656
0.90	0.391	0.50	0.721
0.85	0.448	0.40	0.783
0.80	0.497	0.30	0.839
0.75	0.541	0.20	0.896
0.70	0.581	0.10	0.958

将式(8-23)积分,得到单级火箭的主动段末速与推进剂比冲及密度的关系为

$$dln\, V_m = ndln\, \rho_p + dln\, I_s$$

$$V_m = I_s \rho_p^n \tag{8-24}$$

式中

$$n = \frac{m_p}{m_0} / \ln \frac{1}{1 - m_p/m_0} \tag{8-25}$$

对于多级火箭系统也可以得到类似的公式,即

$$\Delta V_j \infty I_s \rho_p^n \tag{8-26}$$

式中,ΔV_j 为某一级火箭的火箭发动机开始工作(推进剂燃烧)到工作结束时,该级火箭的速度增量;n 为密度指数,其物理意义为推进剂密度变化 1% 产生的火箭速度增量的变化与比冲变化 1% 所产生的火箭速度增量的变化之比,即

$$n = \left(\frac{\partial \Delta V_j}{\partial \ln \rho_p}\right)_{I_s} \Big/ \left(\frac{\partial \Delta V_j}{\partial \ln I_s}\right)_{\rho_p} \tag{8-27}$$

n 的变化范围为 $0 \sim 1$。例如,考虑两种不同比冲和密度的推进剂,它们的综合能量性能可以用 $I_s \rho_p^n$ 的值来衡量。当两种推进剂的 $I_s \rho_p^n$ 值相等时,则这两种推进剂有相等的能量性能。同时可以看出,密度比冲的概念是式(8-27)在 $n=1$ 时的一种特殊情况。

对于体积限定的单级火箭 n 可以用式(8-28)估算。从式(8-27)可以看出,n 愈大,密度的影响愈大。从推进剂配方甲和乙在不同 n 下的 $I_s \rho_p^n$ 变化,可以具体看出这一影响。推进剂配方甲的 $I_s = 2\,206.35\ \mathrm{N \cdot s/kg}$,$\rho_p = 1.75 \times 10^3\ \mathrm{kg/m^3}$;配方乙 $I_s = 2\,304.41\ \mathrm{N \cdot s/kg}$,$\rho_p = 1.6 \times 10^3\ \mathrm{kg/m^3}$。两种推进剂的 $I_s \rho_p^n$ 列于表 8-15 中。可以看出,$n \geqslant 0.5$ 时,密度高的推进剂配方甲综合能量高;当 $n < 0.5$ 时,比冲高的推进剂配方乙的综合能量占优势,所以在选择推进剂时应考虑 n 的大小。当然,推进剂的最终选择还需综合考虑其他性能。表 8-15 列出了不同 n 值不同推进剂的 $I_s \rho_p^n$ 变化值。

表 8-15　不同 n 值不同推进剂的 $I_s \rho_p^n$ 变化值

$I_s \rho_p^n$	n	0.8	0.7	0.6	0.5	0.4	0.3
	配方甲	3 452.3	3 264.4	3 086.7	2 918.7	2 759.9	2 609.7
	配方乙	3 356.2	3 202.2	3 055.1	2 914.8	2 781.0	2 702.3

在体积限定的多级火箭发动机和重量限定的发动机中,密度指数 n 与发动机的质量比 R 有关。由图可知,体积限定的发动机中的 n 大于重量限定的发动机中的 n 值;发动机的级数愈低,n 值愈大。n 大则说明密度的影响大。多级火箭的第一级 n 值大,尽管液体推进剂有很高的比冲(可大于 $2\,940\mathrm{N \cdot s/kg}$),一般都仍然选用密度大的固体推进剂作第一级发动机装药。多级火箭的顶级(第三或第四级),n 值小,使用高比冲低密度的液体推进剂可以获得比固体推进剂大的综合能量特性。

在体积限定的发动机中

$$n = \left(\frac{\beta}{\beta + 1}\right)\left(\frac{R - 1}{\ln R}\right) \tag{8-28}$$

式中,$\beta = \dfrac{\text{壳体重}}{\text{推进剂重量}} = \dfrac{N p_c V_p}{V_p \rho_p} = \dfrac{N p_c}{\rho_p}$;$N$ 为与材料有关的参数,它与壳体材料的强度成正比,

与材料的密度成正比,并含有安全因素及几何形状系数的影响;R 为质量比,$R=\dfrac{M_0}{M_f}$。

由图 8-2 中还可以看出,在体积限制的发动机中,随着质量比的增大,n 值减小,而在重量限定的发动机中却存在着相反的关系。n 值的这种不确定情况,使得 $I_s\rho_P$ 不能作为一个普遍的能量准则,但可在特定条件下用来比较和选择推进剂。

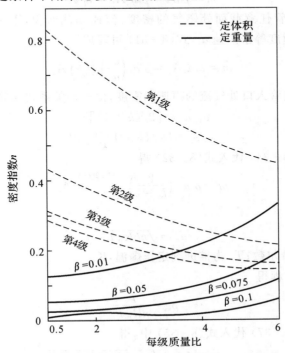

图 8-2　不同限定条件的发动机中密度指数与质量比的关系

8.3.3　固体推进剂的特征速度

固体推进剂的特征速度 C^* 定义为喷管喉部面积 A_t 和燃烧室压强 P_c 的乘积与流过喷管的燃烧产物质量流率 $\dot{m}$ 之比,即

$$C^*=\frac{A_t P_c}{\dot{m}} \tag{8-29}$$

因为具有速度的量纲,所以称为特征速度。实际上 C^* 的大小是推进剂做功能力的反映。因为由火箭发动机原理知道推力 F 的关系式为

$$F=C_F A_t P_c \tag{8-30}$$

C_F 是推力系数,表征燃气在喷管中进行膨胀过程的完善程度,主要取决于喷管结构。在 C_F 一定的条件下推力和 $A_t P_c$ 成正比。对于一定的 $A_t P_c$,C^* 大的推进剂需要的推进剂质量流率小,也就是意味着单位时间燃烧掉较少的推进剂就可获得相等的推力。换言之,在发动机喷管结构不变的条件下单位时间燃烧的推进剂质量相同,C^* 愈大产生的推力愈大。

假定燃气从燃烧室出口截面到喷管喉部的流动是一维定常的,并且是理想的等熵流动;喷管中膨胀时燃气的成分不发生变化,并认为燃气的定压比热是常量,可以推导出 C^* 的计

算式。

根据质量守恒的原则,通过喷管任意截面的质量流率都是相等的,但喷管喉部截面处气流速度正好等于声速,因此取这一截面作基准推导 C^* 公式。

质量守恒方程为

$$\dot{m} = \rho u A = \rho_t u_t A_t = 常数 \tag{8-31}$$

式中,ρ,u,A 分别为喷管任意截面处燃气的密度、流速和截面积,下标 t 表示喷管喉部截面处。因为喷喉处气流速度等于声速 a_t,式(8-31)可写成

$$\dot{m} = \rho_t a_t A_t = \rho_c a_c \left(\frac{a_t}{a_c}\right)\left(\frac{\rho_t}{\rho_c}\right) A_t \tag{8-32}$$

式中,a_c,ρ_c 分别表示喷管入口处气流的声速和密度,由气动关系式和等熵过程可得

$$a_t/a_c = [2/(k+1)]^{1/2} \tag{8-33}$$

$$\rho_t/\rho_c = [2/(k+1)]^{1/(k-1)} \tag{8-34}$$

将式(8-33)、式(8-34)代入式(8-32)得

$$\dot{m} = \rho_c a_c \left(\frac{2}{k+1}\right)^{(k+1)/2(k-1)} A_t \tag{8-35}$$

喷管入口处的声速为

$$a_c = \sqrt{nkR_u T_c} \tag{8-36}$$

式中,n 为千克燃气的摩尔数;T_c 为推进剂定压爆温,K。

由理想气体状态方程得

$$\rho_c = \frac{p_c}{nR_u T_c} \tag{8-37}$$

将式(8-36)、式(8-37)代入式(8-35)中,得

$$\dot{m} = \frac{p_c A_t}{\sqrt{nR_u T_c}}\sqrt{k\left(\frac{2}{k+1}\right)^{(k+1)/(k-1)}} \tag{8-38}$$

令 $\sqrt{k\left(\frac{2}{k+1}\right)^{\frac{(k+1)}{(k-1)}}} = \Gamma, n = \frac{1}{M}$ 为燃气平均相对分子质量,式(8-38)改写为

$$\dot{m} = \frac{P_c A_t}{\sqrt{R_u T_c/\overline{M}}}\Gamma \tag{8-39}$$

将式(8-39)代入式(8-29)中,得到

$$C^* = \sqrt{R_u T_c/\overline{M}}/\Gamma \tag{8-40}$$

从式(8-40)中可以看出,C^* 的数值只与推进剂的定压爆温、燃烧产物的平均相对分子质量和比热比有关,而与喷管工作性质无关。要提高 C^* 必须增加了 T_c,减小 $\overline{M}$ 和 k,但影响较大的仍然是 T_c 和 $\overline{M}$。

由于 C^* 不涉及发动机喷管喉部以后的工作过程,而仅取决于燃烧室的条件,因而用 C^* 来评定推进剂能量特性更为直接方便。

现有的双基推进剂 C^* 值在 1 400 m/s 左右,复合推进剂的 C^* 值为 1 500 ~ 1 800 m/s。

比冲、密度比冲、特征速度都是衡量固体推进剂能量特性的物理量,从以上分析可以得出如下关系式:

$$I_s \infty \sqrt{T_c//\overline{M}}, \quad T_p \infty \rho_p \sqrt{T_c//\overline{M}}, \quad C^* \infty \sqrt{T_c//\overline{M}}$$

显然,提高固体推进剂能量特性的关键在于提高 ρ_p,T_c 和降低 $\overline{M}$,而 T_c 又依赖于推进剂燃烧时释放的参量,$\overline{M}$ 和气体生成量有关,故下面对这些能量特性的参量分别作介绍。

8.3.4　爆热

1 kg 质量的固体推进剂在 298K 下,在惰性气体中绝热燃烧变成同温度的燃烧产物时(假定没有发生二次反应和凝结放热)所放出的热量称为爆热,用 Q 表示,单位是 kJ/kg,并规定吸热为负,放热为正。

根据燃烧反应的条件,爆热分为定压爆热 Q_p 和定容爆热 Q_V。Q_p 可以用推进剂组分的标准生成焓和燃烧产物组分的标准生成焓 ΔH^0 进行计算:

$$Q_p = \sum_{i=1}^{l} n_i \Delta H_i^0 - \sum_{j=1}^{m} n_j \Delta H_j^0 \qquad (8-41)$$

式中,i 为推进剂组分的;l 是组分数;j 是燃烧产物的;m 是燃烧产物的组分数。n_i 和 n_j 分别为 1 kg 推进剂中 i 组分的摩尔数和燃烧产物中组分 j 的摩尔数。

$$Q_V = Q_p + n R_u T \qquad (8-42)$$

式中,n 为 1 kg 推进剂燃烧所产生的燃气的总摩尔数,T 等于 298K。

固体推进剂在发动机燃烧室内的燃烧近似绝热等压过程,因此其爆热为定压爆热。

Q_p,Q_V 难以测量,实际爆热的测定是在量热计中进行的。用这种方法测得的爆热是 1 kg 固体推进剂在 298K 下,在惰性气体中绝热定容燃烧后将燃气冷却到同样温度,水蒸气冷凝成室温下的水进所放出的热量,以 $Q_V(L)$ 表示。

$$Q_V(L) = Q_V + n_{H_2O} \times 41.564 \text{ kJ/kg} \qquad (8-43)$$

式中,n_{H_2O} 为 1 kg 燃气中水的摩尔质量;41.564 kJ/mol 为水的定容凝结热。

在火箭发动机燃烧室的工作条件下不仅水为气态,且部分金属及其氧化物可能处于气态(Li,B),也可能处于液态(如 Be,Al),所以固体推进剂在火箭发动机中燃烧热效应总是小于量热计中测得的热效应。因此,作为衡量固体推进剂化学潜能大小的量比较合理的应是固体推进剂在火箭发动机中燃烧热效应。固体推进剂实验测定的定容爆热在 3 559～5 862 kJ/kg。

爆热的大小表征着推进剂在燃烧过程中放出化学潜能的多少,爆热愈大,放出的能量愈大,所以爆热是推进剂能量性能的重要参数。下面讨论如何提高爆热。

1.选用生成焓大的组分

ΔH_i^0 愈大,Q_p 愈大,为提高爆热应选用生成焓大的组分,尤其是含量大的那些组分,它们的 n_i 大,对 Q_p 的影响大。现将一些固体推进剂组分的标准生成焓列于表 8-16 中。

表 8-16　一些固体推进剂组分的标准生成焓

组　分	分子式	相对分子质量	标准生成焓 H_i^{298}/(kJ·kg^{-1})
硝化纤维素			−2 813.47
硝化甘油	$C_3H_5(ONO_2)_3$	227.03	−1 633.0
二硝基甲苯(2,4)	$C_6H_3CH_3(NO_2)_2$	182.07	−374.5
二硝基甲苯(2,6)			−241.2
邻苯二甲酸二丁酯	$C_{16}H_{22}O_4$	278.16	−3 027.0

续 表

组分	分子式	相对分子质量	标准生成焓 $H_f^{298}/(kJ \cdot kg^{-1})$
凡士林	$C_{15}H_{32}$	212.15	−2 251.3
石蜡	C_nH_{2n+2} （$n \approx 22 \sim 36$）		−2 261.0
1# 中定剂	$C_{17}H_{20}ON_2$	268.17	−391.5
2# 中定剂	$C_{15}H_{16}ON_2$	240.15	−254.0
3# 中定剂	$C_{16}H_{18}ON_2$	254.16	−404.9
二苯胺	$C_{12}H_{11}N$	169.12	+689.8
二苯基甲酸乙酯	$C_{15}H_{15}O_2N$	241.15	−1 404.0
硝化二乙二醇	$C_3H_8O_7N_2$	196.04	−2 208.0
硝基胍	$CH_4O_2N_4$	104.01	−893.0
硝基二苯胺	$C_{12}H_{10}O_2N_4$	214.12	+331.0
聚硫橡胶		166	−1 381.7
端羟基聚丁二烯	$HO-(CH_2-CH=CH-CH_2)_n-OH$		−315.7
环氧树脂	$(C_{18}H_{20}O_3)_n$		−208.2
端羧基聚丁二烯	$(C_4H_6)_nO_2H_2$		−585.0
聚醚丙三醇	$C_3H_5(OC_3H_6)_n(OC_4H_8)_mO_3H_3$		−3 435.0
缩水甘油叠氮基醚	$C_3H_5O_3(C_3H_4N_3O)_nH_3$		+142.0
顺丁烯二酸酐	$C_4H_2O_3$	98.06	−4 720.0
甲苯二异氰酸酯	$C_9H_6O_2N_2$	174.0	−985.6
一缩二乙二醇	$C_4H_{10}O_3$	106.0	−5 852.8
癸二酸二辛酯	$C_{25}H_{40}O_4$	404.7	−3 113.9
壬二酸二辛酯	$C_{25}H_{48}O_4$	412.7	−3 194.0
乙酰丙酮铁	$C_{15}H_{21}O_6Fe$	353.2	−3 589.4
三乙醇胺	$N(CH_2CH_2OH)_3$	149.2	−4 581.3
苯乙烯	C_8H_8	104.1	+1 420.0
二茂铁	$C_{10}H_{10}Fe$	186.0	+758.0
高氯酸铵	NH_4ClO_4	117.5	−2 518
高氯酸锂	$LiClO_4$	106.4	−4 615.8
硝酸铵	NH_4NO_3	80.0	−4 566.3
氧化镁	MgO	40.3	−14 922.4
氧化钙	CaO	56.1	−11 340.9
氧化铅	PbO	223.1	−982.9
二氧化钛	TiO_2	79.9	−11 816.9
高氯酸硝酰	NO_2ClO_4	145.5	+230.3
黑索金	$C_3H_6O_6N_6$	192.0	+318.3
奥克托金	$C_4H_8O_8N_8$	266.0	+252.8

可以看出,现在应用的黏合剂中端羟基聚丁二烯有着较高的生成焓,而新型的缩水甘油叠氮基醚生成焓更高。氧化剂中高氯酸铵的生成焓较硝酸铵的高。黑索金和奥克托金的生成焓很高,这引起了人们对它的重视,现已在改性双基和复合推进剂中得到了应用。高氯酸硝酰作为新型氧化剂的应用问题正在被研究。有些物质的生成焓很小,但因为它们对推进剂的其他性能的提高有显著的作用而被采用,如 MgO,CaO,TiO_2 等对双基推进剂的低压燃烧起着有效的稳定作用,不过从能量的要求出发,这些组分的含量应在满足燃烧性能的基础上尽可能少。

2. 选用燃烧后生成产物生成焓低的组分

燃烧产物的生成焓愈低,Q_p 愈高。

可以看出:生成焓最低的是铍的燃烧产物 BeO,依次为 Li_2O,SO_2,B_2O_3,Al_2O_3,MgO。除 SO_2 外,这些低生成焓的燃烧产物都是轻金属的氧化物,因此在复合固体推进剂中加入这些金属粉作为高能燃烧剂,以提高推进剂的爆热。

3. 提高推进剂的氧平衡和氧系数 α

由表 8-17 中可以看出,CO_2 的生成焓比 CO 的低得多,H_2O 的生成焓是很低的。相同的固体推进剂中所含的氧量如果恰好能够完全氧化推进剂所含的可燃元素时,即 H 元素氧化成 H_2O,无 H_2 存在,C 元素氧化成 CO_2 而不是 CO,这样的配方可得到的爆热最大,缺氧或有多余的氧存在时爆热都会降低,因为 O_2 的生成焓为零(所有单质的标准生成焓都是零)。

表 8-17　各种燃烧产物的标准生成焓

燃烧产物	相对分子质量	标准生成焓 $H_i^{298}/(kJ \cdot kg^{-1})$	燃烧产物	相对分子量	标准生成焓 $H_i^{298}/(kJ \cdot kg^{-1})$
$H_2(g)$	2.02	0	$NO(g)$	30.00	$+387.4$
$H_2O(g)$	18.01	$-13\ 432.8$	$NO_2(g)$	46.00	$+141.8$
$CO(g)$	28.01	$-3\ 947.1$	$SO_2(g)$	64.06	$-19\ 001.6$
$CO_2(g)$	44.01	$-8\ 943.4$	$MgO(s)$	40.31	$-14\ 947.6$
$HCl(g)$	36.46	$-2\ 529.0$	$O_2(g)$	16.00	0
$Al_2O_3(s)$	101.96	$-15\ 152.3$	$H(g)$	1.01	$217\ 594.0$
$BeO(s)$	25.01	$-23\ 950.0$	$OH(g)$	17.01	$2\ 290.6$
$B_2O_3(s)$	69.62	$-18\ 339.0$	$O(g)$	16.00	$15\ 574.1$
$Li_2O(s)$	29.88	$-19\ 972.0$	$N(g)$	14.01	$33\ 754.1$
$N_2(g)$	28.00	0	$Cl(g)$	35.45	$3\ 416.9$

固体推进剂或组分中含氧多少的情况常用氧平衡来描述,其定义为 1 kg 推进剂或推进剂组分中所含的氧量与所含可燃元素完全氧化所需要的氧量之差占推进剂(或组分)质量的百分数,即

$$氧平衡 = \frac{含氧量 - 需氧量}{1\ 000} \times 100\%$$ (8-44a)

推进剂(或组分)中的含氧量与需氧量相等称为零氧平衡,此时的爆热最大。含氧量多于需氧量为正氧平衡,因为有剩余的氧存在,爆热降低。反之称负氧平衡,因为不能使可燃元素完全氧化,爆热也降低。

推进剂中氧含量也常用氧系数来表征:

$$氧系数 = \frac{含氧量}{可燃元素完全燃烧需氧量} \qquad (8-44b)$$

为了求得推进剂的氧平衡,首先得写出固体推进剂的假定化学式。所谓假定化学式是把 1 kg 固体推进剂看成由基本元素组成的化合物分子。再由假定化学式中的可燃元素原子数定出它们完全氧化所需的氧量;由假定化学式中的氧化元素的原子数得到所含的氧量,就可求出氧平衡。通过下面的例子,说明固体推进剂氧平衡的具体计算步骤。

【例 8.1】 某一端羟基聚丁二烯复合推进剂的组成见表 8-18,求其氧平衡。

氧平衡计算步骤如下:

(1) 计算各组元假定化学式。固体推进剂的各组元都是由最基本的组元 C,H,O,N,Cl,Al,B,Be 等化学元素组成的,可以把每一组元的分子都写成以下通式:

$$C_c H_h O_o N_n Cl_{cl} Al_{al} \cdots$$

分子量是 M,组元的假定化学式写成以下通式:

$$C_{n_c} H_{n_h} O_{n_o} N_{n_n} Cl_{n_{cl}} Al_{n_{al}} \cdots$$

因为各组元的假定化学分子量都是 1 000 g,所以组元的假定化学分子量是该组元分子量的 E 倍,即 $E = 1\,000/M$。这就可以求得

$$n_c = E_c, \qquad n_h = E_h, \qquad n_o = E_o, \qquad \cdots$$

据此可以求 HTPB 复合推进剂各组分的假定化学式。

表 8-18　HTPB 复合推进剂的组成

组　分	分子式	相对分子质量	质量分数/(%)
端羟基聚丁二烯	$(C_4 H_{6.052} O_{0.052})_n$	54.88	14
高氯酸铵	$NH_4 ClO_4$	117.49	67
铝	Al	26.98	15
苯乙烯	$C_8 H_8$	104.15	2
甲苯二异氰酸酯	$C_9 H_6 O_2 N_2$	174.0	0.9
三乙醇胺	$C_6 H_{15} O_3 N$	149.2	0.4
二茂铁	$C_{10} H_{10} Fe$	186.0	0.7

1) 端羟基聚丁二烯。

$$E = 1\,000/54.88 = 18.22$$
$$n_c = 18.22 \times 4 = 72.89$$
$$n_h = 18.22 \times 6.052 = 110.27$$
$$n_o = 18.22 \times 0.052 = 0.95$$

端羟基聚丁二烯的假定化学式为 $C_{72.89} H_{110.27} O_{0.95}$。

2) 高氯酸铵。

$$E = 1\,000/117.49 = 8.51$$
$$n_h = 8.51 \times 4 = 34.04$$
$$n_o = 8.51 \times 4 = 34.04$$
$$n_n = 8.51 \times 1 = 8.51$$

$$n_{cl} = 8.51$$

高氯酸铵的化学假定式为 $H_{34.04}O_{34.04}N_{8.51}Cl_{8.51}$。

3）铝。$E = 1\,000/26.98 = 37.06$。

铝的化学假定式为 $Al_{37.06}$。

如此求得苯乙烯的假定化学式为 $C_{76.81}H_{76.81}$；甲苯二异氰酸酯的假定化学式为 $C_{51.68}H_{34.45}O_{11.48}N_{11.48}$；三乙醇胺的假定化学式为 $C_{40.22}H_{100.54}O_{20.11}N_{6.7}$；二茂的假定化学式为 $C_{53.75}H_{53.75}Fe_{5.375}$。

（2）根据各组分在推进剂中的质量分数，计算出 1kg 推进剂组分中基本元素的摩尔原子数 $N_C, N_H, N_O, N_N, N_{Cl}, N_{Al}, N_{Fe}\cdots$ 于是可写出固体推进剂的假定化学式为

$$C_{N_C}H_{N_H}O_{N_O}N_{N_N}Cl_{N_{Cl}}Al_{N_{Al}}Fe_{N_{Fe}}$$

假定化学式中，基本元素的摩尔原子数为

$$\left.\begin{aligned}
N_C &= \sum m_i n_{ic}\\
N_H &= \sum m_i n_{ih}\\
N_O &= \sum m_i n_{io}\\
N_N &= \sum m_i n_{in}\\
N_{Cl} &= \sum m_i n_{icl}\\
N_{Al} &= \sum m_i n_{ial}\\
N_{Fe} &= \sum m_i n_{ife}
\end{aligned}\right\} \tag{8-5}$$

用统一方程式表示为

$$N_L = \sum m_i n_{il}$$

式中，N_L 为 l 种元素的摩尔原子数；m_i 是推进剂中第 i 组分的质量分数；n_{il} 为 i 组分中 l 种元素的摩尔原子数。

各参数计算如下：

$N_C = 14\% \times 72.89 + 2\% \times 76.81 + 0.9\% \times 51.65 + 0.4\% \times 40.22 + 0.7\% \times 53.75 = 12.75$

$N_H = 14\% \times 110.27 + 67\% \times 34.04 + 2\% \times 76.81 + 0.9\% \times 34.45 + 0.4\% \times 100.54 +$
　　　$0.7\% \times 53.75 = 40.87$

$N_O = 14\% \times 0.95 + 67\% \times 34.04 + 0.9\% \times 11.48 + 0.4\% \times 20.11 = 23.12$

$N_N = 67\% \times 8.51 + 0.9\% \times 11.48 + 0.4\% \times 6.7 = 5.83$

$N_{Cl} = 67\% \times 8.51 = 5.70$

$N_{Al} = 15\% \times 37.06 = 5.56$

$N_{Fe} = 0.7\% \times 5.375 = 0.037$

该 HTPB 复合推进剂的假定化学式为

$$C_{12.75}H_{40.87}O_{23.12}N_{5.83}Cl_{5.70}Al_{5.56}Fe_{0.037}$$

由于推进剂的假定化学式是对 1 kg 推进剂而言的，因此假定化学式中各元素质量之和应等于 1 000g，即

$$N_C M_C + N_H M_H + N_O M_O + N_N M_N + N_{Cl} M_{Cl} + N_{Al} M_{Al} + N_{Fe} M_{Fe} = 1\,000$$

式中,M_C,M_H,M_O,…为各元素的原子量,用此式可以检验推进剂的假定化学式,计算有无错误。下面根据此式验算:

$$12.75\times12.011+40.87\times1.008+23.12\times16.000+5.83\times14.007+5.7\times35.453+$$
$$5.56\times26.982+0.037\times55.847=1\,000.086$$

此数与 1 000 相差甚微,说明计算无错误。

该推进剂中含有的氧量 $=23.12\times16=369.92$ g,推进剂中的 N 是中性元素,燃烧后生成 N_2,可燃元素有 C,H,Al,Fe,其中一部分 H 元素与 Cl 化合,不再需要氧,因此可燃元素完全氧化需要的氧量为

$$需氧量=\left[12.75\times2+\frac{1}{2}\times(40.87-5.70)+\frac{3}{2}\times5.56+\frac{3}{2}\times0.037\right]\times16\ g=823.69\ g$$

$$氧平衡=\frac{369.92-823.69}{1\,000}\times100\%=-45.377\%$$

【**例 8.2**】 计算某双基推进剂的氧平衡,其组成见表 8-19。

解 (1)计算各组分的假定化学式。硝化纤维素的假定化学式如下。

$$N_C=37.037-1.190\times12=22.76$$
$$N_H=61.730-2.698\times12=29.35$$
$$N_O=30.864+0.437\times12=36.11$$
$$N_N=0.714\times12=8.57$$

硝化纤维素的假定化学式为 $C_{22.76}H_{29.35}O_{36.11}N_{8.57}$。

其他组元的假定化学式计算同上题,计算结果:

硝化甘油 $C_{13.21}H_{22.02}O_{39.63}N_{13.21}$

二硝基甲苯 $C_{38.43}H_{32.94}O_{21.96}N_{10.98}$

苯二甲酸二丁酯 $C_{57.48}H_{79.04}O_{14.37}$

二号中定剂 $C_{62.42}H_{66.59}O_{4.16}N_{8.32}$

凡士林 $C_{70.73}H_{149.32}$

表 8-19 某双基推进剂的组成

组　分	分子式	相对分子质量	质量分数/(%)
硝化纤维素(含氮量为12.0%)			56
硝化甘油	$C_3H_5O_9N_3$	227.03	25
二硝基甲苯	$C_7H_6O_4N_2$	182.07	9
苯二甲酸二丁酯	$C_{16}H_{22}O_4$	278.16	6
二号中定剂	$C_{15}H_{16}ON_2$	240.15	3
凡士林	$C_{15}H_{32}$	212.15	1

(2)计算推进剂的假定化学式。

$$N_C=\sum m_i n_{ic}=56\%\times22.76+25\%\times13.21+9\%\times38.43+6\%\times57.48+$$
$$3\%\times62.42+1\%\times70.73=25.53$$

$$N_H = \sum m_i n_{ih} = 56\% \times 29.35 + 25\% \times 22.02 + 9\% \times 32.94 + 6\% \times 79.04 +$$
$$3\% \times 66.59 + 1\% \times 149.32 = 33.13$$

$$N_O = \sum m_i n_{io} = 56\% \times 36.11 + 25\% \times 39.63 + 9\% \times 21.96 + 6\% \times 14.37 +$$
$$3\% \times 4.16 = 33.09$$

$$N_N = \sum m_i n_{in} = 56\% \times 8.57 + 25\% \times 13.21 + 9\% \times 10.98 + 3\% \times 8.32 = 9.34$$

假定化学式为 $C_{25.53} H_{33.13} O_{33.09} N_{9.34}$。

$$氧平衡 = \frac{33.09 \times 16 - \left(25.53 \times 2 + \frac{1}{2} \times 33.13\right) \times 16}{100} \times 100\% = -55.26\%$$

氧平衡描述了固体推进剂缺氧或富氧的情况;固体推进剂中也常用氧系数 α 来确定配方中氧化元素量与可燃元素量的比例是否能满足可燃元素完全燃烧。

α 定义为 1 kg 推进剂中氧元素量与可燃元素完全氧化所需氧元素量之比。如某 HTPB 复合推进剂,它的假定化学式为

$$C_{12.75} H_{40.87} O_{23.12} N_{5.83} Cl_{5.70} Al_{5.56} Fe_{0.037}$$

它的氧系数 α 为

$$\alpha = \frac{23.12 \times 16}{\left[12.75 \times 2 + (40.87 - 5.70) \times \frac{1}{2} + 5.56 \times \frac{3}{2} + 0.037 \times \frac{3}{2}\right] \times 16} =$$

$$\frac{23.12 \times 2}{12.75 \times 4 + 35.17 \times 1 + 5.56 \times 3 + 0.037 \times 3} = 0.45$$

式中各元素的原子数乘的数,是该元素的原子价,氧元素的原子价为 2,C,H,Al,Fe 完全燃烧时原子价分别为 4,1,3,3,因此 α 可写成

$$\alpha = \frac{推进剂中含氧量}{可燃元素完全燃烧需氧量} = \frac{推进剂中氧原子数 \times 2}{\sum(可燃元素原子数 \times 最高原子价)} \tag{8-45}$$

相同组分的推进剂,氧平衡为 0 或者氧系数为 1 时爆热最大。但现有的推进剂都是负氧平衡的,氧系数一般在 0.45~0.65 之间。氧系数的提高受到推进剂加工性能和力学性能的限制,因为提高氧系数必须增加固体推进剂中氧化剂的含量,液态黏合剂的含量就会降低,这将导致药浆的流动性变差,难以浇注。同时黏合剂减少还会引起固化后药柱力学性能降低,低温下脆性大,易破裂。因此,提高氧系数的同时又要满足工艺性能和力学性能要求,必须使用黏度低,在固化后又有良好的低温力学性能的黏合剂。更理想的途径是在黏合剂大分子中引入含氧的基团,这样可以在不增加氧化剂的条件下提高氧系数。端羟基聚丁二烯属于黏度低、力学性好的黏合剂,使用它可有较一般黏合剂高的氧化剂含量,而双基黏合剂本身含有较多的氧原子,故是目前能量最高的推进剂。但氧系数为 1 的配方,爆热虽然最高,能量却反而降低。通常最佳比冲的配方,氧系数在 0.65~0.85 之间,现有的推进剂都还不能达到最佳的能量。

8.3.5 燃烧温度

当放热的化学反应过程中所放出的热量不能及时传走时,则反应系统的温度就会上升。假如反应是在绝热条件下进行的,则反应放出的热量完全被物系本身吸收,这时物系的温度将升至最大值。

固体推进剂绝热爆燃时,放出的热量(即爆热)全部用于加热燃烧产物,使之达到的最高温度称为固体推进剂的燃烧温度。根据燃烧条件不同,燃烧温度也分定压、定容两种,分别用 T_p 和 T_V 表示。

由热力学基本原理可知

$$Q_p = \int_{298}^{T_p} \left(\sum_{j=1}^{m} n_j C_{p,j} \right)_p = n\overline{C}_p (T_p - 298) \qquad (8-46)$$

而

$$Q_V = \int_{298}^{T_V} \left(\sum_{j=1}^{m} n_j C_{v,j} \right)_V \mathrm{d}T = n\overline{C}_V (T_V - 298) \qquad (8-47)$$

式中,n 是 1 kg 推进剂燃烧所产生的燃气总摩尔数;$C_{p,j}$ 和 $C_{V,j}$ 分别是第 j 种组分燃烧产物的定压和定容摩尔比热;$\overline{C}_p$ 和 $\overline{C}_V$ 为温度在 298K 到 T_p(或 T_V)范围内燃烧产物的定压和定容比热的平均值。由以上两式可以得到

$$T_p = \frac{Q_p}{n\overline{C}_p} + 298\mathrm{K} \qquad (8-48)$$

$$T_V = \frac{Q_V}{n\overline{C}_V} + 298\mathrm{K} \qquad (8-49)$$

由式(8-48)、式(8-49)可知,增加爆热、降低燃气的摩尔比热可以提高爆温,从而提高推进剂的比冲、特征速度。气体分子的原子数愈多,摩尔比热愈大,但生成的 n 也相应减少,实际上 nC_p 近似为定值,因此提高 T_p 只是通过提高爆热来实现的。一般说来,爆温愈高推进剂的能量愈高。但是,这样也带来一些不利的因素,因为高温下部分燃烧产物发生解离反应,如:

$$CO_2 \Longleftrightarrow CO + O - 532.556 \text{ kJ/mol}$$

$$H_2 \Longleftrightarrow 2H - 436.114 \text{kJ/mol}$$

$$H_2O \Longleftrightarrow OH + H - 499.123 \text{kJ/mol}$$

这些解离反应都是吸热反应,因此使得推进剂燃烧放出的热量中的一部分又转变为解离产物的化学潜能,推进剂的能量不能达到预期的效果。表8-20为不同原数气体的摩尔比热。

表8-20 不同原子数气体的摩尔比热

气 体	$C_V/(\text{J} \cdot \text{mol}^{-1} \cdot \text{K}^{-1})$	$C_p/(\text{J} \cdot \text{mol}^{-1} \cdot \text{K}^{-1})$
单原子气体	12.56	20.93
双原子气体	20.93	29.31
三或多原子气体	29.31	37.68

高温的燃气还会引起发动机壳体强度下降,甚至壳体局部被烧穿(对自由装填装药的发动机),特别是在喷管喉部的烧蚀严重,从而破坏发动机的内弹道性能,因此使用爆温很高的高能推进剂时,必须解决发动机材料的耐烧蚀性能,或采用有效的绝热措施。

现在使用的双基推进剂定压绝热爆温的范围在 2 000~3 000K;普通复合推进剂的为 2 400~3 000K;含铝复合推进剂和改性双基推进剂的为 3 000~4 000K。

推进剂的温度高达 2 000 K 以上时,很难用一般的温度测量方法进行测定,因此主要通过热力计算求得。

8.3.6　固体推进剂的比体积和燃烧产物平均相对分子质量

固体推进剂的比体积是评定推进剂能量的重要参数。其定义是：1 kg 固体推进剂燃烧后生成的气态产物，假定没有水的凝结，在标准状态下所占有的体积，单位是 m^3/kg。比容的实际意义是表明推进剂燃烧产物中气体生成物的多少。因为每摩尔气体在标准状态下所占的体积都是 $22.4 \times 10^{-3} m^3$，因此比体积 ν 为

$$\nu = \left(\sum n_{gi}\right) \times 22.4 \times 10^{-3} \, m^3/kg \tag{8-50}$$

n_{gi} 则为 1 kg 燃烧产物中第 i 种气态产物的摩尔数。因为比容与 1 kg 推进剂燃烧产物中气体的总摩尔数成正比，所以也可以直接用气体产物总摩尔数 $n_g(=\sum n_{gi})$ 表示推进剂的成气性。

燃气的平均分子量 $\overline{M}_g$ 由下式定义

$$\overline{M}_g = \frac{\sum n_{gi} M_{gi}}{\sum n_{gi}} \tag{8-51}$$

如果 1 kg 推进剂的燃烧产物全部是气体时，则

$$\overline{M}_g = \frac{1\,000}{n_g}$$

$$\nu = n_g \times 22.4 \times 10^{-3} \, m^3/kg = \frac{1\,000}{\overline{M}_g} \times 22.4 \times 10^{-3} \, m^3/kg \tag{8-52}$$

$$R_g = R_u/\overline{M}_g = R_u/(1_0 00/n_g)$$

R_g 是 1 kg 气相产物的气体常数，它表示 1 kg 气相产物在定压下温度升高 1℃ 所做的功。υ 愈大，$\overline{M}_g$ 愈小，I_s 和 C^* 增加。

若燃烧产物中有一定量的凝相组分，由于凝相组分实际上可认为只占质量不占体积，因而相当于使燃气平均分子量有增加，燃气摩尔数下降，致使推进剂的 C^* 和 I_s 下降。若凝相产物在燃烧产物中的质量分数为 ε_0，那么实际上气体部分的质量为 $1\,000(1-\varepsilon)$，这时

$$n_g = \frac{1\,000(1-\varepsilon)}{\overline{M}_g} = \frac{1\,000}{\overline{M}} \tag{8-53}$$

式中

$$\overline{M} = \overline{M}_g/(1-\varepsilon) \tag{8-54}$$

式中，$\overline{M}$ 称为燃烧产物的平均分子量。

由 C^*，I_s 基本公式可知，当推进剂的燃烧温度一定时，推进剂的能量与 $\overline{M}$ 的 $\frac{1}{2}$ 次方成反比。

如何降低推进剂的 $\overline{M}$？根据上述分析可以有以下途径：

(1)选用原子量低的元素组成的化合物作推进剂组分。现有的高氯酸铵氧化剂含有原子量较大的氯，其产物 HCl 分子量较大，用硝胺炸药 RDX 或 HMX 代替部分高氯酸铵可以提高复合推进剂能量的原因之一就在于它们燃烧后生成大量低分子量的 N_2，增加了比容，降低了 $\overline{M}$。

(2)提高黏合剂的氢/碳比。由于 H_2 和 H_2O 是燃烧产物中分子量最低的，因此增加黏合剂分子中氢的含量可降低 $\overline{M}$。在常用聚合物中，含氢量最大的是饱和碳氢聚合物，如聚异丁

烯和聚乙烯。近年来,研制的饱和碳链高聚物,如氢化端羧基聚丁二烯,氢化端羟基聚丁二烯等,不仅有高的氢碳比,且具有化学稳定性高,与其他新型高能氧化剂相容性好,力学性能好等优点,从而为高能氧化剂的应用创造了条件。

(3)选用不生成凝相产物的组分。为降低燃烧产物的平均分子量,选用金属粉作燃烧剂是不利的,但金属粉燃烧产生大量的热量,使燃烧温度明显地提高,从而提高了推进剂的能量。若加入过多的金属粉则由于 $\bar{M}$ 增大的影响超过燃温提高的效果,推进剂的能量反而会下降,此外过多的金属粉也会影响推进剂的力学性能,故金属粉的含量一般在 15% 以下。

(4)降低推进剂配方的氧系数。燃烧产物中 H_2,CO 是在推进剂的负氧平衡情况下的燃烧产物,氧系数愈低,生成的 H_2,CO 愈多,比容增大,但这将引起爆热和爆温的降低。适当地降低氧系数可以获得较高的比冲,使相同组分的推进剂达到最佳比冲的配方,其氧系数不是1,而在 0.9 左右。

8.3.7 固体推进剂的密度

固体推进剂的密度是指单位体积内推进剂的质量,单位为 kg/m^3。虽然密度是推进剂的物理参数,但对于固定体积的火箭发动机来说,推进剂的密度愈大,能装填的装药量愈多,发动机总冲也愈大,因而就有较远的射程。或者,在相同的射程下,可有较大的有效载荷。对于质量限定的发动机,推进剂密度愈大,体积愈小,发动机的壳体质量可减轻,同样可以达到提高射程的效果。所以把密度作为衡量推进剂的能量指标之一,希望它愈大愈好。为了提高推进剂密度,应选取密度高的组分。推进剂的密度与组分密度之间的关系为

$$\rho_p = \frac{100}{\sum (m_i/\rho_i)} \tag{8-55}$$

式中,m_i 为第 i 组分的质量分数;ρ_i 为第 i 组的密度。

目前广泛应用于各类火箭发动机的端羟基聚丁二烯复合推进剂,它的黏合剂端羟基聚丁二烯的密度为 930 kg/m^3,这密度是比较小的。近来研究应用的缩水甘油叠氮基聚醚黏合剂的密度为 1.3 g/cm^3,它的其他能量性能也好,是一种新的很有应用前途的黏合剂。

用重金属钛(Ti),锆(Zr)取代铝可以提高推进剂的密度,两者的密度分别为 4 500 kg/m^3 和 6 490 kg/m^3,高于铝的密度(2 700 kg/m^3)。它们的燃烧热较铝低,分别为 10 848.23 kJ/kg 和 11 932 kJ/kg,因此用来取代铝会使 I_s 降低。在密度指数较高的情况下,宁愿牺牲些比冲,以获得较大的 $I_s\rho_p^n$ 值,表 8-21 中列出了不同金属燃烧剂对推进剂能量的影响。在这种情况下,只有当密度的提高能够补偿比冲的降低,从而使得 $I_s\rho_p^n$ 提高时,调整方案才是可取的。

表 8-21 不同金属燃烧剂对推进剂能量的影响

金属燃烧剂	质量分数/(%)	推进剂密度/($kg \cdot m^{-3}$)	比冲/($N \cdot s^{-1} \cdot kg^{-1}$)	密度比冲/($N \cdot s^{-1} \cdot m^{-3}$)
Al 粉	20	1 800	2 254.0	4.057×10^6
Al 粉	15	1 840	2 214.8	4.075×10^6
Zr 粉	8			

8.4　固体推进剂主要力学性能要求

为了保证固体火箭发动机正常地工作,要求所选用的推进剂具有足够的力学性能(包括抗拉强度、延伸率、抗压强度和松弛模量等),以保证固体推进剂在生产、贮存、运输和使用过程中,不产生任何不能允许的变形、脱黏、裂缝,更不能破碎。对固体推进剂力学性能的具体要求应根据装药在受载情况下的应力、应变分析及计算结果提出,它取决于火箭导弹的类型、装药形式、药柱尺寸、工作温度范围及受力情况等。

一般说来,对于自由装填装药的发动机,药柱的强度问题通常是不大的。一方面由于这类发动机中药柱所承受的载荷主要是发射时的加速度过载和燃气压力,以及贮存时的重力作用,而这些载荷所产生的应力通常是不大的;另一方面也由于自由装填式发动机通常采用有较高抗压强度的双基推进剂。但是,这种药柱在高温下,由于模量降低会产生较大的变形,使通气面积减小,尤其对于高装填系数的发动机会引起过高的压力峰;推进剂的强库太低时,甚至点火压力的冲击也会使药柱破裂。因此,自由装填式发动机要求推进剂具有较高的弹性模量和较高的抗压强度.同时还要求推进剂在使用条件下处于玻璃化转变态,以保证低温下使用不致有很大的脆性。一般地讲,自由装填式又采用双基推进剂装药的小型发动机,其药柱强度是足够的,但低温延伸率偏小。

贴壁浇注式发动机,特别是内孔形状复杂的装药发动机,通常都有较严重的装药强度问题,这往往是引起发动机破坏的主要原因。贴壁浇注装药在生产、贮存、运输和使用过程中承受着温度载荷、重力和加速度载荷、压缩载荷及动力载荷等。这些载荷所引起的应力主要是剪切应力和切向应力(但对重力、加速度载荷以及压力载荷所引起的药柱下沉及压缩应变也不容忽视),其最大值分别发生在装药与壳体的黏合面上和药柱的内表面上。这就导致贴壁浇注装药通常以下列方式破坏:

(1)装药内表面脆裂;

(2)装药与包覆层的分离(脱黏);

(3)蠕变引起的过度变形。

由以上分析,对这类装药的力学性能提出如下几点基本要求:

(1)要有比较大的延伸率,即使在最低使用温度(如 $-50\,^{\circ}\text{C}$)下,其 ε_m 值最好大于 30% ;

(2)为了保证低温下有足够的延伸率,其玻璃化温度要尽可能低(小于 $-50\,^{\circ}\text{C}$);

(3)与自由装填式装药相比,这种装药的抗拉强度可以低一些;高温($+50\,^{\circ}\text{C}$)下的 $\sigma_m >$ 0.98 MPa,即可保证在起飞过载所引起的剪应力作用下,不致使直径 1.5 m 的药柱与壳体脱黏。在一般情况下, σ_m 满足要求后,模量也能满足要求,因而也就可以保证在贮存期间不致因重力作用而产生过大的下沉。

对于贴壁浇注发动机,燃烧室存在多层结构,从外到内一般为发动机壳体、绝热层、衬层和推进剂装药。当燃烧室内装药存在大载荷时(如发动机点火瞬间,大横向过载等),推进剂装药与衬层/绝热层界面处存在大应力,这可能导致界面处出现裂纹或脱黏。为解决此问题,在推进剂装药与衬层/绝热层界面处增加一个人工脱黏层。人工脱黏层的作用是:在装药与衬层/绝热层界面处人为地制作一个自由伸张界面,它可以有效地使药柱与衬层/绝热层脱开,从而不损害药柱的完整性。

国外生产的各种推进剂的力学性能见表 8-22。可以看出,双基推进剂和改性双基推进剂(未交联的)的低温延伸率低,但高温下却有很高的抗拉强度。复合推进剂在低温下通常具有相当高的延伸率,但高温下抗拉强度较低。CTPB 和 HTPB 推进剂有优异的力学性能,在低温下延伸率超过 25%,而高温下仍有相当高的抗拉强度,足以满足贴壁浇注式发动机的要求。

表 8-22 推进剂的力学性能

推进剂	$\sigma_m(MPa)/\varepsilon_m(\%)$		
	低 温	室 温	高 温
DB	31.7/1.5(-50℃)	13.1/40(+25℃)	3.24/60(+71℃)
DB/AP/Al	19.0/4.5(-51℃)	2.65/48(+25℃)	0.98/45(+49℃)
DB/AP-HMX/Al	16.4/2.7(-51℃)	1.18/50(+25℃)	0.39/33(+49℃)
PVC/AP	—	0.53/175(+25℃)	—
PS/AP	4.02/11(-46℃)	1.18/85(+25℃)	0.78/70(+66℃)
PS/AP/Al	2.06/14(-46℃)	0.78/33(+25℃)	0.69/42(+66℃)
PU/AP/Al	8.04/5(-51℃)	0.69/41(+25℃)	0.49/33(+82℃)
PU/AP/Be	—	0.49/68(+25℃)	—
PBAA/AP/Al	3.42/13(-46℃)	0.49/29(+25℃)	0.29/31(+66℃)
PBAN/AP/Al	—	0.69/29(+25℃)	—
CTPB/AP/Al	4.8/43(-57℃)	1.18/43(+25℃)	0.78/41(+77℃)
CTPB/AP/Be	4.8/30(-57℃)	1.18/30(+25℃)	0.88/30(+77℃)
HTPB/AP/Al	6.28/50(51℃)	——	0.62/33(+66℃)

8.5 固体推进剂主要燃烧特性参数

8.5.1 固体推进剂的燃烧速度

燃烧速度是推进剂的重要性能参数,它对药柱燃气生成量、发动机产生的推力以及为了达到预定生成量和推力应有的燃面面积等参数起着决定的作用。不同类型的火箭发动机需要不同燃速的推进剂。如作燃气发生器装药的固体推进剂,要求燃烧时间长、燃速低,希望能有 $1\sim2$ mm/s 的低燃速;作续航发动机装药的固体推进剂燃速则不能这么低,助推器中用的固体推进剂要求产生大的燃气流量和发动机有大的推力,这就需要有较高的燃速。对于采用端面装药形式的固体发动机,推进剂的燃速最好能达到 100mm/s 左右。因此扩大推进剂的燃速范围将促进固体火箭发动机的发展。

推进剂稳态燃烧过程是推进剂燃烧层由推进剂表面以平行层的方式向垂直于推进剂表面的内部逐步推移的过程。推进剂的燃烧速度有两种表示方法,一是线性燃烧速度(简称燃速),一是质量燃速。

线性燃烧速度定义为推进剂燃烧时,单位时间内燃面沿法线方向的位移,以 r 表示,单位为 cm/s,或 mm/s。

$$r=\frac{de}{dt} \tag{8-56}$$

式中,t 为时间;e 为烧去装药的厚度。

质量燃速定义为单位时间内单位燃面上烧去的推进剂质量,以 $\dot{m}$ 表示,单位为 g/(cm^2 · s)。

质量燃速和线性燃速之间的关系为

$$\dot{m} = \rho_p r \tag{8-57}$$

式中,ρ_p 为推进剂的密度。

8.5.2　固体推进剂的经验燃速表达式

对于指定的推进剂,当装药的初温一定时,燃速即为压力的函数。描述燃速与压力相互关系的规律即燃速定律。实验表明,固体推进剂的燃速一般都与燃烧时的压强成正比,其一般表达式为

$$r = a + bp^n \tag{8-58}$$

式中,p 为燃烧压强,MPa;a,b 是与推进剂性能及燃烧压强范围、装药初温有关的系数;n 是燃速压强指数,在一定压强范围内对一定的推进剂 n 是常数。

对于双基推进剂在低压下(1 个大气压以下),$a=0,n=1,r=bp^n$。在高压下 $a \neq 0,n=1$,则 $r = a + bp^n$。中等压强(0.49 ～ 19.8 MPa)则用

$$r = bp^n \tag{8-59}$$

对于复合推进剂,萨默菲尔德(Summerfield)导出了下述的半经验燃速表达式,即

$$\frac{1}{r} = \frac{a}{p} + \frac{b}{p^{1/3}} \tag{8-60}$$

但在实际使用中,火箭发动机工作压强范围内,一般仍用式(8-59)计算燃速。

8.5.3　燃速压强指数

燃速压强指数与推进剂本身的性质有关,而对于指定的推进剂来说,n 又与压强范围有关。它是衡量一种推进剂燃烧稳定性好坏的重要指标之一。通常为了火箭发动机工作稳定,希望燃速压强指数愈小愈好。但是,对于某些推力可控的火箭发动机则希望推进剂的燃速压强指数高一些。下面来分析一下 n 对发动机工作稳定性的影响。

已知在火箭发动机中,单位时间内从药柱燃烧表面产生的燃气量 $\dot{m}_b$ 为

$$\dot{m}_b = \rho_p A_b r = \rho_p A_b bp^n \tag{8-61}$$

单位时间内由喷管排出的燃气量 $\dot{m}_d$ 为

$$\dot{m}_d = A_t p / C^* \tag{8-62}$$

式中,A_b,A_t 分别为推进剂燃烧表面和喷管喉部面积;C^* 是推进剂特征速度。当发动机工作处于稳定时,也就是燃烧室压强达到一个平衡值 p_C,此时生成的燃气量 $\dot{m}_b$ 与由喷管排出的热气量 $\dot{m}_d$ 相等,也即

$$\rho_p A_b bp_C^n = \frac{1}{C^*} A_t p_C \tag{8-63a}$$

故

$$p_C = (\rho_p C^* bK_N)^{\frac{1}{1-n}} \tag{8-63b}$$

式中,$K_N = A_b/A_t$,称为面喉比。将式(8-63b)取对数并微分,则得

$$\frac{\mathrm{d}p_C}{p_C} = \frac{1}{1-n}\left(\frac{\mathrm{d}\rho_p}{\rho_p} + \frac{\mathrm{d}b}{b} + \frac{\mathrm{d}C^*}{C^*} + \frac{\mathrm{d}K_N}{K_N}\right) \tag{8-64}$$

式(8-64)说明,等式右边任何参数的变化引起压强的变化是$1/(1-n)$的关系,n愈接近于1,由参数变化引起燃烧室压强的变化愈大。若$n=1$,那么ρ_p,b,C^*,K_N任何微小的变化都会使p_C的变化达到无限大而发生爆炸。实际燃烧过程中,由于推进剂的质量不可能处处均匀一致,如压伸成型的双基推进剂,在压伸工序中,若药料内外摩擦力不同时,压制出的药柱内层与外层的密度不一致。当药柱内有气泡、裂纹存在时,燃烧过程的A_b就可发生变化;或者,由于燃烧产物在喷管喉部的沉积,使A_t减小都会使K_N变化。组分分布的不均匀就会带来C^*和b的变化。总之,燃烧过程中各种参数的少量变化是不可完全避免的;只要n小(最好是负值),这些参数的少量变化不致引起发动机燃烧室平衡压强明显的变化。

另外,在发动机的工作过程中,由于一些偶然的因素,使燃烧室的压强偏离平衡值时,能否再恢复至平衡压强继续稳定地工作,这也和n值有关。下面用图解来分析n与燃烧室工作压强稳定性的关系(见图8-3)。

作出$\dot{m}_b$及$\dot{m}_d$与压强的关系曲线,$\dot{m}_d$与燃烧压强成直线关系。$\dot{m}_b$与压强的n次方成正比。当$n<1$时,$\dot{m}_b$随压强的增加呈增加趋势,但二阶导数$m''_b=(n-1)n\rho_pA_bbp_C^{n-2}$为负,因此$\dot{m}_b$与$p$的曲线的曲率是逐渐减小的。当$n>1$时,曲线的曲率是增加的。$\dot{m}_d$和$\dot{m}_b$与$p$的关系曲线在$C$点相交,该点的压强即燃烧室的平衡压强$p_C$,在该压强下燃气的生成率等于燃气从喷管排出的排出率。若因某些偶然的因素使燃烧室压强偏离p_C有所升高而达到p_2时,对于$n<1$的推进剂,因为$\dot{m}_d>\dot{m}_b$,压强将降低到p_C;对于$n>1$的推进剂,因为$\dot{m}_d<\dot{m}_b$,燃烧室内的燃气不断增加,导致p的增长,直到推进剂燃完为止,可能导致燃烧室爆炸。若外界扰动使压强降至p_1,对于$n<1$的推进剂,有$\dot{m}_d>\dot{m}_b$,则压强可启动恢复到p_C;可是,对于$n>1$的推进剂,压强会继续不断地减少直到熄火。由此可知,在燃烧室内要建立稳定的平衡压强,n必须小于1,并且愈小愈好。

在某些情况下要求推进剂有较高的n,例如推力可控发动机,使用n较大的推进剂时,通过改变K_N容易实现较大的p_C变化,从而推力变化范围也大。当然,n最大也不能大于1。压强指数为零的推进剂称为平台推进剂。这类推进剂的燃速不受燃烧室压强的影响,用这样的推进剂做装药的发动机工作稳定性高。此外还有一类推进剂,它们的燃烧速度在一定的压强范围内是随压强增加而减小的,即n为负值。这种燃烧特性称为"麦撒"(mesa)效应。利用这种特性可以为发动机提供一个安全工作的压力界限,发动机的工作压强也更稳定。

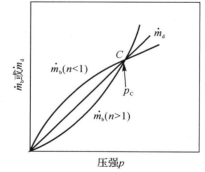

图8-3　发动机稳定工作示意图

$$\dot{m}_b=\rho_pA_bp^n, \quad \dot{m}_d=A_tp_C/C^* \qquad (8-65)$$

双基推进剂的n一般在$0.5\sim0.65$的范围,平台双基推进剂的n在$0\sim0.2$之间,复合推进剂的n在$0.2\sim0.4$的为多。

8.5.4　固体推进剂的温度敏感性

当压强一定时,固体推进剂的燃速还和装药的初温有关。初温通常是由固体推进剂所处的环境温度所决定的。固体推进剂初温的范围应该包括使用时的各种环境温度。从我国南方夏季高温到北方冬季的低温,规定了陆地使用的战术导弹装药的使用温度范围一般为$\pm50℃$,

在飞机上携带使用的空-空导弹,其低温确定为 $-70℃$。舰艇上使用的导弹,使用的温度范围可以小些。某些运载火箭,必要时可经恒温处理后发射。

装药初温对推进剂燃速的影响通常用燃速温度敏感系数来表示,它也是衡量推进剂燃烧性能优劣的一个重要指标。

初温对固体推进剂的影响,一般说来是初温高,燃速高。初温对燃速的影响还与压强有关,在低压时初温的影响比较大,随压强的增加,初温对燃速的影响逐渐减小,到一定压强以上,初温对燃速的影响趋于定值。由于初温的提高使燃速增加,在发动机喷喉面积等其他条件都不变的条件下,发动机的 p_C 就要升高,推力增加;反之温度降低,发动机推力降低。这样改变了发动机的工作性能,直接影响导弹的射程和精度,因此不希望初温对推进剂的燃速有大的影响。

初温对燃速的影响可以由以下几个温度敏感系数来表示。

1. 等 p 值下的燃速温度敏感系数 σ_p

燃速的温度敏感系数 σ_p 是指在恒定的压强下,当初温变化 $1℃$ 时,燃速的相对变化量,即

$$\sigma_p = \left[\frac{\partial \ln r}{\partial T_i}\right]_p \tag{8-66}$$

根据燃速公式 $r = bp^n$,式(8-66)可写成

$$\sigma_p = \left[\frac{\partial \ln b}{\partial T_i} + \frac{n\partial \ln p}{\partial T_i}\right]_p$$

因为 p 不变,所以上式可改写为

$$\sigma_p = \frac{\mathrm{d}\ln b}{\mathrm{d}T_i} = \frac{\mathrm{d}b}{b\mathrm{d}T_i} \tag{8-67}$$

b 随温度的变化可由实验测定,因此 σ_p 可以确定。知道 σ_p 后就可以由已知某一初温下的燃速求出初温改变后的燃速。为了求出初温由 T_{io} 变到 T_i 时的燃速,将式(8-67)变量分离,得

$$\frac{\mathrm{d}b}{b} = \sigma_p \mathrm{d}T_i$$

积分上式,得

$$r = r_0 \mathrm{e}^{\sigma_p(T_i - T_{io})} \tag{8-68}$$

2. 等 K_N 值下的压强温度敏感系数 π_K

实际发动机定型后装药燃面 A_b 和喷管喉部面积通常是不变的,因此初温变化必然会影响燃烧室的平衡压强,在设计发动机时应预先考虑在初温变化范围内平衡压强的变化是否会引起弹道性能发生不能允许的变化。

A_b,A_t 一定,也即 K_N 一定时,初温变化 $1℃$,燃烧室压强的变化相对值用压强敏感系数 π_K 表示,有

$$\pi_K = \left(\frac{\partial \ln p_C}{\partial T_i}\right) K_N = \left[\frac{\partial \ln (\rho_p C^* bK_N)^{1/(1-n)}}{\partial T_i}\right] K_N =$$
$$\frac{1}{1-n}\left(\frac{\partial \ln \rho_p}{\partial T_i} + \frac{\partial \ln C^*}{\partial T_i} + \frac{\partial \ln b}{\partial T_i} + \frac{\partial \ln K_N}{\partial T_i}\right) K_N \tag{8-69}$$

由于 K_N 是不变的,ρ_p 和 C^* 随初温的变化可以忽略,因此式(8-69)就成为

$$\pi_K = \frac{\partial \ln b}{(1-n)\partial T_i} = \frac{\mathrm{d}b}{(1-n)b\mathrm{d}T_i} = \frac{\sigma_p}{1-n} \tag{8-70}$$

由 π_K 可以求得 p_C 随初温的变化关系：

$$p_C = p_{C0} \pi_K^{(T_i - T_{i0})} \tag{8-71}$$

初温对燃烧室压强的影响是对燃速影响的 $1/(1-n)$，n 愈大，初温变化对压强的影响愈大。所以要求压强受初温的影响尽量小，则推进剂应有小的 σ_p 和 n，这又说明平台推进剂和负压强指数推进剂为什么受到人们的重视。

3. 等 K_N 值下的燃速温度敏感系数 σ_K

燃速温度敏感系数 σ_P 只能说明在一定的压强下燃速随初温的变化，当 K_N 一定时初温变化燃烧室压强也要变化，那么推进剂的燃速不仅因初温的变化，而且还因压强的改变而变化。一定 K_N 值下的燃速温度敏感系数 σ_K 为

$$\sigma_K = \left[\frac{\partial \ln r}{\partial T_i}\right] K_N = \left[\frac{\partial \ln b}{\partial T_i}\right] + n \left[\frac{\partial \ln p}{\partial T_i}\right] K_N = \sigma_p + n\pi_K \tag{8-72}$$

式（8-72）说明，等 K_N 值下的燃速温度敏感数 σ_K 为等 p 值下的相应值与 n 倍等 K_N 值下的压强温度敏感系数之和。

用燃速仪可以测定的是 σ_p，知道 σ_p 和 n 后，π_K 和 σ_K 也就可以求出。π_K 也可以用发动机法实验测定。

固体推进剂的燃烧性能参数见表 8-23。

表 8-23　固体推进剂的燃烧性能数据

类别	推进剂名称	压强范围 $\mathrm{kg \cdot cm^{-2}}$	燃速经验式 20℃	70 kg/cm² 燃速 $\mathrm{mm \cdot s^{-1}}$	−40～50℃燃速温度敏感系数 $\sigma_p/(\%/℃)$
双基推进剂	双铅-2	30～100	$0.512\,5p^{6.66}$	8.46	0.313
	双石-2	40～101	$1.008p^{0.485}$	7.91	0.25
	双芳镁-2	65～110	$1.460p^{0.422}$	8.77	0.179
	PT-12	70～110	$5.773p^{0.15}$	10.90	0.087
	双钴-1	40～110	$4.350p^{0.192}$	9.83	0.058
	双胺钙-35	30～110	$1.442p^{0.51}$	12.60	0.25
改性双基推进剂	171-25	40～100	$4.930p^{0.349}$	21.70	0.235
	06#	50～110	$2.219p^{0.533}$	21.40	0.240
	GSD-23	30～110	$0.993p^{0.48}$	7.63	0.31
	ST-35	30～110	$0.878p^{0.61}$	11.70	0.32
复合推进剂	815（聚硫橡胶）	30～100	$2.424p^{0.172}$	5.03	0.20
	843（端羧基聚丁二烯）	30～100	$2.043p^{0.267}$	6.35	0.21
	862（端羟基聚丁二烯）	30～100	$1.776p^{0.417}$	10.44	0.20

注：表中燃速经验式由燃速仪测定的燃速数据处理而成。70 kg/cm² 下的燃速由经验式计算所得。

应该指出，在现有的燃速经验式中，p 用工程制 kg/cm² 的数值，求得的燃速单位为 cm/s

或 mm/s,这决定于燃速实验时数据处理,但在燃速公式中应标出单位。如果计算中采用国际制单位,则应将燃速关系式中的压强单位转换成用 MPa 表示,由于

$$1\ \text{MPa} = 10.2\ \text{kg/cm}^2$$

表中的燃速关系式应改写成

$$r = b(10.2 \times p)^n$$

式中的 p 单位是 MPa。

8.6　固体推进剂装药制造工艺

将分散的各组分加工成符合要求的装药是固体推进剂制造工艺的任务。推进剂的类型不同,装药制造工艺亦不同。下面分别介绍双基、改性双基推进剂及复合推进剂的装药制造工艺。

8.6.1　双基及改性双基推进剂的制造工艺

双基推进剂装药制造工艺一般分为三类:压铸法、压伸法和浇注法。压铸法是将一定重量的药料放入模具内用水压机制造成型。这种方法是间断生产,只能制造小型药柱,批量生产已不采用。压伸法和浇注法是目前国内外广泛使用的制造方法。前者适用于制造中、小型火箭推进剂装药,后者用于制造直径为 0.7~1 m 以上、构型复杂的大型装药。改性双基推进剂主要采用浇注法,其工艺流程与双基推进剂基本相同。现简要介绍压伸法和浇注法。

1. 双基推进剂的压伸成型工艺

这是当前我国用来制造中、小型推进剂装药的成熟制造方法。以连续压伸为例,其流程如图 8-4 所示。

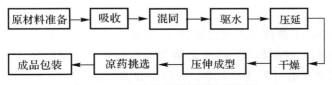

图 8-4　双基推进剂压伸法流程图

它是将准确称量好的各种原材料在大量水中经过升温(50±5℃)、搅拌制成吸收药;同一批吸收药经过混同和驱水后,在压延机的高温(90~100℃)、高压(98 MPa)作用下制成半成品药片,然后将进一步干燥的药片经压伸机和模具的压实塑化作用加工成推进剂装药成品。现将各主要工序的作用简述如下。

(1)原材料准备工序。准确称量各组分是保证推进剂获得预定性能的基础。这一工序主要保证准确地定量给料,同时配制好硝化纤维素在水中的悬浮液、硝化甘油和二硝基甲苯混合溶剂及凡士林乳浊液(包括凡士林、氧化镁、苯二甲酸二丁酯及硬脂酸锌等)。

(2)吸收工序。这一工序主要完成的任务是硝化纤维素在水中均匀地吸收各种组分,并使含量达到要求。

吸收过程是在大量水中进行的。这首先因为双基推进剂中硝化纤维素的含量在 58% 左右;硝化甘油和二硝基甲苯等混合溶剂占 40% 左右;硝化纤维素的密度仅 0.10 g/cm³,溶剂的

密度为 1.6 g/cm³,两者的体积比约为 23。其次,由于硝化甘油等溶剂对硝化纤维素的溶解过程是很快的,先接触溶剂的硝化纤维素发生溶解,堵塞了硝化纤维素的毛细管通道,阻止了溶剂继续向纤维内部扩散、溶解。再加上硝化甘油的机械感度很大,不能采用机械搅拌。显然,要使两者均匀分配是不可能的。为了使双基推进剂各组分均匀分布,选择了在水中进行吸收的方案。这一过程是基于双基推进剂的各组分不溶或微溶于水中。硝化纤维素在水中预先膨润,使纤维的毛细孔扩大。溶剂加入后首先被硝化纤维素的毛细管吸附,然后进一步扩散并发生溶解过程。显然,在水介质中进行吸收,可以降低溶剂对硝化纤维素的溶解速度,增加吸收的均匀性和安全性。

吸收过程在专门的吸收锅内进行,吸收锅是带有保温夹套的圆柱形容器,中间有涡轮搅拌浆。整个吸收过程在(55±5)℃下、不断搅拌中进行。

(3)混同工序。因吸收锅的容积有限,生产上每投一批料,要若干锅才能吸收完。为了保证同批推进剂的性能均匀一致,须将同批吸收药在一个大的混同机内进行混同,并在一定的温度和搅拌条件下进行。混同过程中,各种组分之间还可以继续深入作用,并使各组分的分配更均匀。

(4)驱水工序。混同后的吸收药含有的大量水分(为吸收药重量的 6～7 倍)是在这一工序中除去的。先在离心驱水机中除去大部分水,再经过螺旋驱水机将水分含量降至 10% 左右。

(5)压延工序。这一工序的目的是:除去多余的水分(由 10% 减至 3% 以下);使药料进一步混同,并通过溶剂与硝化纤维素的深入作用,以达到各组分均匀分布,满足压伸成型所必需的可塑性;通过驱除水分和气泡,增加药料的致密性。

压延是在专门的滚筒式压延机上进行的。压延机有加热夹套。两滚筒的表面有沟槽,滚筒两端装有成型环和圆盘刀。压延时,两滚筒以相反方向向内转动。吸收药由料盘进入压延机的中部,受压以后的药料向滚筒两端运动,药料至端部经成型环的小孔被圆盘刀切成小药片。

压延工序的主要技术条件是控制温度、压强和时间等因素。较高的温度有利于水分蒸发和组分间的深入作用,但过高的温度会引起溶剂挥发和组分分解加剧。一般将热水温度控制在 85～90℃。压强主要由压延机两个滚筒的间距和加料速度来调节。

压延工序是危险工序,很易发生着火事故。这是由于操作是在较高温度和压强下进行的,药料水分减少,不安定性增加。

(6)干燥工序。经过压延的小药片,水分已降至 2.5%～2.8%,但还需进一步进行干燥才能达到成品推进剂的水分含量(一般在 0.7% 以下)。烘干是在滚筒式干燥机内进行的,由鼓入干燥机内的热风将水分带走。

(7)压伸成型工序。此工序的任务,是将已烘干的药片在高温(85～90℃)、高压(39.2～58.8MPa)条件下通过模具获得一定的形状。这是推进剂生产中的重要工序。推进剂的表面质量、形状、尺寸、密度和内部结构均匀性都和这一工序有关。而这些性能又和发动机的内弹道性能密切相关。

压伸过程是在螺旋压伸机内进行的,其构造如图 8-5 所示。

螺旋压伸机的主要部件为锥形螺杆、扩张器和药模。锥形螺杆是加压药料的主要部件,螺杆外侧有保温夹套。机壳内有青铜衬套,衬套上有纵向定向槽,其作用是使药料受螺杆挤压时只能向前运动,而不随螺杆转动。

扩张器起着贮存药料的作用,并能缓冲螺杆传给药料的作用力,使其均匀地作用在药模的横断面上。扩张器的后半部也叫渐缩器。

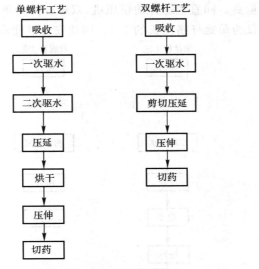

图 8-5　螺旋压伸机简图

(a)热水进口;　(b)热水出口

1—加料斗;　2—加热夹套;　3—螺杆;　4—青铜衬套;
5—模针架;　6—扩张器;　7—模针;　8—成型模

药模由成型模、模针和模针架组成。药模的作用是使药料获得所需的形状。

扩张器和药模的外壁也有保温夹套。模针和针架内部也都通有热水进行保温。

压伸过程如下:开车时应先通热水使压伸机达到工作温度,然后加入预先保温到 72～82℃的、经烘干的小药片。由于螺杆旋转将它们挤向扩张器并进入药模,经成型模和模针获得一定密度、一定几何形状的药柱。药柱的长短可根据需要用切药刀切取。

压伸工序也是危险工序,应注意安全。特别在压制大型药柱时,药料的在制量多、在制时间长,压伸机又处于半密闭状态,危险性更大。因此,压伸过程中引起的发火事故往往以爆炸而告终。

双基推进剂经压伸成型后,装药制造即基本完成。但是,药柱能否交付使用还需进行全面的质量检验,所需检验项目及其具体要求由双基推进剂的通用技术条件确定。

最后需要指出,近 10 多年来,国外已将塑料等行业用的新型双螺杆挤压技术用于双基和改性双基推进剂的制造工艺。其主要设备为双螺杆混合捏合挤压机。与上述单螺杆工艺相比,双螺杆工艺具有以下主要优点:

(1)功能多、工序少、自动化程度高。由于双螺杆挤压机具有驱水、混合、捏合、挤压等作用,因而整个工艺流程减少了二次驱水和烘干两个工序。

(2)摩擦力小,温度易控制。单螺杆压伸机是靠药料与机壳内壁的摩擦力限制药料随螺杆旋转,实现向前输送的。而双螺杆挤压机则是靠互相啮合的两个螺杆,互相把对方切割成不连续的"C"形腔,制止物料随螺杆旋转,强制向前输送。因此,正向输送力强,与壳体的摩擦力小。由摩擦生成的热量亦少,温度易控制,高聚物分子解聚少,从而使产品机械强度得以提高。

(3)混合、捏合能力强,产品各组分分布均匀。特别是催化剂的作用发挥充分,从而使产品性能得以提高。有资料表明,使用双螺杆挤压机,药料每前移 10 个螺距,被混合次数高达 220 次之多。

(4)在制量小,产量高。同直径螺杆的挤压机,双螺杆约为单螺杆挤压机产量的 1.5 倍,而药料在机内停留时间仅为单螺杆挤压机的 1/2。因此安全性能高,可压药柱直径可相应增大。

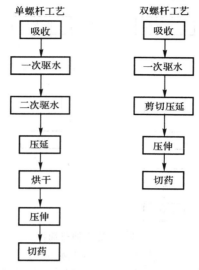

图 8-6 双基推进剂单、双螺杆工艺比较

因此,双螺杆工艺正在受到国内外的普遍重视。

2.双基及改性双基推进剂的浇注工艺

为了解决大型药柱和复杂药柱的制造问题,在第二次世界大战中发展了浇注双基工艺。双基推进剂浇注工艺流程图如图 8-7 所示。改性双基推进剂的浇注工艺与双基浇注工艺基本相同,分成空隙-浇注法(注粒法)和配浆法两种。广泛应用的是配浆法,各主要工序的作用简述如下。

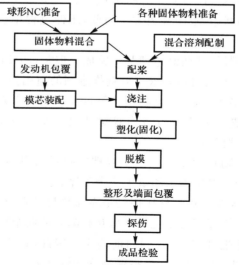

图 8-7 双基推进剂浇注工艺流程图

（1）原材料准备。包括浇注药粒和其他固体物料的准备以及配制混合溶剂。

浇注药粒的制造是浇注双基和改性双基推进剂的技术关键。其制法分挤压法和乳状液分散成球法（悬浮法）两种。对应的浇注工艺即空隙-浇注法和配浆法。挤压法制药粒主要借用了枪药中无烟药的制造工艺，区别仅在于加入新的成分，因而有特殊技术。用这种方法制成的浇注药粒为长径比接近于 1 的圆柱体直径和长度各为 1 mm。此法的主要缺点是厂房占地面积大、设备多和生产进程缓慢。悬浮法造粒生产方法简便、工序少、成本低，而且配方变量的范围较宽，因此这种工艺得到大力发展。

在浇注双基推进剂中，按照组成不同，浇注药粒可分为 3 种：

1）单基药粒。主要由硝化纤维素、安定剂和少量附加物组成。用这种药粒制造浇注双基推进剂时，药粒与溶剂的体积比约为 2∶1。所得推进剂约含 60％ 的硝化纤维素。

2）双基药粒。主要由硝化纤维素和一定量的硝化甘油或其他增塑剂（如二硝基甲苯等）组成。用它制成的推进剂塑化质量较好，而且能量也较高。

3）复合药粒。药粒中除含有硝化纤维素和硝化甘油外，尚加入一定量的固体氧化剂和金属燃烧剂（如铝粉）。此种药粒可用来制造改性双基推进剂。

悬浮法制得的球形药粒（直径在 50～100μm 之间）也可以分为单基、双基和复合的。但在复合药粒中不含有溶于水的固体成分（如高氯酸铵等）。

在双基和改性双基推进剂浇注工艺中选用浇注药粒的目的有三：一是减少双基配方中硝化纤维素和溶剂的体积比。前已指出，松散的硝化纤维素和溶剂的体积比约为 23∶1，选用浇注药粒后，则接近 2∶1 或更低，便于硝化纤维素和溶剂均匀接触。二是降低硝化甘油等溶剂对硝化纤维素的溶解速度，这是因为浇注药粒的密度一般大于 1.6 g/cm³，溶剂向其内部浸润或扩散均较困难。三是使药料在浇注时具有较好的流动性。

典型浇注双基推进剂的组成见表 8 - 24。

表 8 - 24　典型浇注双基推进剂的组成

组分＼类别	单基/（%）		双基/（%）		复合/（%）			
					浇注药粒		推进剂	
	浇注药粒	推进剂	浇注药粒	推进剂	挤压法	悬浮法	注粒法	配浆法
硝化纤维素	88.0	59.0	75.0	50.2	30.0	86.0	22.3	26.0
溶剂（增塑剂）	5.0	36.0	17.0	44.0	10.0	12.0	32.8	35.0
弹道附加剂	5.0	3.4	6.0	4.0	—		—	2.5
安定剂	2.0	1.6	2.0	1.8	3.0	2.0	2.5	2.5
固体氧化剂					28.0		20.8	24.0
金属燃烧剂					29.0		21.6	10.0

在选用球形复合药粒制造改性双基推进剂时，其余固体物质还要经过过筛、干燥和称量后再与球形药粒混匀。

混合溶剂包括固体组分以外的各种液相（或可熔）组分，如硝化甘油、二硝基甲苯、中定剂、苯二甲酸二丁酯、甘油三醋酸酯（改性双基推进剂的增塑剂）等。配制过程是将硝化甘油以外的各组分先加热(80～90℃)熔化,然后在常温下再与硝化甘油一起搅拌成溶液,最后抽真空以除去其中的空气和水分。

(2)配浆。此工序的目的在于获得均匀的浆状可浇注药料。其过程是把干混的固体物料与混合溶剂充分搅拌混合。为了除去空气,配浆混合也要在减压的情况下进行。

改性双基药浆容易产生沉积和絮凝现象。固体物料的含量、溶剂的黏度、固体颗粒的大小及分布对浆液的流动性都有影响。为了控制药浆的流变性质,在混合溶剂中加入占混合溶剂量 0.2%～0.25% 的爆胶棉可减少铝粉的沉积现象。固体的物料与液体溶剂之比控制在 2：1 的范围能够得到满意的药浆流动性。

(3)模具(或发动机)准备。用模具浇注时,事先需清理、固定模芯。为便于制成后的药柱退出模具,在其内表面和模芯表面都应涂上脱模剂。若药柱表面需要包覆时,则涂上脱模剂后在模具内做成包覆层套筒。若直接向发动机内进行贴壁浇注时,则发动机除按同样步骤进行清理,并粘贴绝热层外,双基和改性双基推进剂还必须经过包覆层才能黏附到绝热层上去。已经证实,环氧、聚酰胺、异氰酸酯交联的纤维素酯,以及交联的酚醛树脂和聚乙烯缩甲醛清漆的组合物,是双基和改性双基推进剂与绝热层间的有效黏合剂。

(4)浇注和固化。双基和改性双基推进剂的药浆比复合推进剂的药浆要稀一些,所以浇注可以用插管法将药浆直接浇入模具或发动机内。浇注在减压情况(抽真空)下进行,但开始浇注时压差可以小一些(小于 100mmHg),随着浇注的进行压差可以稍微加大。

浇注完毕后即可进行固化。双基和改性双基推进剂的固化是一个物理过程。它是在一定温度下经过一定时间,液相混合溶剂往固相药粒中扩散,固相药粒经膨润和溶解,而聚结成为所需的浇注药柱。固化温度一般在 60～80℃ 之间,固化时间则在一到数十天。具体条件由药柱大小和组成而定。

固化降温后经脱模,取出模芯,端面整形店,再送去检验。

如上所述,双基浇注工艺可制作大型和形状复杂的药柱。配浆法工艺过程比较简单,制成药柱的质量亦较好,如燃速误差不大于 1%,可制得含大量固体成分(65%)的改性双基推进剂,配方调整范围较宽等,故是制造含高氯酸铵、黑索金、奥克托金以及大量不溶金属(如铝、铍等)的推进剂较为理想的工艺方法。但还存在以下问题:

(1)不能完全消除药粒的粒状结构,使浇注双基药柱的机械性能较压伸成型的低。而改性双基推进剂又低于一般浇注双基推进剂。

(2)不能完全消除气泡,使燃烧稳定性较压伸成型的差。

(3)由于双基推进剂导热性差,在浇注大型药柱时,均匀加热困难,固化时间长。

8.6.2 复合推进剂的制造工艺

目前广泛应用的是复合推进剂的浇注工艺。各主要工序的作用如图 8-8 所示。

1. 氧化剂准备

高氯酸铵(AP)是当前复合推进剂中广泛采用的氧化剂。AP 粒度、粒形及粒度分布对推进剂药浆流动变形特性(即流变性)和推进剂成品的力学和燃烧性能均有很大影响,故氧化剂准备的主要任务是:

(1)正确地确定氧化剂的粒度分布,并保持一定的粒度大小和形状;

(2)对 AP 进行筛选和准确称量;

(3)烘干并除去水分,使水分含量在 0.05% 以下。

固体推进剂中所用固体微粒(氧化剂、金属粉末)的粒径通常分为以下 4 类:

(1)粗颗粒:400～600 μm。

(2)中等颗粒:50～200 μm。

(3)细颗粒:5～15 μm。

(4)超细颗粒:5 μm 以下。

氧化剂度分布曲线如图 8-9 所示。

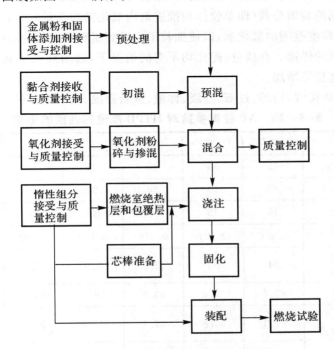

图 8-8　复合推进剂浇注工艺流程图

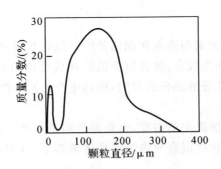

图 8-9　氧化剂粒度分布曲线

在实际使用中,即使经过筛选固体微粒也不可能每一个颗粒的直径都一样大。许多实验表明,它们是不同粒径颗粒的集合体,即形成宽度不大的粒度分布。若以粒径为横坐标,以某一粒径的粒子数目或质量分数(或累积质量分数)为纵坐标作图,就得出颗粒分布图(即粒度分布曲线)。通常用曲线的中位直径或峰值直径来表示该体系的粒径。

当氧化剂只包含一种粒径时,叫作单模(或单峰)粒度分布。当氧化剂由两种或两种以上的粒径进行级配时,则叫双模或多模粒度分布。通常使用的两级(双模)氧化剂颗粒粒度分布,其粗粒度一般为粒径在 $100\sim30\,\mu m$ 之间的中等颗粒粒子,细粒度为小于 $80\,\mu m$ 的粒子。它们在配方中的质量比一般为 3:1。

AP 粒度及其粒度分布的影响表现在以下方面(见表 8-25):

(1)影响药浆的流变性和推进剂的均匀性。若全部使用大粒度氧化剂会发生氧化剂颗粒下沉,影响组分的均匀分布。全部用小粒度时,则混合后药浆黏度大,流动性差,不便浇注。

(2)影响氧化剂的装填分数(即单位体积推进剂内氧化剂的含量)。为了增加 AP 装填量,也倾向于选用两种粒度范围的氧化剂,以便细粒子充填到粗粒子间的空隙中。

(3)影响推进剂的燃速。在成分、配比均不变的情况下,选用细粒子氧化剂或增加细粒子的比例,均可使燃速显著增加。

氧化剂准备包括接收、粉碎、过筛、分级、称量、重新掺混、烘干等过程。

表 8-25 AP 粒度参数对 HTPB 推进剂性能的影响

	实验编号	1	2	3	4	5	6	7
级配	$1.8\mu m$/(%)	55	35	15	35	15	15	28.33
	$53\mu m$/(%)	30	50	70	30	50	30	43.33
	$200\mu m$/(%)	15	15	15	35	35	55	28.33
比表面积/($m^2 \cdot g^{-1}$)		0.356	0.209	0.076	0.129	0.038	0.055	0.065
性能	药浆黏度 $10^2 Pa \cdot s$	24	56	18.9	2.6	7.0	3.7	4.2
	温度/℃	65.6	67.2	63.4	59.7	61.2	56.3	60.1
	燃速/($mm \cdot s^{-1}$) (13.72 MPa)	67.1	55.8	47.1	49.8	39.1	30.6	47.6
	压强指数 n	0.638	0.53	0.53	0.50	0.51	0.55	0.55

2.燃料预混合

燃料预混合目的是将黏合剂与除氧化剂以外的其他附加成分(包括金属添加剂、表面活性剂、燃速调节剂、交联剂等)预先混合,使含量少的附加成分均匀分散到黏合剂预聚物中,以保证产品的性质均匀,并减少推进剂混合的时间,提高生产的安全性。

3.混合工序

混合工序是复合推进剂制造中最重要,也是最危险的一个工序。其任务是把准备好的氧化剂和其他组分的预混合浆状物混合成均匀的推进剂药浆,并驱除原料带入的空气和组分间反应所生成的气体。

混合在卧式双桨叶混合机或立式混合机内进行。混合过程的完成主要是靠两个相邻搅拌桨之间及搅拌桨与混合机器壁之间的高速或慢速剪切作用完成的。混合工艺条件由黏合剂的类型确定。例如,聚氯乙烯推进剂要加热混合,而热固性推进剂为了防止固化反应,混合温度要低于固化温度。

4.浇注工序

复合推进剂最常用的浇注方法有 3 种,即插管浇注法、底部浇注法和真空浇注法。插管浇注是利用空气或氮气作驱动力将推进剂药浆通过软管由顶端进入发动机;底部浇注是通过发动机底部的孔,加压把药浆压入发动机内;真空浇注是将发动机置入真空缸中,或用发动机壳体本身作真空罐,药浆借助大气与真空的压差通过花板流入发动机内。流经花板的条状药料在真空状态下进一步除去裹入的空气。目前广泛采用的是真空浇注法,因为它是往壳体装填药浆而不带进空气的最可靠方法。

5.固化工序

如前所述,复合推进剂的固化有化学固化和物理固化两种。物理固化是指高聚物变成固态溶液的过程;化学固化是黏合剂预聚物与固化剂、交联剂完成化学反应的过程。由于推进剂黏合剂系统不同,采用的固化剂也不一样,因此固化机理也不相同。

对于化学固化,化学反应速度与温度有关,通常是温度增加 $10℃$,反应速度增加一倍。固化所需时间由温度决定,温度愈高,所需时间愈短。为了保证产品质量,固化时要控制固化温度和逐级升温(降温)的时间间隔。这是因为大型火箭发动机装药肉厚较厚,推进剂又是热的不良导体,升温速率过慢,固化时间太长;如果过快,则容易造成局部固化,而产生较大的内应力。固化后要采取适当慢的降温速率,如果降温速率过快,会使药柱内表面迅速收缩,从而产生裂纹。

判断推进剂药柱是否已达到固化的方法,目前一般是用推进剂药柱固化时各项性能指标(如强度、硬度、延伸率等)达到最佳性能所需要的最短时间。图 8-10 中的 t_1 即为固化时间,也称为推进剂的正硫化点。

其他工序和双基浇注基本相同,不再重述。制成的复合推进剂也要根据技术条件规定进行全面的质量检验,特别是力学性能重现性和燃速重现性要符合标准。对于贴壁浇注装药,还要检验装药中有无气泡和裂缝,推进剂与包覆层、包覆层与绝热层是否脱黏等。

复合推进剂装药除广泛采用浇注工艺外,近年来国外还开展了挤压工艺研究(它已成功地用于改性双基推进剂)。研究表明,以热塑性弹性材料或橡胶材料的液态预聚物作黏合剂,以 AP 和或 RDX 和 HMX 为氧化剂的复合推进剂可挤压成形,并已制出表面光滑、性能良好的八角内孔燃烧药柱,其固体含量可高达 90%。

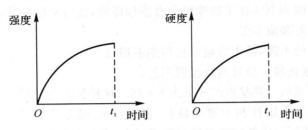

图 8-10　判断正硫化点的方法

采用挤压成型的复合推进剂,其组成随所用黏合剂而异。如选用热塑性弹性材料为黏合剂的复合推进剂时,含有氧化剂和增塑剂,而选用以各种弹性橡胶材料的液态预聚物为黏合剂的复合推进剂时,除氧化剂、增塑剂外,还需添加固化剂。和复合推进剂的浇注工艺类似,挤压工艺也要经过混合工序。可采用强制剪切混合或溶剂混合方法,将各组分混合均匀以便用挤压机成型。溶剂混合法是先把黏合剂在溶剂（如乙酸乙酯）中膨润、分散,然后在混合机内将AP以外的其他组分与黏合剂、溶剂一起混合;最后将AP分批加入混合均匀并进行检验;用氮气吹除已混好的药料中的易挥发性溶剂。混合好的药料呈均匀黏稠油泥状,它不需再进行任何处理,即可挤压成型。

用挤压法生产的复合推进剂药柱适用于燃气发生器或其他固体推进剂驱动装置。关于挤压成型复合推进剂的研究工作仍在进行中。

8.6.3 固体推进剂的包覆材料及包覆工艺

1.包覆层的作用

在进行装药设计时,为了满足一定的推力变化规律,对部分燃面予以控制而进行包覆,使被包覆的表面不参与燃烧。例如,对管状装药两端的包覆可以得到恒面燃烧,外表面包覆可以得到增面燃烧等。

为了防止对火箭发动机的烧蚀,发动机燃烧室壳体的封头及简体需用绝热层来保护。对于贴壁浇注的发动机,当绝热层与推进剂不能直接黏合或黏合强度太低时,在药柱与发动机壳体绝热层之间往往需要有一层包覆材料,通常称之为包覆层,其作用除了有效地包覆药柱和燃烧室壁黏合的表面,使其不进入燃气外,还起到以下重要作用:

(1)使装药与壳体有效地黏合在一起,并防止装药对壳体的腐蚀;

(2)包覆层对药柱固化降温、震动和冲击作用下产生的应力、应变,可起到缓冲或减轻的作用。

2.包覆材料

根据包覆层所起的作用,对于包覆材料的基本要求如下:

1)耐烧蚀性能好。即它本身不易燃烧或烧蚀率很低。

2)绝热性能好。为此,材料的导热系数要低,热容量要大。

3)黏合性能好,最好能同时与推进剂和发动机牢固结合,兼起绝热层与包覆层的作用,以减少黏合界面和防护材料。

4)力学性能好。应具有较高的延伸率和拉伸强度。

5)与推进剂的相容性好。例如丁腈橡胶常用在复合推进剂装药发动机中,而不用于双基推进剂的发动机中。因为NG在丁腈橡胶中有渗移现象,会加速包覆层或绝热层的烧蚀。

6)材料的工艺性好和成本低。

随着推进剂组成的不同,适用的包覆材料亦不相同。

(1)用于双基推进剂的包覆材料及包覆工艺。

1)乙基纤维素包覆剂。其基本组成见表8-26。这种包覆剂的膨胀系数与双基推进剂相近,机械强度较高,化学稳定性和耐寒性良好,可燃性低,烧蚀率约为0.3 mm/s。主要采用"热溶黏接法"包覆,即将包覆剂加热到软化温度以上,再包覆在装药表面上。

2)硝基油漆布。基本组成为弱棉:29.0±1.5%;硼酸:29.0±1.0%;三甲酚磷酸酯:26.0±10%;石棉粉:14.5±1.0%;中定剂:1.5±0.5%;铅丹:2±0.5%(外加)。其膨胀系数与双基药柱基本一样,但耐燃性和塑性较差。一般用作端面包覆和要求不高的侧面包覆。包覆方法是采用"溶剂黏合法",即在药柱要包覆的表面涂上溶剂丙酮,再将硝基油漆布贴上去。

表 8-26　乙基纤维素包覆层组成

代号＼名称	乙基纤维素	苯二甲酸二丁酯	苯二甲酸二辛酯	二苯胺	备注
1	68％	—	32％	1.0％	二苯胺为 100％ 以外加的用于端包覆
2	68％	11％	21％	1.0％	
3	68％	32％		1.0％	
4	68％	34％		1.0％	
5	68％	25％		1.0％	

3）胶带缠绕包覆层。它是以 18％的硝基油漆布和 82％的丙酮配制的硝基漆作底层，然后用电工胶布缠绕，效果较好，但装药包覆后，外表面不规则、粗糙和工艺较繁。

（2）用于复合推进剂的包覆材料及包覆工艺。

一般说来，和复合推进剂黏合剂属同一类的弹性体，在加入填料（如白炭黑、云母、硼酸、三氧化二铬等）之后，即可作为该推进剂的包覆材料。例如，聚醚-聚氨酯推进剂，其包覆材料最好由聚醚-聚氨酯加填料制成。但是，对于贴壁浇注发动机，选择包覆材料不仅要考虑被黏推进剂的类型和组成，还必须考虑从药柱应力分析数据得到的力学性能要求。目前，用于复合推进剂药柱的包覆材料有以下几种：

1）丁腈软片。这是最常用的一种，它由丁腈橡胶加填料组成。通常采用"黏贴法"进行包覆。采用贴片法应注意接缝安排，一般要顺着气流方向斜面搭接，接缝还要用密封剂密封。

2）环氧树脂聚硫型包覆剂（见表 8-27）。它用来包覆聚硫橡胶推进剂药柱。这种包覆剂在未固化之前呈液态，可用"喷涂法"实施包覆，即先将包覆剂喷涂在绝热层内表面上，待其固化后再浇注推进剂。

表 8-27　聚硫型包覆剂的组成

配比代号＼名称	聚硫橡胶	环氧树脂	顺丁二烯二酸杆	二氧化铅	氧化锌	苯二甲酸二丁酯	对苯醌	三氧化二铬	碳	二氧化硅	二氧化钛	二氧化二锑	云母
BG-1	100	3	2	2	15	16	—	10	1				
BG-2	100	3	2	2	15			10	1				
BT-1	100	43	3	—	8	14	—				13	14	14
BK-1	100	5	0.5	—	20	14			3				

（3）丁羧吡啶包覆剂。它用来包覆聚丁二烯型推进剂药柱，亦采用"喷涂法"。

（4）四氢呋喃聚醚包覆剂。它是环氧丙烷、甘油、四氢呋喃在三氟化硼催化下合成的，可用来包覆聚氨酯型推进剂药柱。采用"喷涂法"包覆。

8.6.4 固体推进剂装药的质量检验

如前所述,不论是双基、改性双基,还是复合推进剂药柱制成后,都必须通过装药成品检验,确认合格后方能交付使用。成品检验项目及各项具体要求是根据产品技术条件提出,由加工厂和委托单位共同执行的。

固体推进剂装药成品检验包括理化性能测试、外形和尺寸检验、内部探伤和发动机试车等,现以双基推进剂的成品检验为例作简要说明。

1. 理化性能测试

理化性能测试包括成分分析、化学安定性、水分、比重、燃烧热和燃烧速度等项目。对现有国产双基推进剂,上述各项的具体要求见表 8-28。

化学成分的允许偏差随组分不同而异。

表 8-28　双基推进剂化学成分允许偏差

组分 名称	3#NC	NG	DNT	DBP	2#中定剂	凡士林	苯二甲酸铅	MgO	CaMO$_3$	PbO	石墨
允许偏 差/(%)	±1.0	±0.7	±1.0	±0.5	±0.4	±0.4	±0.25	±0.5	±0.3	±0.3	±0.25

热量允许偏差为 ±3.35 kJ/kg。

密度应不小于 1.57g/cm^3。

水分应不大于 0.7%(含 MgO 的双基推进剂应不大于 1%)。

化学安定性:106.5℃维也里重复法试验总时间不少于 65 h,对于含有 MgO 的装药应不少于 50 h。

燃速按规定进行检验。

2. 外观挑选

外观挑选主要是对装药外观及几何尺寸进行检验,目的是从成批的成品中,将良品、不良品和废品区分开。前者为合格品,后两者为不合格品。外观尺寸见表 8-29～表 8-33。

装药尺寸的允许公差随装药尺寸而异。端面倾斜度应不超过长度公差,端面椭圆度不超过外径公差。

表 8-29　外径公差

公称外径/mm	15～20	21～40	41～60	61～90	91～120	121～160	161～200	201～250	251～300
公差/mm	−0.8	−1.0	−1.2	−1.6	−2.0	−2.6	−3.0	−4.0	−5.0

表 8-30　内径公差

公称内径/mm	8～10	11～20	21～40	41～60
公差/mm	±0.5	±0.8	±1.0	±1.5

表 8-31　长度公差

公称长度/mm	200～500	501～600	601～700	701～800	801～1 000	1 001～1 500	1 501～2 000
公差/mm	−4	−5	−6	−7	−8	−10	−15

表 8 - 32　弧厚差

公称外径/mm	31～45	46～60	61～80	81～100	101～150	151～200	201～250	251～300
弧厚差/mm	1.2	1.5	1.8	2	2.5	3.5	5.0	7.0

表 8 - 33　重量允许公差

套重/kg		<0.25	<1	<3	<10	<100	<500	<1 000
套重公差/kg	单根	±0.004	±0.02	±0.06	±0.2	±2		
	多根			±0.02	±0.075	±1	±5	±10

以上四方面超差,但成分分析、安定性合格的产品均为不良品。它们不能交付使用,但经切碎、水煮等处理后可部分掺入药料中重新加工。

表面外观检验包括气泡、缺口、裂纹、凹陷、压痕及疙瘩等疵病的检验,具体要求应根据产品尺寸和技术要求做出相应的规定。例如,一般规定不允许表面上一个气泡的面积超过 $25 \ mm^2$,或者全部气泡的总面积超过侧面积的 0.1%。检验方法一般为目测。但对中小型装药内孔表面则要用较精确的方法,如用光导纤维冷光源窥视仪进行检查。

3. 药柱探伤

为了发现药柱内部的气孔、裂缝等缺陷,规定直径大于 100 mm 的单孔管状装药,需用超声波探伤仪检查药柱内部疵病,按吸收药批抽不小于 10% 的药柱进行。若发现有一根药柱,并经解剖证实确有气泡或结构疏松造成不合格时,则该批药柱应进行 100% 的探伤。

一般规定,单个气泡的直径不得大于 3 mm,全部气泡的计算面积不得超过药柱燃烧面积的 0.1%,直径小于 1.2 mm 的气泡不计,在距离端面 1/2 弧厚的地方不允许有能探出的气泡。

4. 发动机试车台验收

这是成品检验的最后一道工序,也是十分重要的一环。检验内容是测定发动机工作过程的压强-时间和推力-时间曲线。试验需在高、低、常温不同温度下进行,主要检验推进剂装药燃烧是否稳定正常,推力及推力变化是否符合要求。

经过试车合格的装药才算是合格的产品。

改性双基和复合推进剂的质量检验与双基推进剂大体相同。具体要求要根据产品技术条件确定。但由于复合推进剂种类繁多,制造工艺远不如双基推进剂那么成熟,因而到目前为止尚未见到复合推进剂的通用技术条件和相应的质量检验规定。

上述检验项目的检验方法参看推进剂有关性能的国军标、部标和单位标试验方法。

8.7　其他固体推进剂

除了常用的双基推进剂、改性双基推进剂和普通复合固体推进剂,还有多种固体推进剂获得大量应用,如燃气发生剂、富燃料推进剂、膏体推进剂、NEPE 推进剂、四组元推进剂等。

8.7.1 燃气发生剂

燃气发生剂的基本组成与制造工艺与常规复合推进剂类同。燃气发生剂一般具有燃烧火焰温度低、燃烧残渣少、成气量大等特点,主要应用于固体火箭导弹推力向量控制、大型导弹武器弹射发射、涡轮(涡扇)发动机风扇快速启动、鱼雷启动点火器、安全气囊快速充气等。

根据具体用途不同,燃气发生剂燃温要求也不同,一般来说,对于安全气囊快速充气用发生剂燃温要控制在几百度,而对于大型导弹武器弹射发射和涡轮(涡扇)发动机风扇快速起动用燃气发生剂燃温控制在 1 200℃ 以下,凝相燃烧残渣控制在 10% 左右。

常用的燃气发生剂包括硝酸铵型燃气发生剂、高氯酸铵型燃气发生剂、二羟基乙二肟型燃气发生剂、硝铵型燃气发生剂。

8.7.2 四组元固体推进剂

用硝胺炸药(奥克托金 HMX,黑索金 RDX)取代一部分过氯酸铵 AP 的四组元 HTPB 推进剂具有能量高、成本低等优点。

HMX 和 RDX 有高的生成焓和不含 Cl 元素。燃烧后气体生成量大,用这类硝胺炸药取代部分 AP,推进剂的爆温降低。它的成气性好,不仅弥补了爆温降低引起能量的降低,还使能量有所提高。但 HMX(RDX)用量过多,则会因推进剂含氧量的过分降低导致燃烧不完全,爆热降低,甚至生成 C,气体生成量反而下降。因此,以 10%～40% 的 HMX(RDX)取代 AP,可以使 HTPB 推进剂的比冲提高。

国外已得到应用的一种配方,AP:58%;Al:20%;HMX:12%;HTPB:10%。密度为 1 840 kg/m³,理论比冲为 2 628 N·s/kg。应用于美国航天飞机上的 HMX/AP/Al/HTPB 推进剂理论比冲达到了 2 652 N·s/kg。

8.7.3 NEPE 固体推进剂

NEPE 固体推进剂是由美国的赫克利斯公司在 20 世纪 70 年代末研制成功,80 年代初开始投入使用的。这类推进剂的基本组成如下所述。

1. 黏合剂体系

黏合剂预聚物:聚乙二醇,聚己二酸乙二酯,聚乙酸内酯,HTPB 等。

增塑剂:硝化甘油,1,2,4-丁三醇三硝酸酯,三羟甲基乙烷三硝酸酯等。

固化交联剂:异氰酸酯,硝化纤维素,乙酸丁羧纤维素等。

固化催化剂:三苯基铋。

2. 氧化剂

氧化剂主要包括高氯酸铵、奥克托金等。

3. 高能燃烧剂

铝粉。

4. 安定剂

2-硝基二苯胺、4-硝基二苯胺等。

NEPE 推进剂的性能:

(1)能量特性。固体含量为 80% 的 NEPE,密度比冲比复合固体推进剂的高 10%。

（2）力学性能。因为以柔性的高分子为主链，增塑剂含量也高，所以低温不脆，高温、常温的力学性能都能满足要求。

（3）燃烧性能。NEPE 推进剂在 6.86 MPa 下的燃速可低到 8 mm/s；在 13.72 MPa 下可以达到 30 mm/s。压强指数和固体含量有关，73％固体含量时为 0.58；80％时为 0.66。

（4）贮存性能。根据加速老化实验的结果推算，在 40℃下 NEPE 推进剂的贮存寿命可达 25 年。

8.7.4　富燃料固体推进剂

富燃料推进剂主要应用于固体火箭冲压发动机和固体燃料冲压发动机。富燃料推进剂组分和普通复合推进剂类似，但其能量特性、燃烧特性和普通复合推进剂有较大差异。富燃料推进剂主要包括含金属富燃料推进剂和碳氢富燃料推进剂。含金属富燃料推进剂中主要添加大量金属（铝、镁、硼等）作为燃料；碳氢富燃推进剂中金属含量极少，主要将含碳、氮物质（如叠氮）作为燃料，碳氢富燃推进剂具低特征信号，也是富燃料固体推进剂的重要发展方向之一。

含硼富燃推进剂密度比冲最高，是当前固体火箭冲压发动机首选能源，该类推进剂研制的最大难点在于：①超细硼粉与 HTPB 体系不相容，必须对硼进行预处理；②硼粉难以燃烧完全，能量难以完全发挥。

富燃料推进剂本身氧化剂含量少，其燃料完全燃烧需要借助空气中氧气（空气通过冲压发动机进气道进入燃烧室）。将富燃推进剂中燃料与进气空气进行充分掺混燃烧是固冲发动机研制的关键技术之一。富燃料推进剂理论质量比冲范围为 7 500～11 000 N·s/kg，压强指数一般要求在 0.5～0.6 之间，最小工作压强约 0.15 MPa。

8.7.5　膏体推进剂

在 20 世纪五六十年代，苏联开始研制了一种新型非液、非固的推进剂，这种推进剂的主要特点是黏度较大，有一定的塑性，静止时可以在短时间内保持形状，在力的作用下又可以流动，一般称这种物质为非牛顿流体（Non-newtonian Fluids）。苏联和俄罗斯的此类推进剂由固体推进剂改性而来，类似于未固化彻底的固体推进剂，一般称为膏体推进剂（Pasty Propenant）。苏联研制的膏体推进剂黏度在 200Pa·s 数量级以上，其流动特性接近典型的高分子熔体，按各组分结合状态分为均质和非均质两种。

膏体推进剂与固体推进剂、液体推进剂相比，其优点体现在以下几个方面：

（1）比冲性能：膏体推进剂比冲一般高于普通固体推进剂；

（2）力学性能：膏体推进剂没有固体推进剂般严格的力学性能限制；

（3）燃烧性能：容易实现比固体推进剂高得多的燃速；

（4）工艺性能：无须经历浇铸、固化、脱模以及阻燃包覆等复杂工艺过程，可显著降低生产成本，并减少生产危险性；

（5）装填系数：装填系数可接近 1；

（6）能量管理：与液体推进剂一样，可多次启动，能够实现推力调节；

（7）能量密度：高于液体推进剂，具有接近于固体推进剂的密度。

膏体推进剂火箭发动机具有结构简单、多次启动、大范围推力调节、高能量及安全可靠等特点，美国、俄罗斯，包括我国都在研究，并提出了多种具有适时准确攻击目标、高突防能力、高机动性及同时具备推力随机可调、能量可控等功能的膏体推进剂火箭发动机方案。

8.7.6 低温固体推进剂

低温固体推进技术（CSP）是一种新型的化学火箭推进技术，其能源为低温固体推进剂。低温固体推进剂在环境温度下为液态或固态，但为减少该推进剂组分在储存期间发生的化学反应，一般需要对此推进剂进行低温冷冻处理。

目前国外 CSP 推进剂的研究主要围绕 H_2O_2 基和 H_2O 基的低温固体推进剂进行。在早期的 CSP 固体推进剂研究中，固态的 H_2O_2 或 O_2 与碳氢聚合物的组合曾被认为是最好的 CSP 推进剂，典型 H_2O_2 基低温推进剂配方如下：以 H_2O_2 作为氧化剂，以 PE、PU（聚氨酯）、HTPB、金属粉为燃料。近年来 H_2O 基的 CSP 推进剂——ALICE（铝冰）推进剂——的优良性能日益引起人们的关注。ALICE（铝冰）推进剂由纳米 Al 粉和冰组成，其反应原理是 Al 与 H_2O 发生如下反应：$2Al + 3H_2O \longrightarrow Al_2O_3 + 3H_2$。该推进剂在发动机燃烧室内剧烈反应产生高温燃气，燃气经喷管做功产生推力。

与传统推进剂相比，ALICE（铝冰）推进剂具有以下特点：

（1）制造简单，不受地点限制，有可能在月球上、火星上或者其他地方进行"铝冰"推进剂的生产。

（2）使用安全，意外点火的概率较小，可忽略静电放电带来的危险。

（3）使用"铝冰"推进剂的火箭发动机排出的是氢和铝的氧化物，毒性相对较低。

（4）生产成本低。从理论上讲，ALICE 推进剂可在任意一个有水的天体上现场制备，避免从地球运输，从而降低宇宙航行的成本。

美国空军科学研究办公室（AFOSR）和美国国家航空航天局（NASA）于 2009 年 8 月成功发射了一枚采用 ALICE（铝冰）推进剂的小型探空火箭。试验中，火箭加速到 330 km/h，飞行高度约 400 m。此火箭的成功发射标志着美国"铝冰"推进剂的研制获得了阶段性的成果。

8.7.7 电流变推进剂

在日常生活中经常看到液体变固体或固体变液体，或液体变气体或气体变液体，似乎这些状态转变只和温度有关。例如水，冷却到 0℃就变成固体，即冰；加热到 100℃就变成水蒸气，即气体。当然，这种变化也和环境压力有关。

1947 年一个叫温斯洛的美国人，用石膏、石灰和碳粉加在橄榄油中，然后加水搅拌成一种悬浮液，他想看看这种悬浮液是不是能导电。在试验中，他意外地发现一个奇怪的现象，即这种悬浮液在没有加上电场时，可以像水或油一样自由流动；可是当加上电场时，几毫秒内就立即由自由流动的液体变成固体；而且随电场强度和电压的增加，固体的强度也增加。同时这种现象也能"反过来"进行，即当撤销电场时，它又能立即由固体变回到液体。因为这种悬浮液的状态可以用电场来控制，科学家把它称为电流变体，并把这种现象称为"温斯洛现象"或"电流变现象"。电流变材料的流动特性对电场变化非常敏感，可以实现毫秒级形态变化。

有研究学者开展了复合推进剂电流变特性研究，设想有一种复合推进剂，在没有电场条件下为流体（意味着推进剂主要组分在正常条件下为流态），流动性最好；当给推进剂流体施加电场时，流体黏度逐渐增加，一直到最高电场，推进剂流体变为膏体或者固体。对于电流变复合推进剂，可通过电场特性来控制推进剂流动特性，进而控制推进剂质量流率，可实现火箭发动机多次启动和推力可调。此外,由于电流变复合推进剂的流动特性对于电场的变化非常敏感,可实现毫秒级响应,这种毫秒级的响应比一般的阀门响应时间短得多。电流变复合推进剂发动机可用于卫星轨道保持和姿态调整动力系统、导弹武器巡航动力系统和武器末端变轨动力等。

也有研究学者开展电流变液体推进剂技术研究,例如往常用液体推进剂(如四氧化二氮、偏二甲肼等)液体里添加一些特殊物质,使得液体推进剂具有电流变特性,通过改变电场特性来调节液体推进剂流动特性。开展液体推进剂电流变特性研究,更多的是考虑改变液体推进剂储存状态,让液体推进剂以固体形式储存,降低推进剂对壳体的腐蚀性,提高运输和储存安全性。

电流变推进剂的优异特征,使得电流变推进剂发动机不仅可多次启动与推力可调,且有非常快的响应特性。这是推进剂技术的重要发展方向之一。

8.8　固体推进剂发展特点

近些年来,各国非常重视各种高性能推进剂的研究与发展,在积极改进双基推进剂的同时,还大力发展各种高性能的复合推进剂技术;在降低特征信号和感度的同时,还着力提高能量水平。

从近几年来的发展情况来看,固体推进剂技术呈现出以下发展特点。

1. 双基推进剂以改性为主

双基推进剂因技术成熟且价格低、性能稳定、重现性好、燃烧时可呈现平台或麦撒效应以及良好的低特征信号等优点,已被大量应用于各种武器装备中。然而,双基推进剂的能量水平已达到极限,难以满足远程打击武器系统发展的需要。对此,国外研究人员积极探讨各种技术途径发展双基推进剂,并以改性研究为主,目标是扩大燃速范围,降低成本,提高质量和改进工艺,提高能量。

2. 高能复合推进剂发展迅速

高能复合推进剂是实现火箭、导弹等武器弹药远程推进、精确打击及提高卫星、火箭等有效载荷的动力能源,提高能量始终是推进剂研制和开发的主要发展方向。

提高固体推进剂能量采用的技术途径主要有 3 种:一是选用生成焓较高的胶黏剂和增塑剂(如 GAP,BAMO,AMMO,BTTN,Bu – NENA 等);二是提高含能物质(如硝胺炸药)的含量或选用新型高能量密度物质(如 CL – 20,ADN,DNTF,HNF,FOX – 7,FOX – 12,LLM – 105 等);三是加入 AlH_3,$LiAlH_4$,$LiMgH_3$ 等新型高能燃烧剂替代常规 Mg,Al 等金属粉末。目前国外通常采用上述的一种或两种以上途径,实现高能的同时提高推进剂的综合性能。如美国"和平卫士""侏儒"战略导弹中装填的 NEPE 推进剂采用的就是 NG/BTTN 混合硝酸酯增塑剂,理论比冲提高到 2 650 N·s/kg 以上,降低 NG 感度的同时也防止推进剂的低温脆变;俄罗斯研制的 HNF/含能黏合剂/Al 推进剂的比冲比传统 AP 推进剂提高了 10 N·s/kg,同时表现出较高的燃速和较为合适的压力指数;AlH_3 取代 Al 可使固体推进剂比冲提高 98.1 N·s/kg,$AlH3$/ADN/含能黏合剂推进剂的理论比冲可达 2 883 N·s/kg。

近年还开始研制全氮和聚合氮等超高能材料,这些超高能材料的能量是 TNT 的十几倍甚至数十倍,一旦单体研制成功并顺利用于推进剂配方,将使固体推进剂的能量实现一个质的飞跃。

3. 降低特征信号是推进剂发展的一个重要方向

固体推进剂在燃烧过程中往往在火箭/导弹发动机尾部排出烟、焰等"特征信号",这不仅影响导弹制导电磁波的传播并使导弹失控,还因暴露了其飞行轨迹和发射位置而大幅度降低武器系统的隐身能力和生存能力。为提高武器系统的生存力和作战人员的安全性,降低推进剂的特征信号成为未来研究的主要方向和解决战术导弹隐身的技术关键。

4. 注重开发钝感固体推进剂

由于过去各国作战平台频繁发生安全事故而造成人员的严重伤亡和财产的重大损失,促使各国军方更加重视弹药的钝感问题。降低固体推进剂的感度和易损性是实现弹药不敏感特性的关键,并因此决定了火箭、导弹及其发射平台在外来刺激下的安全性和生存能力。钝感推进剂已取得的良好应用效果和未来更加严格的不敏感弹药政策要求将促进各国进一步发展能量水平高且钝感的高性能推进剂,固体推进剂将朝钝感化方向发展。

5. 注重开发绿色环保推进剂

考虑到环保因素,各国积极走绿色发展道路。在固体推进剂研究中,开展了包括使用无铅燃烧催化剂、无毒弹道改良剂、取代高氯酸盐的新型氧化剂等研究。

高氯酸铵(AP)是当前各种复合固体推进剂应用最普遍、最重要的一种氧化剂,但是,高氯酸盐具有易溶于水并在水体中长期保持其化学活性,对人类生存环境具有很大的影响(美国发现全国各地的地表水和地下水中都含有高氯酸盐,而人喝了含过量氯酸盐的水会致畸,并影响甲状腺的功能);AP 推进剂的燃烧可能产生有毒的 HCl 气体而污染大气环境,甚至腐蚀火箭发动机。开发新的不含高氯酸铵(AP)的绿色推进剂是推进剂发展重要方向。

近几年来,除了大力开展绿色组分研究之外,绿色推进剂产品开发也受到高度重视,尤其是美国。2000 年,美国海军成功研制出一种以含能热塑性弹性体黏合剂为基的"绿色"火箭推进剂配方;2007 年,美国完成了替代高氯酸铵的 4 种新型氧化剂的合成、评估和配方研究及低污染高能无高氯酸盐绿色推进剂的研究。

此外,美国和俄罗斯先后还开展了无铅弹道改良剂的推进剂研究并已开发出多种无铅配方。这些研究和发展表明,技术发达国家在开发推进剂技术的过程中重视环境保护和环境战略的实施,注重绿色组分的使用和绿色产品的开发,积极探索一条能够实现可持续发展的绿色道路。

6. 新型推进剂蓬勃发展

含硼富燃料推进剂、膏体推进剂、低温固体推进剂和电流变推进剂等新型推进剂正受到越来越多研究学者的关注,正成为新型固体推进剂的研究热点。

习　　题

8.1　试述固体火箭发动机中的能量转换过程。

8.2　作为工质源对推进剂有何要求?

8.3　如何提高推进剂的比冲?

8.4　推进剂的密度对火箭发动机有何重要影响?

8.5　试列举对固体推进剂的要求。

8.6　试分析固体推进剂的分类方法。

8.7　为什么说双基推进剂是均质推进剂？

8.8　试计算硝化棉在理论上可能达到的最高含氮量。

8.9　在双基推进剂中何为燃料？何为氧化剂？

8.10　试述增塑剂和化学安定剂的作用。

8.11　试分析硝化棉的含氮量对其能量的影响。

8.12　试述"压伸"在双基推进剂制造工艺过程中的地位。

8.13　试比较氯酸铵、硝酸铵和过氯酸钾在推进剂中作为氧化剂的性能。

8.14　简述复合推进剂中黏合剂的作用。

8.15　作为金属燃料，试比较铝、硼、铍的优缺点。

8.16　复合推进剂生产中混合工序有何特殊要求？

8.17　如何表征推进剂的安全性？

8.18　分析富燃料推进剂的应用方向。

8.19　分析膏体推进剂的优缺点。

8.20　简述固体推进剂装药质量检测基本流程。

8.21　简述复合固体推进剂的主要组分及作用。

8.22　常规火箭发动机用固体推进剂压强指数为什么要越低越好？

8.23　分析固体推进剂的发展特点。

8.24　某固体推进剂基础配方为黏合剂 HTPB（分子式：$C_4H_{6.052}O_{0.052}$；密度：0.9 g/cm³）含量 15%，氧化剂 AP（分子式：NH_4ClO_4；密度：1.95 g/cm³）含量 75%，铝（分子式：Al；密度：2.7 g/cm³）含量 10%，计算该推进剂的假定化学式、理论密度、氧平衡和氧系数。

第9章 双基推进剂稳态燃烧

双基推进剂是以硝化棉（硝化纤维）和硝化甘油为基本组元的多组元均质推进剂。它的应用已有半个多世纪的历史，对它的燃烧过程的研究和了解已经比较成熟。早在20世纪四五十年代就提出了基本的燃烧模型，休格特（Huggett）根据前人的实验结果，于1956年提出了"多阶段"模型，得到学术界的认可。但由于燃烧过程的复杂性，至今仍有很多细节还未完全认识清楚。

9.1 双基推进剂燃烧机理

硝化棉和硝化甘油都属于硝酸酯类，在这类物质的分子中同时含有氧化元素"O"和燃料元素"C""H"。而且各组元均匀结合，形成均匀的胶体结构。双基推进剂的燃烧是氧化剂和燃料预先混合均匀的预混燃烧，不再需要掺混过程。燃烧在整个燃面上均匀进行，符合平行层燃烧的条件，可以看作是一个一维（与燃面垂直的方向上）的燃烧过程。

图9-1所示为双基推进剂在稳态燃烧条件下其燃烧过程示意图。

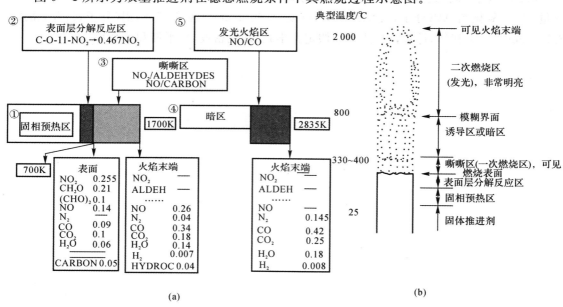

图9-1 双基推进剂燃烧过程示意图

双基推进剂的燃烧过程可以表示为空间一维分布的4个燃烧反应区：固相的表面层反应区、嘶嘶区、暗区和发光火焰区。

每一阶段内进行一定的物理化学变化，同时放出热量，提高温度。各阶段是连续进行的，不可截然分开,有些过程互相掺杂,有些反应会受催化剂或工作条件改变的影响。

9.1.1　表面层反应区

双基推进剂燃面内的固相反应层统称为表面层反应区,它包括两部分:固相加热层和表面分解层(泡沫区)。

(1)固相加热层:推进剂只是受热升温,温度较低。

(2)表面分解层:当温度超过 $220\,℃$ 时,推进剂有些组元开始分解气化;越靠近燃面,温度越高,分解反应越强烈,直到燃面处,可以看作组分完全气化。

在表面分解层,发生两类反应:

(1)组元的热分解,分解反应为吸热的。

硝化棉的分解如下:

$$
\cdots\!-\!CH \quad\longrightarrow\quad
\begin{array}{c}
O\!=\!CH\\
HCO\!-\!\cdots\\
HCO\!-\!CH\\
HC\!=\!O\\
H_2CO
\end{array}
$$

硝化甘油的分解如下:

$$C_3H_6(ONO_2)_3 \longrightarrow xRCHO + 3NO_2$$

(2)分解产物之间的反应,反应为放热的。

分解产物不是立即全部进入气相反应,而是在固相区滞留一定时间,这样的话,NO_2 和醛类物质发生反应,反应是放热的。

$$5CH_2O + 7NO_2 \longrightarrow 5CO + 2CO_2 + 5H_2O + 7NO$$

$$CH_2O + NO_2 \longrightarrow CO + H_2O + NO$$

在表面层反应区,发生上述两类反应,总的讲是放热效果。

NO_2 在表面反应层的逗留对于双基推进剂固相稳定分解有重要作用,它对硝酸酯类物质的分解有催化作用,可以促进固相分解。当压强很低时,NO_2 在固相层停留时间短,固相的放热降低,有可能使推进剂燃烧中止;当压强高时,NO_2 在固相层停留时间长,增加固相层放热反应,促进推进剂稳定燃烧。

在表面反应层,温度逐渐升高,分解反应强度越来越大,分解形成的气化产物也越来越多。到一定程度,分解产物就进入气相,进行气相反应。可见,从微观上讲,燃面是一个很不规则的边界,是一个起伏不定的表面。燃面上的平均温度就是燃面温度 T_s,表征表面反应层最高温度。T_s 与推进剂配方、工作压强、初始温度都有关系。一般来说,双基推进剂的表面燃烧温度为 300℃ 左右。如图 9-2 所示为双基推进剂各反应区温度分布。

表面反应区的厚度一般只有 0.01 mm 级，而固相加热层的厚度稍厚。表面反应层放出的热量占推进剂爆热的 10%。

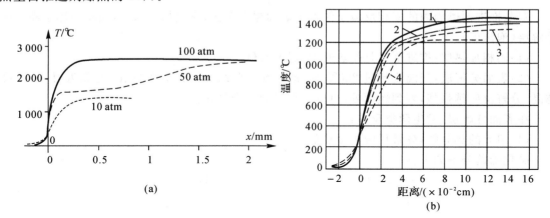

图 9-2 双基推进剂各反应区温度分布
（a）双基推进剂温度分布； （b）双基推进剂燃面附近温度分布

9.1.2 嘶嘶区

固相分解产物进入气相，首先形成嘶嘶区，它近靠燃面，反应十分剧烈，甚至嘶嘶发声。

从固相分解而来的产物并非全是气体，还夹带着一些液体微粒，甚至有小块的固体微粒。所以嘶嘶区并非单纯气相，而是以气相为主的有凝相微粒的弥散分布。

嘶嘶区主要发生分解产物之间的反应，特别是 NO_2 与醛类物质的反应，如下：

$$NO_2 + (CHO)_x \longrightarrow NO + xCO + H_2O + \left(\frac{x}{2} - 1\right)H_2$$

$$NO_2 + H_2 \longrightarrow NO + H_2O$$

$$NO_2 + CO \longrightarrow NO + CO_2$$

$$NO_2 + R \longrightarrow NO + RO$$

嘶嘶区反应放出大量的热，约占推进剂释放热量的一半。因此嘶嘶区的温度梯度很大，温度也很高，可达 1 200～1 400℃。嘶嘶区的厚度只有百分之几毫米，它对固相有很大的热反馈。

嘶嘶区生成大量的 NO。NO 必须在较高压强下才能进一步和氧发生反应；如果压强低，反应不会继续进行，从而发生嘶嘶燃烧，能量释放不完全。嘶嘶区放出的热量占推进剂爆热的 40%。

9.1.3 暗区

NO 的还原反应的活化能比较大，只在较高温度和压强下才有一定的反应速度。因此嘶嘶区反应生成的大量 NO 必须有一个积聚热量和催化物质的准备过程（感应期），这就形成了暗区。

通常暗区的反应速度很慢，温度也只升高 200～300℃，还达不到发光的程度，整个暗区的温度梯度很小。

暗区的厚度受压强影响很大,当压强增加时,厚度迅速降低,如图 9 - 3 所示。当压强增加到 10 MPa 时,暗区厚度难以分辨。一般来说,暗区的厚度同压强的一定次方成反比:

$$\delta_d = \frac{C}{P^m} \qquad (9-1)$$

式中,C 为常数;m 一般为 2 ～ 3。

可见,压强是影响暗区厚度的决定性因素。

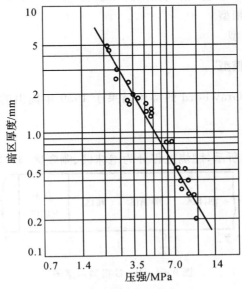

图 9 - 3　暗区厚度随压强的变化

9.1.4　发光火焰区

经过暗区的积聚,NO 的进一步还原反应就十分迅速,这就形成了发光火焰区。主要反应如下:

$$2NO + 2CO \longrightarrow N_2 + 2CO_2$$

$$2NO + 2H_2 \longrightarrow N_2 + 2H_2O$$

这些都是放热反应,这样可将燃气的温度升高到可以发光的程度(1 800 K 以上)。上述反应发生到何种程度,和压强有关。压强低,NO 反应不完全,热量释放不充分;压强高,NO 反应完全,燃烧反应充分。因此,存在一个压强下限,使得推进剂完全燃烧,这个压强就称为临界压强。

一般地,双基推进剂的临界压强为 3 ～ 6 MPa,发光火焰区放出的热量占推进剂爆热的 50%。

9.2　双基推进剂稳态燃烧模型

有关双基推进剂的燃烧模型,有 3 种代表性的看法:

（1）凝相反应控制模型。认为燃速取决于表面层内未燃推进剂中进行的单分子分解反应的速度。

（2）气相反应控制模型。假定固相反应速度快，能及时提供气相反应所需物质，故燃速取决于气相反应速度。

（3）综合控制模型。同时考虑了固、气两相反应对燃速的影响。

本节讨论 3 种有代表性的双基推进剂综合燃烧模型：

（1）Rice - Ginell（R - G）模型，偏气相型。

（2）KOCS 模型，偏凝相型。

（3）King 模型，偏凝相型。

9.2.1 Rice - Ginell 模型

由 Rice - Ginell 根据 GrawFord 的实验结果于 1950 年提出的，是双基推进剂最早、最细致的燃烧模型。

1. 物理模型

其定性描述如图 9 - 4 所示，燃烧过程分为泡沫区、嘶嘶区、暗区和发光火焰区。

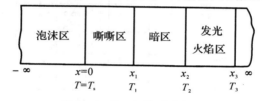

图 9 - 4   R - G 模型示意图

2. 数学模型

为找到燃速和有关参数的关系，Rice - Ginell 发展了无扩散理论，建立了表面温度和各气相反应区厚度之间的关系式，然后再考虑扩散的影响得到其修正式。

（1）各区末端温度描述。

$$\dot{m} = A_s \exp\left(-\frac{E_s}{R_0 T_s}\right) \tag{9-2}$$

$$T'_s = T_0 + Q_0/c_0, \quad T_s > T'_s \tag{9-3}$$

$$T'_1 = T'_s + Q_1/C_1 = T_0 + Q_0/c_0 + Q_1/c_1, \quad T_1 > T' \tag{9-4}$$

$$T_2 \approx T_1 \tag{9-5}$$

$$T_3 = T'_1 + Q_3/C_3 = T_0 + Q_0/c_0 + Q_1/c_1 + Q_3/c_3 \tag{9-6}$$

（2）表面温度描述。

$$\beta_1 = (T_s - T'_s)/(T_1 - T'_s) \tag{9-7}$$

$$\beta_2 = (T_1 - T'_1)/(T_2 - T'_1) \tag{9-8}$$

$$\beta_3 = (T_2 - T'_1)/(T_3 - T'_1) \tag{9-9}$$

（3）表面温度公式。

$$T_s = T'_s + (T'_1 - T'_s)\beta_1 + (T_3 - T'_1)\beta_1\beta_2\beta_3 \tag{9-10}$$

$$\beta_j = \exp\left(-\frac{\dot{m}^2 C_j R_0 T_j}{\lambda_j \bar{k}_j \bar{M}_j P_j^n}\right) \tag{9-11}$$

质量燃速公式：

$$\ln \dot{m} = \frac{n_1}{2} \ln P + \ln Z_1 - \ln K_1 \qquad (9-12)$$

其中

$$Z_j^2 = \frac{v_j \Delta x_j}{a_j} = \frac{\dot{m}^2 c_j R_0 T_j}{\lambda_j \bar{k}_j \bar{M}_j P_j^n}$$

$$K_1 = \sqrt{\frac{c_1 R_0 T_1}{\lambda_1 \bar{k}_1 \bar{M}_1}} = \frac{R_0}{\bar{M}_1} \sqrt{\frac{T_1^2 t_1}{a_1}}$$

（4）考虑扩散影响的修正式。无扩散理论没有考虑反应物的扩散，实际上，在每一个气相反应区中，反应物的浓度往往在始端处最大，在末端处由于反应物的消耗而使反应物浓度减小，这一浓度梯度使反应物除随气流作整体流动之外还有扩散流动离开燃烧表面，从而使反应物的浓度比不计扩散流动时有所降低，增加了反应所需的时间，使反应更加远离燃烧表面，增大了该区的厚度，减少了反馈热流，改变了燃速。

考虑扩散影响的质量燃速：

$$\ln \dot{m} = \ln P + \ln Zz_1 - \ln K_1 \qquad (9-13)$$

其中

$$Zz_1 = \frac{Z_1^3 a_1}{\mu (a + a')^2 \overline{D}_{AB}}$$

$$K_1 = \frac{R_0}{\bar{M}_1} \sqrt{\frac{T_1^2 \tau_1}{a_1}}$$

$$(a' + 1)a' = \frac{Z_1^2 a_1}{\mu \overline{D}_{AB}}$$

式中，$\overline{D}_{AB}$ 为嘶嘶区内气体的平均扩散系数。

可见，引入扩散影响并不影响燃烧理论的应用，只不过将 Z_1 用 Zz_1 代替。

（5）燃速的压力指数和温度敏感系数。忽略了暗区合发光火焰区之后，才可得到压力指数的显式表达式。

$$n = \frac{\mathrm{d}\ln \dot{m}}{\mathrm{d}\ln P} = \frac{n_1}{2} \left(1 - \frac{\mathrm{d}\ln Z_1}{\mathrm{d}\beta_1} - \frac{R_0 T_s^2 / E_s}{Q_1 / C_1} \right)^{-1} \qquad (9-14)$$

$$\frac{\mathrm{d}\ln Z_1}{\mathrm{d}\beta_1} = -\left[2Z_1^2 \exp(-Z_1^2) \right]^{-1} \qquad (9-15)$$

由于 $\dfrac{\mathrm{d}\ln Z_1}{\mathrm{d}\beta_1}$ 是负值，压力指数总是正值，且表面速度 T_s 越高，嘶嘶区反应热 Q_1 越小，压力指数就越低。

温度敏感系数方程如下：

$$\sigma_p = \frac{\bar{r}}{\dfrac{R_0 T_s^2}{E_s} - \dfrac{Q_1}{C_1} \Big/ \dfrac{\mathrm{d}\ln Z_1}{\mathrm{d}\beta_1}} \qquad (9-16)$$

由于 $\dfrac{\mathrm{d}\ln Z_1}{\mathrm{d}\beta_1}$ 是负值，温度敏感系数总是正值，它正比于压力指数，反比于 Q_1，且与气相反应的反应级数无关。

Rice - Ginell 对设想的双基推进剂多阶段燃烧过程进行了比较细致的分析，给出了燃速和有关参数的定量关系式，从而可由理论预示推进剂的燃速和表面温度，还可得到 n 和 σ_p 的显式表达式。但该模型得不到燃速的显示表达式，且考虑多阶段后，计算要求的数据多，难以进行确切的演算。

9.2.2 KOCS 模型

KOCS 模型由 Kubota，Ohlemiller，Caveny，Summerfield 等根据自己的实验结果于 1973 年提出。

1. 物理模型

在较低工作压强下，暗区厚度很大，发光火焰区远离燃烧表面，因此发光火焰区对燃面的热量传递可忽略，这样，双基推进剂的燃速就由表面层反应区和嘶嘶区的反应所控制。双基推进剂燃烧区的厚度见表 4-1。

表 9-1 双基推进剂燃烧区的厚度

燃烧区厚度/μm	预热区	表面反应区	嘶嘶区	暗区	发光火焰区
		20 (10atm)	200 (10atm)	10 000(10atm) 1 000(50atm)	7atm 以下不存在

因此，可将燃烧区简化为凝相反应区和气相（嘶嘶区）反应区两个区，并据此推导出理论燃速公式。

2. 数学模型

基本假设如下：

(1)火焰为理想的一维平面火焰。

(2)在恒压下稳定燃烧。

(3)忽略彻体力、黏性应力的影响。

(4)推进剂及气体的导热系数、密度、比热等物理量都是常量，扩散系数对所有组元都相等且为常数。

(5)发光火焰区不影响嘶嘶区对燃烧表面的传热，辐射热忽略。

能量方程如下：

$$\frac{d}{dx}\left(\lambda \frac{dT}{dx}\right) - \rho_p r \frac{dCT}{dx} + wQ = 0 \tag{9-17}$$

质量守恒方程如下：

$$\frac{d}{dx}\left(\rho D \frac{dY_i}{dx}\right) - \rho_g v_g \frac{dY_i}{dx} + M_i w_i = 0 \tag{9-18}$$

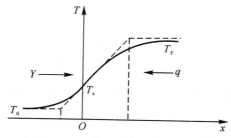

图 9-5 KOCS 稳态燃烧物理模型

在图 9-5 所示模型中，采用能量方程来求出燃速的表达式。

燃烧表面处能量方程如下：

$$\lambda_s \left[\frac{\mathrm{d}T}{\mathrm{d}x}\right]_{0^-} = \lambda_g \left[\frac{\mathrm{d}T}{\mathrm{d}x}\right]_{0^+} + \rho_p r Q_s \tag{9-19}$$

气相中能量方程如下：

$$\lambda_g \frac{\mathrm{d}^2 T}{\mathrm{d}x^2} - \rho_g v_g \frac{\mathrm{d}C_g T}{\mathrm{d}x} + w_g Q_g = 0 \tag{9-20}$$

$x=0$ 处从燃烧表面向凝相反馈的热流密度为

$$\lambda_s \left(\frac{\mathrm{d}T}{\mathrm{d}x}\right)_{0^-} = \rho_p r C_s (T_s - T_0) \tag{9-21}$$

经一系列转换，整理得到简化的燃速公式：

$$r = \sqrt{\frac{\lambda_g w_g Q_g}{\rho_p^2 C_s C_g (T_s - T_0 - Q_s/C_s)}} \tag{9-22}$$

为求出 r 和 p 的函数关系，假定嘶嘶区进行的是氧化剂和燃料间的二级气相反应，则

$$\overline{w}_g = \rho_g^2 Y_{OX} Y_F A_g \exp(-E_g/R_0 T_g) \tag{9-23}$$

考虑到 $\rho_g = \dfrac{p}{R_g T_g}$（$R_g$ 为燃气的气体常数），式（9-22）可变为

$$r = p \left[\frac{\lambda_g Q_g Y_{OX} Y_F A_g \exp(-E_g/R_0 T_g)}{\rho_p^2 C_s C_g (T_s - T_0 - Q_s/C_s)(R_g T_g)^2}\right]^{\frac{1}{2}} \tag{9-24}$$

$$T_g = T_0 + \frac{Q_s}{C_s} + \frac{Q_g}{C_g} \tag{9-25}$$

$$r = A_s \exp\left(-\frac{E_s}{R_0 T_s}\right) \tag{9-26}$$

燃速可由式（9-24）～式（9-26）三式求解。

KOCS 模型优点为简单，且实验证明本理论能较准确地预估燃速，直观地看出各因素对燃速的影响；当然，本模型也作了简化，还需进一步改进。

9.2.3　King 模型

King 在 Beckstead，Aoki，Kubota 等工作基础上，于 1981 年提出 King 模型（见图 9-6）。

1. 物理模型

双基推进剂燃烧区分为固相预热区、表面和亚表面反应区、嘶嘶区、暗区和发光火焰区。反应物在进入 3 个主要反应区之前，先经过一个反应可忽略不计的诱导区。在离燃烧表面较远的推进剂内部，依靠热反馈将其由初温升到燃烧表面附近能够进行初始气化反应的温度。初始气化反应产物进一步被加热到第二个反应区的反应可以进行的温度，最后经过一个长的诱导区（暗区）后达到发光火焰区。在火焰区内所有的中间产

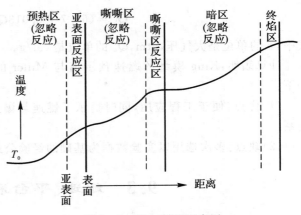

图 9-6　King 模型示意图

物均转变为平衡产物。

由于暗区的存在,King 认为发光火焰区远离嘶嘶区,再加上气体的导热系数很小,火焰区向其他各区的热量接近于零,因而和 KOCS 模型一样,认为双基推进剂燃速的控制过程是嘶嘶区和表面及表面反应区的反应,发光火焰区的影响可忽略。

2. 数学模型

King 首先假定推进剂的质量燃速与表面温度的关系如下:

$$\dot{m} = A_s \exp\left(-\frac{E_s}{R_0 T_s}\right) \qquad (9-27)$$

根据一维稳定的假设,嘶嘶区内的能量和组分守恒方程如下:

$$\lambda \frac{d^2 T}{dx^2} - \dot{m} C_g \frac{dT}{dx} + \dot{q} = 0 \qquad (9-28)$$

$$D\rho \frac{d^2 Y_R}{dx^2} - \dot{m} \frac{dY_R}{dx} - w_R = 0 \qquad (9-29)$$

式中,Y_R 和 w_R 分别为反应物 R 的质量分数和反应消耗速度,g/cm³ · s;$\dot{q}$ 为嘶嘶区反应放热率,J/cm³ · s。

$$\lambda \frac{d^2 T}{dx^2} - \dot{m} C_g \frac{dT}{dx} + \frac{A_g C_g M_R (T_g - T)}{R_0 T} p \exp\left(-\frac{E_g}{R_0 T}\right) = 0 \qquad (9-30)$$

边界条件:

$$\left.\lambda\left[\frac{dT}{dx}\right]\right._{0^+} = \dot{m}\left[C_s(T_s - T_0) - Q_L\right] \\ x = \infty, \quad T = T_g, \quad \frac{dT}{dx} = 0 \qquad (9-31)$$

嘶嘶区反应热(Q_g)、暗区温度(T_g)、推进剂表面和亚表面反应放热(Q_L)求解如下:

$$Q_g = C_g(T_g - T_s) + C_s(T_s - T_0) - Q_L \qquad (9-32)$$

King 引用奥凯和库包塔(1980)关于 T_g 与推进剂爆热 Q_p 及压力 p 之间的关系:

$$T_g = a + bQ_p(K) \qquad (9-33)$$

其中

$$\begin{cases} b = 0.425 \\ a = 720 + 125\ln, \quad p \quad p \leqslant 20 \text{ atm} \\ a = 855 + 80\ln p, \quad p > 20 \text{ atm} \end{cases}$$

$$Q_L = (65.7 + 0.013Q_p)\left(\frac{p}{6}\right)^{0.08} \qquad (9-34)$$

式中,p 的单位是大气压,atm,Q_p 的单位是 cal/g。

计算表明:King 模型的燃速预示值与 Miller 的实验数据较吻合。King 模型的优缺点如下:

(1)优点:便于工程应用,同时揭示了燃速与爆热之间的关系,表面反应净放热和压力的关系。

(2)缺点:多次选用以实验数据为基础的经验公式,增加了模型的经验性。

9.3　超速、平台和高台效应

前面讨论的是不含催化剂的双基推进剂的稳态燃烧机理。

工程实际上,经常在推进剂里添加少量催化剂(铅或铜的氧化物,有机盐等),以调节燃速特性。添加燃速催化剂后,推进剂燃烧特性出现如下现象:

(1)添加催化剂后,推进剂燃速增加很多,甚至 3 倍增加,发生"超速"燃烧。

(2)当压强增加时,超速效应之间减少,压强指数逐步变小,一定压强后,呈平台燃烧。

(3)压强进一步增加后,燃速反而下降,压强指数为负,呈麦撒燃烧。

双基推进剂的超速、平台和高台效应如图 9-7 所示。

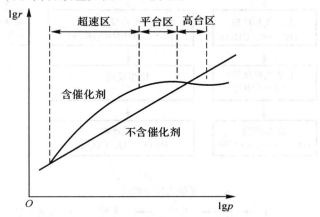

图 9-7　双基推进剂的超速、平台和高台效应

久保田等对加铅催化剂的双基推进剂出现"超速"燃烧进行研究,提出"化学计量比"理论,依据如下:

(1)推进剂在超速和平台燃烧区燃烧时,燃烧表面有大量的 C 形成;当超速和平台消失时,C 消失。

(2)燃烧表面上铅粒和 C 同时生成和消失。

(3)气相中 NO_2 与醛的反应速率取决于醛/NO_2 的比值,该比值降低时,反应加速。

根据上面实验事实,久保田认为:

(1)双基推进剂燃烧时,铅化物在凝相中被加热到一定程度后,就分解成铅或铅的氧化物,Pb 或 PbO 在亚表面反应层或燃面上起催化作用,使硝酸酯的降解历程发生变化,一部分硝酸酯降解成 C,不是醛;这样进入嘶嘶区的醛/NO_2 比值降低,加速了嘶嘶区的 NO_2 放热还原反应,增加了对燃面的热反馈,从而提高了推进剂燃速,产生超速燃烧。

(2)随着压强升高,推进剂燃速增加,使得铅催化剂在亚表面反应层及燃面的有效催化作用时间缩短,减少了硝酸酯降解生成的 C 量,提高了醛的含量,醛/NO_2 比值增加,NO_2 放热反应速率降低,减弱了嘶嘶区对燃面的热反馈,使推进剂燃烧恢复正常。

双基推进剂超速燃烧示意图如图 9-8 所示。

蔡友芳于 1987 年提出含铅双基推进剂的燃烧机理:

(1)铅催化剂存在时,燃面有大量炭黑,炭黑和 NO 发生大量反应,放出热量;同时 PbO,Pb 和 C 也发生放热反应。因此传递给燃面的热量大大增加,从而提高燃速。

(2)随着压强的升高,沉积 C 量大大减少,同时 PbO 和 Pb 停留在亚表面反应层的时间也缩短,因此,由于增加催化剂而使燃速增加的幅度急剧降低,表现为平台或麦撒效应。

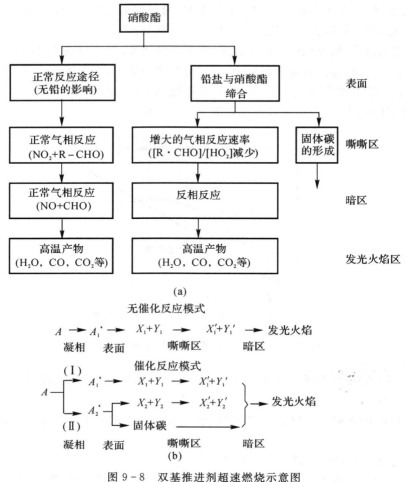

图 9-8 双基推进剂超速燃烧示意图

(a)物理模型；(b)数学模型采用的反应图示

习　　题

9.1　简述双基推进剂燃烧机理。

9.2　分析双基推进剂各燃烧阶段的主要反应及特征参数。

9.3　分析压强对双基推进剂各燃烧阶段的影响。

9.3　简述双基推进剂 R-G 模型的基本观点。

9.4　简述双基推进剂 KOCS 模型的基本观点。

9.5　简述双基推进剂 King 模型的基本观点。

第 10 章　复合推进剂稳态燃烧

复合推进剂是由晶体氧化剂、燃料、黏合剂及其他附加成分混合固化而成的。氧化剂主要有硝酸铵(AN)、过氯酸铵(AP)、过氯酸钾(KP)等等。黏合剂主要有沥青、聚硫橡胶(PS)、聚氨酯(PU)、聚氯乙烯(PVC)和各种聚丁二烯(PB)。燃料主要有铝、镁、硼等。其中氧化剂的作用尤其显著,它在推进剂各组元中所占的百分比最大,对燃烧过程的影响也很突出。目前在复合推进剂中用得最广泛的氧化剂是过氯酸铵,对这类推进剂的燃烧也研究得最多。

本章介绍 AP/HTPB 体系复合推进剂的燃烧机理及燃烧模型。

10.1　复合推进剂燃烧现象

从宏观上来说,复合推进剂各组分混合较均匀,它的燃烧过程大体上仍然可以看作是平行层燃烧。从微观上来说,复合推进剂组分并非完全均匀分布,燃烧区的火焰结构也不是均匀的。复合推进剂的火焰结构是一个三维的复杂现象。在燃烧区所进行的物理化学过程,不仅沿垂直于燃烧表面的方向在变化,而且在同一表面上也有多种燃烧过程在分散进行。一般情况下,氧化剂和黏合剂的分解产物并不是预混的,而是在过程中又混合又反应,形成扩散火焰。

由于复合推进剂组分多,且各组分粒径不一,因此复合推进剂的燃烧具有如下特点:微观结构不均匀;氧化剂合黏合剂的热分解产物各自独立进行;氧化剂的分解产物合燃料气体必须经扩散混合才能形成可燃混合物;气相中的燃烧过程可能受化学反应速度控制,也可能受扩散速度控制,或两者兼而有之。

和双基推进剂燃烧一样,复合推进剂燃烧过程也包含着若干阶段,并伴随有热量的释放和温度上升,其燃烧的第一个阶段也是固体组分的受热分解和气化。由于复合推进剂的微观结构不均匀,氧化剂和黏合剂的热分解是各自独立进行的,它们也服从 Arrhenius 定律,但是各自的表面温度和活化能不同,也就是燃烧理论中的"双温"假说。为了更方便进行理论分析,现有理论模型大都引入一个平均燃面温度 T_s。第二阶段是组分分解产物之间的燃烧反应,释放大量的热。第三阶段是金属粒子在离推进剂表面较远的区域进行点火燃烧。

复合推进剂的燃烧模型可分为如下两类:

(1)偏气相型:速度控制步骤为气相放热反应。

(2)偏凝相型:速度控制步骤为凝相放热反应。

AP 复合推进剂中 AP 的含量一般超过 70%,故 AP 的分解及爆燃特性控制着推进剂的燃烧特性。黏合剂的类型及含量对复合推进剂的燃烧也起着重要的作用。

10.1.1 AP 分解及爆燃特性

1. AP 热分解

P. W. M. Jacobs 等在 1967 年对 AP 的高温分解、低温分解及升华过程的活化能作了测量,结果表明三种情况下活化能相同,为 126 kJ/mol。由此可认为三个过程具有相同的反应控制步骤和统一的机理,即高、低温分解及升华过程均遵循质子转移机理。

AP 颗粒的 DSC 热分析结果如图 10-1 所示。AP 颗粒的 TGA 热分析结果如图 10-2 所示。

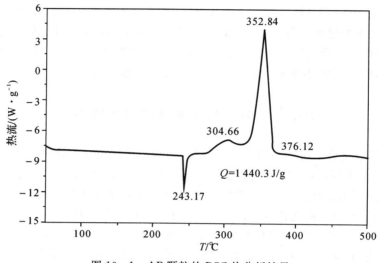

图 10-1　AP 颗粒的 DSC 热分析结果

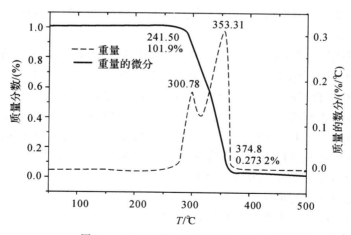

图 10-2　AP 颗粒 TGA 热分析结果

AP 在室温下是稳定的,在 270℃ 以前,TG 曲线不发生任何变化,这说明此前 AP 是稳定的,不发生分解反应;DSC 曲线在 243℃ 时有一吸热峰,这是 AP 由斜方晶向立方晶转变的结果。270℃ 时 DSC 曲线开始上抬,TG 曲线开始下降,这表明 AP 开始分解。由 DSC 图上可以看到,从 270℃ 到 374℃ 的范围之间曲线上存在两个大小不同的分解峰,对应 TG 曲线的下降段也存在一个拐点,拐点的温度为 316℃,这是 AP 高、低温不同分解的结果。从 270℃到 316℃为 AP 的低温分解区,该区包括从 270℃到 304℃的分解加速区和从 304℃到 316℃的分解减速区,该区最大分解速度在 304℃处,经过该区分解后 AP 损失 28.38％的质量。从 316℃到 374℃为 AP 高温分解区,该区的峰值面积要比低温区的大得多,这表明 AP 分解的大部分热量是由该区产生的;峰值温度为 353℃,显示出 AP 在 353℃时有最大的分解速率。374℃以后,DSC 和 TG 曲线都不再有明显的变化,这表明至此 AP 已分解完全。

AP 的高、低温分解和升华过程如下:

分解:$NH_4^+ClO_4^-$(晶体)$\rightarrow NH_3$(吸附态)$+HClO_4$(吸附态)$\rightarrow NH_3$(气态)$+HClO_4$(气态)$\rightarrow$分解产物

升华:$NH_4^+ClO_4^-$(晶体)$\rightarrow NH_3$(吸附态)$+HClO_4$(吸附态)$\rightarrow NH_3$(气态)$+HClO_4$(气态)$\rightarrow NH_4ClO_4$(固态)

AP 的凝相反应遵循 Arrhenius 定律,其分解(包括升华)速率可表示如下:

$$r_{AP} = k_{AP}\exp\left(\frac{E}{R^0 T}\right) \tag{10-1}$$

式中,k_{AP} 为反应速率系数,其值可取 $3 \times 10^5 g/(cm^2 \cdot s)$;$E$ 为反应的活化能;R^0 为通用气体常数;T 为 AP 的温度。

对于 E 的取值,不同学者的看法不同。P. W. M. Jacobs 等对 AP 的高、低温分和升华过程的活化能进行量测量,其结果是三者相同,约为 126 kJ/mol;而另外一些人认为,对于不同的温度区间,活化能的取值是不同的。

AP 的凝相反应将会产生大量的气体,这些气体将作为燃烧过程的氧化剂,但迄今为止,尚未完全弄清楚分解产物的组成,其产物中可能存在的组分包括 O_2,Cl_2,NO_2,NO,Cl_2O_7,$HClO_4$,NH_3,H_2O 等。不同温度下,AP 的分解产物及其组成是不同的,150℃时 AP 开始发生低温分解,其分解化学式可表示为

$$4NH_4ClO_4 \longrightarrow 2N_2O + 3O_2 + 2Cl_2 + 8H_2O$$

400℃时 AP 发生高温分解(燃烧),其分解化学式可表示为

$$2NH_4ClO_4 \longrightarrow 2NO + O_2 + Cl_2 + 4H_2O$$

440℃以上 AP 将发生爆炸,其化学反应式为

$$2NH_4ClO_4 \longrightarrow N_2 + 2.5O_2 + 2HCl + 3H_2O$$

由于 AP 的分解不是只按上述三种情况之一进行,而是这几种分解同时进行,因此其分解产物也就更复杂。下面给出一个 AP 在凝相分解的估算分解产物近似公式:

$$NH_4ClO_4 \rightarrow 0.748\,5O_2 + 0.35N_2 + 0.264HCl + 0.001NO + 0.323NO_2 +$$
$$0.38Cl_2 + 1.88H_2O$$

2. AP 爆燃

AP 是一种单元推进剂,其爆燃特性强烈地影响着整个推进剂地燃烧过程。

研究表明,AP 爆燃过程有以下特点:

(1)AP 爆燃经历了凝聚相和气相两个过程。前者指 AP 在固相发生晶型转变,并在液层内发生热分解反应;后者指分解产物 NH_3 和 $HClO_4$ 在气相中发生氧化还原反应。

(2)AP 爆燃形成的燃烧火焰为预混焰。爆热为 1 382 kJ/kg;表面温度为 837~903K;绝热火焰温度为 1 405 K。

（3）AP 爆燃阶段燃速（爆燃速度）随压强的变化可分成 4 个阶段（见图 10 - 3）：①在 2.06 MPa 下 AP 不能爆燃，2.06～6.8 6MPa 压强段燃速随压强呈直线关系增加；②6.86～13.72MPa 压强段燃速随压强呈指数关系增加；③当压强大于 13.72 MPa 时，燃速随压强增加而急剧下降，到 27.55 MPa 达最低点；④压强大于 27.55 MPa，燃速随压强增加而增加。

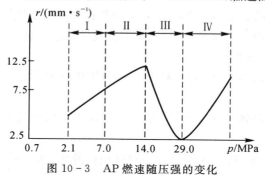

图 10 - 3　AP 燃速随压强的变化

（4）爆燃速度随 AP 粒度减少而增大。

（5）AP 爆燃存在着压强上、下限。研究表明，在初温 21℃ 下 AP 的压强上限为 20～30 MPa，压强下限为 2.2 MPa；在初温 270℃ 以上时，AP 可于 0.1 MPa 下发生爆燃。

10.1.2　HTPB 热分解

HTPB 的热分解是非常复杂的过程，包括融化、键的断裂、分解、气化等过程。研究发现，HTPB 的热解过程存在着两个明显特征：

（1）在其表面有一层融化层；

（2）在聚合物的表面有一层积炭，呈疏松多孔状的积碳层占很大的表面积，它将对推进剂的燃烧过程产生重要影响。

HTPB 的凝相反应过程可叙述如下：HTPB 在其初始状态时具有很大的分子量，并且由于其蒸气压非常低，因而挥发速率非常低。当热量传递给聚合物时，首先是大分子弱键的断裂，随着热量的增加，分解产生的小分子量产物增加，这些产物从表面逸出进入气相。

从 HTPB 固化后热分解 DSC 曲线可以看出（见图 10 - 4）：

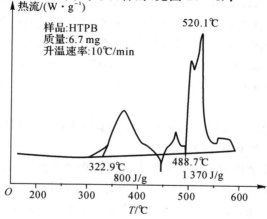

图 10 - 4　HTPB 的 DSC 图

(1)HTPB 降解放出大约 800J/g 热量;

(2)在 320℃左右进行一次解聚,其后,由于环化和交联反应而在 430℃时形成固体状,在 450℃时变为焦油状,其后由于含碳物质的脱氢和 C—C 骨架缩短而呈现出吸热反应。

黏合剂在推进剂的燃烧过程中所起的作用如下:

(1)黏合剂的热解产物在气相中与氧化剂产物反应,从而影响火焰温度。

(2)黏合剂在燃烧表面上的热分解影响气相对燃烧表面的热传导和热平衡。

(3)黏合剂在燃烧表面上熔化后流到氧化剂上或者热解后的固体碳留在燃烧表面上均将影响氧化剂的热分解。

10.2 燃烧过程中特征几何尺寸表征

在推进剂燃烧过程中,氧化剂晶粒的燃烧表面积与黏合剂的表面积的比值随时间而变化。假定氧化剂粒度为单一直径,球形。

实际燃烧时,由于氧化剂的燃速和黏合剂的燃速不同,且氧化剂晶粒具有一定的着火滞后时间,故氧化剂表面出现凹凸不平的现象。

燃面上 AP 晶粒的分布如图 10-5 所示。

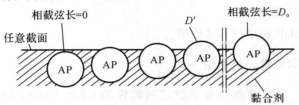

图 10-5 燃面上 AP 晶粒的分布

单个 AP 晶粒从燃面露出到消失的过程,如图 10-6 所示。由于燃面上氧化剂晶粒凹凸程度不相同,因此在实际的燃烧模型近似处理时,可用一个统计平均的相截直径 D' 来表示燃烧过程中该晶粒体积的变化:

$$\frac{\pi}{4}D'^2 D_0 = \frac{\pi}{6}D_0^3 \tag{10-2}$$

$$D' = \sqrt{\frac{2}{3}}D_0 \tag{10-3}$$

式中,D_0 为氧化剂晶粒初始直径。

燃烧过程中的氧化剂表面无论是凸起或凹陷,均直接影响燃烧表面积的大小。对燃烧过程中的氧化剂和黏合剂作以下假设:

(1)初态的氧化剂晶粒是球形。

(2)在氧化剂和黏合剂毗连处,二者的燃烧表面是连续的。

(3)黏合剂的燃烧表面为平面形,氧化剂顶部的燃烧面随燃速而变化,由晶粒顶点到氧-黏毗连点,晶粒的燃烧表面呈圆弧形,其曲率半径为 R。

AP 晶粒的几何关系如图 10-7 所示。

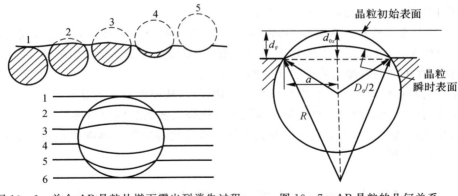

图 10-6 单个 AP 晶粒从燃面露出到消失过程　　　图 10-7 AP 晶粒的几何关系

10.3 复合推进剂稳态燃烧模型

复合推进剂稳态燃烧模型可根据燃速控制步骤和火焰结构的不同认识来分类。本节介绍如下复合推进剂稳态燃烧模型：

(1)偏气相型：GDF 模型。

(2)偏凝聚相型：BDP 模型、PEM 模型。

10.3.1 GDF 粒状扩散火焰模型

Summerfield 等于 1960 年提出复合推进剂燃烧的 GDF(Grainy Diffuse Flame)模型，属气相模型。根据实验结果，认为 AP 型推进剂燃烧具有如下特点：

(1)燃烧表面干燥、粗糙，推进剂靠分解和升华直接从固相析出，非预混，氧化剂和黏合剂在固相不发生化学反应；

(2)燃面上 AP 吸热分解、升华和气化，形成 AP 分解火焰；

(3)AP 和黏合剂分解表面上方有一扩散火焰；

(4)和 AP 分解的厚度相比，扩散火焰离表面的距离更远，它取决于黏合剂-氧化剂分解产物之间的化学反应速度和扩散混合速度。

1. 物理模型

假定燃烧过程分 3 个阶段：

(1)燃面上进行吸热的固相至气相的分解反应。

(2)燃面附近的气相中进行预混的 $NH_3/HClO_4$ 的放热反应(A/PA 区)。

(3)远离燃面的气相中进行着黏合剂和氧化剂分解气体的放热反应(O/F 区)。

认为 A/PA 区很薄，一、二阶段可合并，第三阶段是燃烧过程的控制步骤。黏合剂的热解气体该模型含有一定质量的气团(粒状)，在氧化剂气体中一面离开固相表面，一面扩散燃烧。气团质量与压强无关，但随 AP 粒径增大而增大。气相反应区的温度分布是线性分布。

根据以上分析，Summerfield 在 1960 年提出如图 10-8 所示的粒状扩散火焰模型。该模型未考虑 AP 分解火焰，燃烧区仅分为固相预热区和粒状扩散火焰 O/F 区。

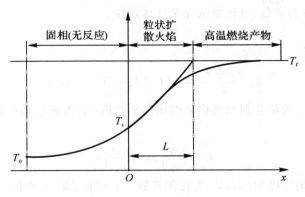

图 10-8　GDF 模型

从实验发现,当压强低于 1atm 时,化学反应速度很慢,AP 分解火焰的厚度随压力降低而增大,不能忽略,为此 Summerfield 在 1969 年提出"两阶段粒状扩散火焰模型"。此模型认为气相中有 O/F 粒状扩散火焰(Ⅰ区),也有 A/PA 预混火焰(Ⅱ区)(见图 10-9)。

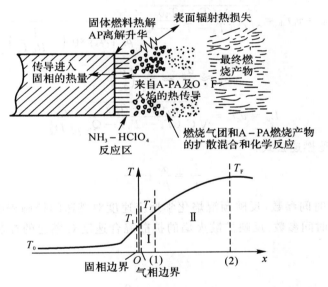

图 10-9　AP 复合推进剂两阶段粒状扩散火焰模型

2.数学模型

作如下基本假设:

(1)火焰一维稳定。

(2)凝相反应集中在燃烧表面进行。

(3)固相分解靠高温火焰向推进剂表面热量反馈(热传导)。

(4)气体反应区没有湍流。

(5)黏合剂热解气体形成很多含有一定质量的气团(粒状),在氧化剂气体中一面离开固相表面,一面燃烧。气团质量与压力无关,随氧化剂粒径增加而增大。

(6)气相反应区的温度分布为线性。

（7）气体物性参数为常数，气体服从完全气体定律。

（8）热辐射忽略。

燃面处能量方程：

$$\lambda_g \frac{T_f - T_s}{L} = \dot{m}\left[C_s(T_s - T_0) - Q_s\right] \tag{10-4}$$

式中，$\dot{m} = \rho_p r = \rho_g v_g$；$C_s$ 为黏合剂和氧化剂的比热平均值；Q_s 为推进剂气化时的净放热量；L 为火焰厚度。

$$L = \left(\frac{\dot{m}}{\rho_g}\right)t = \left(\frac{\rho_p r}{\rho_g}\right)t \tag{10-5}$$

总反应时间和火焰厚度为（Z_1，Z_2 为比例常数，ch 为预混焰，d 为扩散焰）

$$L = Z_1 t_{ch} + Z_2 t_d \tag{10-6}$$

$$L = Z_1 L_{ch} + Z_2 L_d \tag{10-7}$$

$$t_{ch} = \frac{1}{\left(\dfrac{d\epsilon}{dt}\right)_{av}} = \frac{1}{\rho_g A_g \exp\left(-\dfrac{E_g}{R_0 T_g}\right)} \tag{10-8}$$

$$L_{ch} = v_g t_{ch} = \sqrt{\frac{\lambda_g(T_f - T_s)}{C_s(T_s - T_0) - Q_s}} \frac{1}{\rho_g \left[A_g \exp\left(-\dfrac{E_g}{R_0 T_g}\right)\right]^{\frac{1}{2}}} \tag{10-9}$$

$$t_d \approx \frac{d_g^2}{D_g} \approx \frac{1}{D_g}\left(\frac{\mu}{\rho_g}\right)^{\frac{2}{3}} \tag{10-10}$$

$$L_d = v_g t_d = \sqrt{\frac{\lambda_g(T_f - T_s)}{C_s(T_s - T_0) - Q_s}} \frac{\mu^{\frac{1}{3}}}{\rho_g^{\frac{5}{6}} D_g^{\frac{1}{2}}} \tag{10-11}$$

联立得到萨默菲尔德燃速公式：

$$\frac{1}{r} = \frac{a}{p} + \frac{b}{p^{\frac{1}{3}}} \tag{10-12}$$

式中，a 为化学反应时间参数，反映预混焰化学反应速度对燃速的控制程度，主要与燃烧温度有关；b 为扩散混合时间参数，反映扩散火焰的扩散混合速度对燃速的控制程度，主要与氧化剂粒度有关。

压强指数：

$$n = \frac{p}{r}\frac{dr}{dP} = l - \frac{\frac{2}{3}bp^{\frac{2}{3}}}{a + bp^{\frac{2}{3}}} \tag{10-13}$$

大量试验表明：n 不是常数，n 是 a，b，P 的函数，n 随压强的增加而下降，$l \to \frac{1}{3}$，燃烧过程由化学动力学过渡到扩散控制。

经过大量实验验证，GDF 模型理论燃速公式的适用范围如下：

（1）压强：低压强（$0.1 \sim 10$ MPa）；

（2）氧化剂：氧化剂（AP）粒径：$d \leqslant 250\ \mu m$；

（3）黏合剂：以化学交联高分子物质为基的难熔黏合剂；

（4）氧系数：$\theta \geqslant 0.58 - 0.1 Lg(d)$。

GDF 模型具有如下优缺点：

（1）优点：GDF 模型第一个导出了 AP 复合推进剂有理论基础的燃速公式，较简单地将燃速显式公式与推进剂特性、压强等参数关联，有两个由实验确定的参数，在相当大的范围内与实验结果吻合。

（2）缺点：关于燃面干燥的假设与实际不符合；关于气团的概念没有事实依据；完全忽视 AP 分解火焰的影响过于简化。

10.3.2　BDP 多火焰模型

BeckStead，Derr 和 Price 于 1970 年提出了复合推进剂的 BDP 多火焰模型。

根据显微高速照相（火焰结构）和扫描电子显微镜技术（冻结燃面）观察，AP 复合推进剂燃烧有如下特点：

（1）4.2 MPa 为 AP 凸或凹黏合剂表面的分界（低于 4.2 MPa，AP 凸出黏合剂；高于 4.2 MPa，AP 凹下黏合剂；等于 4.2 MPa，AP 和黏合剂消失速度相等），说明 AP 晶粒上方火焰很复杂，为立体火焰，不可忽视扩散火焰的影响。

（2）2.1 MPa 下燃烧时，AP 晶粒似乎从燃面上被挖掉，这可能是由于 AP 晶粒附近的化学反应所引起的。

（3）AP 晶粒燃烧时表面有一薄层 AP 融化液，在该层进行凝相反应。

（4）推进剂燃烧过程中，燃烧表面的黏合剂都处于熔融状态，在很高的压力下，黏合剂熔融液会流到凹在表面下的 AP 晶粒表面，组织 AP 分解，可能使燃烧终止。

1. 物理模型

在燃烧表面的熔融层有凝相反应；在单个 AP 晶粒上方是立体火焰（周围有 3 个火焰）。如图 10-10 所示为 BDP 多火焰模型。

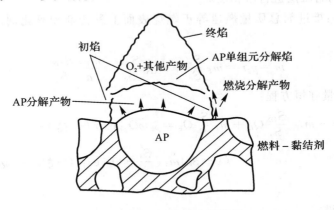

图 10-10　BDP 多火焰模型

（1）AP 单组元分解火焰。该火焰是 AP 分解产物 NH_3 和 $HClO_4$ 之间的反应，它是产生于 AP“气柱”中的预混火焰，并向燃面反馈热量。火焰的化学反应式为

$$NH_3 + HClO_4 \rightarrow 惰性产物 + 氧化性气体（30\%O_2）$$

（2）初焰（简称 PF）。它是由 AP 分解产物与黏合剂热解产物之间的化学反应而形成的火焰，与扩散及化学反应速率均有关，为一扩散火焰。其反应式为

$$黏合剂热解产物（CH_4，C 等）+ HClO_4 分解产物（ClO，OH，O_2 等）\rightarrow 燃烧产物$$

(3)终焰(简称 FF)。它是黏合剂热解产物与 AP 火焰的富氧产物之间的反应,为一扩散火焰。该火焰存在于 AP 气柱的终端,并向燃面反馈热量。由于 AP 火焰的温度较高,其后的产物反应速率快,因此该火焰是与 AP 火焰相连的。

如图 10-11 所示为 BDP 模型准一维火焰结构。

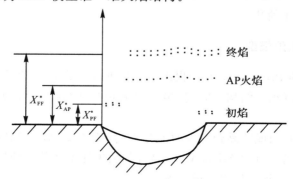

图 10-11 BDP 模型准一维火焰结构

2.数学模型

作如下假设:

(1)燃烧过程准一维;

(2)氧化剂和黏合剂遵循 Arrhenius 定律;

(3)气相反应为简单的均相反应;

(4)产物为完全气体;

(5)燃烧表面的熔融层进行凝相反应。

BDP 模型认为:推进剂总质量燃速等于燃烧表面上黏合剂和氧化剂质量气化速度的总和,即

$$\dot{m} = \rho_p r = \dot{m}_F \frac{S_F}{S_0} + \dot{m}_{OX} \frac{S_{OX}}{S_0} = \frac{\dot{m}_{OX}}{a} \frac{S_{OX}}{S_0} \tag{10-14}$$

燃烧表面的能量守恒方程:

$$\dot{m}C_s(T_s - T_0) + \dot{m}_{OX} \frac{S_{OX}}{S_0} Q_L + \dot{m}_F \frac{S_F}{S_0} Q_F = \beta_F \dot{m} Q_{pF} \exp(-\xi_{pF}^*) +$$

$$(1 - \beta_F)\dot{m}_{OX} \frac{S_{OX}}{S_0} [Q_{AP} \exp(-\xi_{AP}^*) + Q_{FF} \exp(-\xi_{FF}^*)] \tag{10-15}$$

则可计算出燃面温度:

$$T_s = T_0 - a \frac{Q_L}{C_s} - (1-a)\frac{Q_F}{C_s} + \beta_F \frac{Q_{pF}}{C_s} \exp(-\xi_{PF}^*) + (1+\beta_F)a$$

$$\left[\frac{Q_{AP}}{C_s} \exp(-\xi_{AP}^*) + \frac{Q_{FF}}{C_s} \exp(-\xi_{FF}^*) \right] \tag{10-16}$$

$$\beta_F = \frac{X_{AP}^* - X_{pR}^*}{\overline{X}_{PD}^*}$$

$$\left.\begin{array}{l} \xi^*_{AP} = \dfrac{C_p \dot{m}_{OX}}{\lambda} X^*_{AP} = \dfrac{C_p \dot{m}^2 \dot{m}_{OX}}{\lambda k_{AP} P^{n_{AP}}} \\[3mm] \xi^*_{PF} = \dfrac{C_p \dot{m}}{\lambda} X^*_{PF} = \dfrac{C_p \dot{m}(X^*_{PR} + \overline{X}^*_{PD})}{\lambda} \\[3mm] \xi^*_{FF} = \dfrac{C_p \dot{m}_{OX}}{\lambda} X^*_{FF} = \dfrac{C_p \dot{m}_{OX}(X^*_{AP} + \overline{X}^*_{FD})}{\lambda} \end{array}\right\} \tag{10-17}$$

式中，Q_L 为氧化剂汽化热；Q_F 黏合剂汽化热；Q_{PF}，Q_{AP}，Q_{FF} 分别是 PF，AP 火焰和 FF 的反应热；C_s 推进剂比热，假定等于燃气平均比热 C_p；X^*_{AP} 为 AP 火焰离开固相表面的距离；X^*_{PR} 为初焰中的反应距离；$\overline{X}^*_{PD}$ 为初焰的平均有效扩散距离；$\overline{X}^*_{FD}$ 为终焰的平均有效扩散距离；ξ^*_{AP}，ξ^*_{PF}，ξ^*_{FF}，代表各火焰区的无因次火焰距离；k_{AP}，n_{AP} 为 AP 反应的准反应速度常数和反应级数。

各火焰区的能量平衡方程：

$$\left.\begin{array}{l} Q_{AP} = C_p(T_{AP} - T_0) + Q_L \\[2mm] Q_{PF} = C_p(T_f - T_0) + aQ_L + (1-a)Q_F \\[2mm] Q_{FF} = \dfrac{C_p}{a}\left\{(T_f - T_0) - a(T_{AP} - T_0) + \left[\dfrac{(1-a)}{C_p}\right]Q_F\right\} \end{array}\right\} \tag{10-18}$$

式中，T_{AP}，T_f 分别为 AP 火焰和 PF(FF)扩散焰的绝热火焰温度。

BDP 模型燃速公式为

$$r = \frac{r_{OX}}{a} \frac{\rho_{OX}}{\rho_p} \frac{S_{OX}}{S} \tag{10-19}$$

BDP 模型的适用范围如下：

(1)可调参数多，适合定性计算；

(2)低压范围；

(3)AP 单粒径；

(4)比 GDF 更完善，可推广 AP，HMX，RDX 等单元推进剂、双基推进剂、硝胺推进剂。

BDP 模型的优缺点如下：

(1)优点：BDP 模型考虑了推进剂燃面的微观结构；考虑了气相反应中扩散和化学反应两个过程，考虑了 AP 气相反应热和凝相反应热的作用，特别强度凝相反应的重要性。

(2)缺点：推导燃速公式采用准一维；对凝相反应未具体考虑，实质上是个气相模型；只适用单一粒径的 AP 复合推进剂；整个计算复杂，可调参数多，只能作定性估算。

10.3.3　小系统模型(PEM)

Glick，Condon 将新的统计模型和改进的 BDP 模型相结合，于 1974 年提出了小系统综合模型(Petit Ensemble Model，PEM)。康东和奥斯本自 1978 年以来又做了进一步的工作。该模型是 BDP 模型的改进和发展。AP/HTPB 复合推进剂点火瞬间多火焰如图 10-12 所示。

PEM 模型和 BDP 模型的不同点在于：

(1)PEM 把燃烧表面处理成散布着许多氧化剂晶粒(直径不同，凸起或凹下)的黏合剂表面。

(2)把燃面上方的宏观火焰结构看作是许多不相同的、相互无关的微火焰的集合，故 PEM 也称"微焰统计模型"。

(3)燃面可视为随机分布的多分散、多模态氧化剂-黏合剂表面的组合。

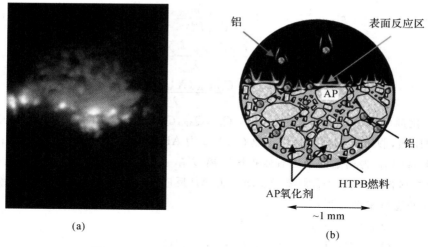

(a)

(b)

图 10 - 12 AP/HTPB 复合推进剂点火瞬间多火焰

1.物理模型

燃面上每一个氧化剂晶粒均与一部分黏合剂相毗连,每一个氧化剂-黏合剂组合将产生一个火焰;各微火焰在燃烧过程彼此无关,实际推进剂可视为许多单分散的假想推进剂组成;假想推进剂的质量燃速由 BDP 模型计算;PEM 模型的每一个假想推进剂微火焰结构与 BDP 模型相同,由初焰、AP 焰、终焰三者组成。

多分散推进剂的燃烧表面及堆积结构如图 10 - 13 所示。假想推进剂的氧化剂分布如图 10 - 14 所示。

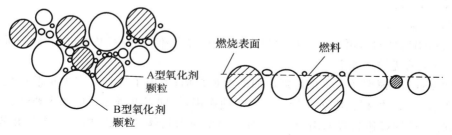

图 10 - 13 多分散推进剂的燃烧表面及堆积结构

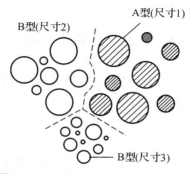

图 10 - 14 假想推进剂的氧化剂分布

2. 数学模型

作如下假设：

(1) 认为燃面是散布有不同粒径氧化剂的黏合剂表面；

(2) 宏观火焰结构看作是许多不同的、相互无关的微火焰集合；

(3) 相关物性假设同 BDP 模型。

可推导出 PEM 模型的燃速公式如下：

$$r = \frac{\overline{m}}{\rho_p} = \frac{1}{\rho_p} \cdot \int_{S_b} r_i \rho_i \frac{\mathrm{d}S}{S_p} \tag{10-20}$$

根据多分散推进剂可以分成若干个相邻假想推进剂（单分散）的假定，若推进剂中含有 S 种氧化剂，Q 种粒度分布（粒度分布范围：$D_0 \sim D_0 + \Delta D_0$），那么，燃烧表面就可以重新排成 SQ 个假想推进剂。再根据多分散推进剂的质量燃速等于所有假想推进剂质量燃速之和的假定，燃速公式变为

$$\overline{m} = \frac{1}{S_p} \sum_{l=1}^{Q} \sum_{k=1}^{S} \int_{\Delta S_{b,d,k}} \dot{m}_{d,k} \mathrm{d}s \tag{10-21}$$

其中是由粒径在 $D_0 \sim (D_0 + \Delta D_0)$ 间的第 k 种氧化剂组成的假想推进剂所占有的真实燃烧表面积，是该假想推进剂所产生的质量流率，l 为粒度分布序数，它与式子中不同的 d 对应。

经多次变换，可得到可用的 PEM 统计模型质量流率和燃速公式如下：

$$\overline{m} = \rho_p \sum_{k=1}^{S} \frac{1}{\rho_{O,k}} \int_{D_O} (\overline{m}_{p,d,k} / \zeta_{d,k}^*) F_k \mathrm{d}D_O \tag{10-22}$$

$$\overline{r} = \sum_{k=1}^{S} \frac{1}{\rho_{O,k}} \int_{D_O} (\overline{m}_{P,d,k} / \zeta_{d,k}^*) F_k \mathrm{d}D_O \tag{10-23}$$

$$\overline{m}_{p,d,k} = \frac{1}{t} \int_0^t \dot{m} \mathrm{d}t \tag{10-24}$$

其中，$\zeta_{d,k}^*$ 为氧化剂体积分数；F_k 为概率密度函数；D_O 为氧化剂直径；$\overline{m}_{p,d,k}$ 为平均质量燃速。

可见，PEM 计算平均质量流率是以平面燃烧面为基的，它等于所有氧化剂晶粒实际表面向黏合剂平面上的投影与黏合剂表面积之和。

PEM 模型适用范围如下：

(1) 比 BDP 更贴近实际；

(2) 多种氧化剂，多粒径；

(3) 可推广到含铝、含催化剂的多模态推进剂。

PEM 模型的优缺点如下：

(1) 优点：能够对多种推进剂（不同氧化剂种类及粒度分布、不同混合比）的燃速进行数值计算，应用范围广；可应用于含铝、含催化剂的多模复合推进剂的稳态燃速计算；可应用于侵蚀燃烧特性和不稳定燃烧特性的计算。

(2) 缺点：采用准一维过程，一步总反应，平均表面温度，物性参数不随温度改变等假设；假定各假想推进剂相互不影响，偏离实际情况；有很多可调参数。

10.4　平台和高台效应及徐温干模型

某些复合推进剂，在高压下会出现平台/麦撒区，现有的理论模型，如 GDF，BDP，PEM 等

无法解释这一现象。对此,曾经有3种解释:

(1)反向气化说:指固体放出的气体组分通过逆反应返回表面,由于反向气化过程随压强提高而增强,当它成为燃速的控制步骤时,在高压下就有可能出现负压强指数。

(2)缺氧局部熄火说:在高压下,由于AP的分解速度大大超过黏合剂,AP表面距火焰区太远或绝大多数AP已分解,从而造成因缺氧所致的局部熄火或燃烧不完全,而局部熄火或混合比改变所造成的局部燃速变化便导致整个燃面上平均燃速的降低,产生平台效应或高台效应。

(3)局部覆盖熄火说:由于低熔点、易流动的黏合剂熔融层覆盖了氧化剂晶粒表面,产生随机的局部熄火,从而导致平台效应或高台效应。

如图10-15所示为高压下某些推进剂燃速特性。如图10-16所示为AP燃速随压强的变化。

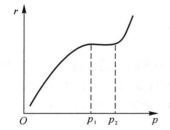 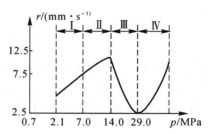

图10-15 高压下某些推进剂燃速特性　　图10-16 AP燃速随压强的变化

徐温干采用扫描电子显微镜对中断燃烧样品进行了研究,并利用自发光或激光阴影的单幅近距摄影术对燃烧终样品进行了观察,发现:

(1)已熔黏合剂对AP表面的覆盖不是PU推进剂在高台区特有的现象,而是在更大范围内出现的普遍现象;

(2)局部覆盖并不一定造成局部熄火;

(3)推进剂在高台区范围的燃烧和AP在爆燃Ⅲ区的反常燃烧存在着惊人的相似。

根据以上实验结果,徐温干等于1983年提出了一个综合考虑黏合剂对AP颗粒表面的覆盖和覆盖层下的凝相反应及反向气化的理论模型(双区模型)(见图10-17)。

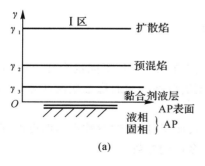 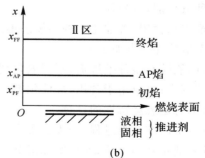

　　　　　　(a)　　　　　　　　　　　　　　　(b)

图10-17 徐温干双区模型

(a)Ⅰ区; (b)Ⅱ区

1. 徐温干双区模型

推进剂的高台效应是由于熔融黏合剂对 AP 表面的覆盖造成了类似纯 AP 在爆燃Ⅲ区的燃烧环境的缘故。将推进剂表面视为氧化剂被熔融黏合剂覆盖与未被覆盖两种情况按不同比例的组合。当氧化剂表面被黏合剂覆盖而进行反常燃烧时，将凝相反应视为压强的函数。对于在气、液界面发生的气化反应还必须考虑气化的逆过程－反向气化的存在。

2. 数学推导

作如下假设：

（1）按氧化剂是否被熔融黏合剂覆盖，将推进剂燃面划分为两个区域。

（2）在氧化剂表面未被覆盖的Ⅱ区，类似 BDP 模型，AP 分解是燃速的控制步骤，AP 晶粒周围有 3 个火焰，压强指数为正。

（3）在氧化剂表面被熔融黏合剂覆盖的Ⅰ区，假定有反向气化的凝相过程是燃速的控制步骤。存在 2 个火焰，压强指数为负。

（4）氧化剂被熔融黏合剂覆盖的面积分数 γ 取决于黏合剂的流动性、燃面的结构、铝粉含量、氧化剂粒度和催化剂的性质及含量。

（5）Ⅰ区和Ⅱ区彼此独立，通过两区的最终绝热火焰温度相等沟通起来。

可推导出质量流率公式如下：

$$\dot{m} = \left(\frac{\gamma}{a} m_{OX_I} + \frac{1-\gamma}{a} m_{OX_{II}} \right) \frac{S_{OX}}{S_0} \tag{10-22}$$

式中，a 为氧化剂在推进剂中的质量分数；S_0 和 S_{OX} 分别是总燃面和氧化剂的表面积；$\dot{m}_{OX_I}$ 和 $\dot{m}_{OX_{II}}$ 分别是Ⅰ区和Ⅱ区的氧化剂质量流率。

对于该模型，有如下特点：

（1）推进剂燃烧时，燃面由压强指数为负的Ⅰ区和压强指数为正的Ⅱ区按不同比例组合，总体效果的压强指数可能为正、零、负三种情况。

（2）当 $\gamma = 0$ 时，双区模型变成 BDP 模型。

10.5　小　　结

前面介绍的各种推进剂燃烧模型，其数学分析已相对详细，理论预示和实验数据也比较吻合，但是也有一些需要进一步研究确定：

（1）所有的理论都是以宏观模型为基础的，而这些宏观模型的有效性尚待进一步审定。

（2）所有的理论都是用一步总包反应的 Arrhenius 反应速度方程来描述各区内发生的反应，但事实上各区发生的反应要复杂得多。

（3）所有的理论都包括一些可调参数，这些可调参数必须与实验数据相符合，因此，只要审慎地选择可调参数，理论计算和实验结果很好吻合不难达到。

（4）目前对推进剂燃烧机理的研究工作将向更深入、更微观的方向发展，以便在现有基础上使之能更精确地描述推进剂稳态燃烧的真实过程。

习　　题

10.1　分析 AP 爆燃特点。

10.2 简述复合推进剂燃烧特点。

10.3 简述复合推进剂 GDF 模型的基本观点。

10.4 简述复合推进剂 BDP 多火焰模型的基本观点。

10.5 简述氧化剂粒度对复合推进剂燃速的影响。

10.6 简述徐温干模型及其特点。

第11章 含金属推进剂燃烧

为提高固体火箭发动机能量性能(包括质量比冲和体积比冲)和推进剂密度,常在推进剂中加入金属粉剂(如镁、铝、硼等),此外,金属及其氧化物的颗粒还能对火箭发动机工作时某些频率的声不稳定燃烧起抑制作用。

然而,和碳氢燃料相比,金属的燃烧显示出某种特异的行为,和推进剂其他组分很不一样。例如:金属颗粒会在燃面处结团,降低燃烧效率;金属氧化物在喷管中流动时的两相流损失,使得推力效率大幅度下降;旋转发动机中的加速度场效应使结团现象更趋严重,导致燃烧特性和内弹道性能的重大变化;但是,有时候,添加金属粉剂又能改善推进剂的点火与燃烧特性;这些具体效果取决于加入的金属与推进剂的性质。

上述种种现象均与推进剂中添加的金属有关,因此研究推进剂燃烧环境中金属颗粒的燃烧具有重要意义。

11.1 加入金属燃料的意义及金属组分的燃烧特点

11.1.1 加入金属燃料的意义

1. 增加比冲(单位:N·s/kg)

一些典型固体推进剂比冲如下:

双基推进剂比冲(不含金属):	2 100~2 300
复合推进剂比冲(含铝镁10%~20%):	2 500~2 900
中能富燃料推进剂比冲(含铝镁40%):	6 000~8 000
高能富燃料推进剂比冲(含硼40%):	10 000~12 000
燃料比冲(含硼70%):	16 000~20 000

2. 增加密度(单位:g/cm³)

一些典型固体推进剂密度如下:

双基(改性双基)推进剂密度:	1.57~1.65
含铝复合推进剂密度:	1.60~1.78
含硼复合推进剂密度:	1.55~1.70

3. 抑制高频振荡燃烧

不稳定燃烧是固体火箭发动机的一种不正常工作状态,一般体现为燃烧室出现一定频率的压强震荡,压强曲线就像正弦曲线。如果压强振荡发展到一定水平,发动机会产生强烈的振动,会带来许多不良后果,如发动机部件过热,压强过高等。

为降低或防止发动机内不稳定燃烧,有许多方法。目前应用比较广泛的就是利用"微粒阻尼"效果,其原理是:如果燃烧产物中含有凝相微粒,可以产生阻尼作用,使声振衰减。含铝推进剂能有效地防止高频不稳定燃烧,就是因为它燃烧生成了 Al_2O_3 凝相微粒,当然,其他凝相微粒也可有阻尼作用。凝相微粒能产生阻尼原因是:凝相与气相声振之间存在速度滞后和温度滞后,由于黏性和传热,产生声能损失,主要是黏性损失。阻尼效果关键在于微粒尺寸,频率越低,要求颗粒尺寸越大。Al_2O_3 一般有两级配:2μ 和 50μ。

一定直径的铝微粒能产生最大阻尼的频率是一定的,两者一般有如下关系:

$$f_{max} = \frac{9\mu}{2\pi d^2 \rho_s}$$

式中　f_{max}——微粒能起最大阻尼作用的频率;

　　　μ——燃气的黏性系数;

　　　d——微粒直径;

　　　ρ_s——微粒密度。

4. 不利因素

在复合推进剂中加入金属粉,主要有如下弊端:

(1)高燃烧温度,不利热防护。

(2)二相流损失,约占喷管损失的30%。

(3)引起喷喉沉积或者冲刷。

(4)高金属含量推进剂低压下燃烧效率低。

(5)产生烟尘。

(6)红外特征明显。

11.1.2　金属组分的燃烧特点

1. 金属及其氧化物属性

常见金属(铝、镁、硼)及其氧化物属性见表 11-1。

表 11-1　金属及氧化物属性

金属	熔点/K	沸点/K	氧化物	熔点/K	沸点/K	说明
Mg	923	1 385	MgO	3 080	3 533	挥发性金属,不融解的氧化物
Al	933	2750	Al_2O_3	2 320	3 253	不挥发性金属,不融解的氧化物
B	2 450	3 931	B_2O_3	728	2 316	不挥发金属,易挥发的氧化物

2. 金属燃烧的分类

根据金属及其氧化物属性特点,可将金属燃烧分类如下:

(1)气相燃烧:对于铝、镁等,氧化物沸点高于金属,表面反应活化能不高,故燃烧的主要形式为产生金属蒸汽,形成扩散火焰。

(2)非气相燃烧:对于钨、硼等,沸点高于氧化物,表面反应活化能不太高,燃烧类似碳燃烧。

3. 决定金属燃烧特点的因素

大量试验表明,决定金属燃烧特点的因素包括以下几点:

(1)推进剂组分组成(金属含量、氧化剂含量、催化剂使用)。

(2)金属与氧化物的热膨胀系数。

（3）金属的熔点及沸点。

（4）金属氧化物的熔点及沸点。

（5）金属在氧化物中的融解特性。

11.2　含铝复合推进剂燃烧

11.2.1　铝的点火与燃烧

1. 燃烧物理过程及现象

如图 11-1 所示为铝粒子点火燃烧过程。通过实验确定含铝推进剂中铝燃烧过程由以下 5 步组成。

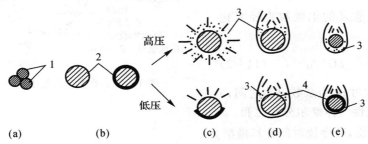

图 11-1　铝粒子点火燃烧过程

(a)颗粒着火；　(b)着火并形成球形结团；　(c)多相燃烧；　(d)氧化膜破裂；　(e)蒸汽相燃烧

1—固体氧化物；　2—液体氧化物；　3—氧化物颗粒；　4—氧化物"疣"

（1）颗粒着火前的熔合：具有表面氧化膜的原始铝颗粒在接近燃烧表面时铝被熔化，在燃烧表面上，一旦颗粒相互接触，则在氧化膜完全熔化之前，紧挨的原始氧化膜因热应力作用而发生机械破坏，在破坏的地方，颗粒熔合在一起。

（2）着火并形成球形结团：上述固体氧化膜的机械破坏还导致燃面上铝颗粒的着火，在着火瞬间，氧化膜融化，此后形成的结团具有球形状。

（3）多相燃烧：汽化的氧化剂经熔融的氧化膜（它覆盖整个结团）扩散，并与液态铝相互作用，从而使结团温度升高、氧化膜厚度增大。

（4）氧化膜破裂：由于铝的汽化，其蒸汽使致密的液体氧化膜破裂。

（5）蒸汽相燃烧：

1）低压下，氧化膜主要集中在氧化物的一个"疣"上，它占据结团表面的 $40\% \sim 50\%$，金属从未被氧化物"疣"占据的表面蒸发，气相燃烧位于此表面之上；

2）高压下，整个氧化膜破裂，并形成很小的氧化物颗粒，它们可被铝的蒸汽从结团表面吹走，故整个结团表面进行铝的蒸发，气相燃烧包围整个结团。

2. 燃烧数学模型

单金属颗粒在氧化剂氛围中燃烧的实验研究表明，颗粒直径随时间变化关系通常可用如下关系式表示：

$$-\frac{\mathrm{d}}{\mathrm{d}t}D^{n} = \mathrm{const} \quad (n = 1.35 \sim 1.90) \tag{11-1}$$

式中，D 为颗粒直径；t 为时间；n 为参数。

在燃气环境中铝滴的燃烧如图 11-2 所示。

对于含铝推进剂中铝的燃烧，要考虑含铝推进剂燃烧时铝具体环境因素：

（1）推进剂中铝含量增加，金属发生严重结团现象，进入气流的铝结团尺寸比进入推进剂的原始铝颗粒尺寸大得多；

（2）推进剂中铝含量增加，氧化介质气体（CO_2，H_2O，O_2 已耗尽）的组成将有所恶化，有效氧含量降低。

因此，必须对颗粒直径随时间变化公式进行修正。

比较有代表意义的铝颗粒直径变化模型为

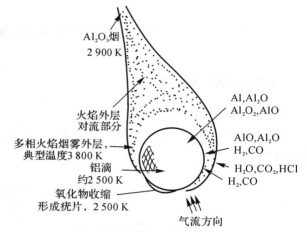

图 11-2　在燃气环境中铝滴的燃烧

$$\frac{\mathrm{d}D}{\mathrm{d}t} = -kD^{1-n}\alpha^{0.9} \qquad (11-2)$$

式中，D 为铝团尺寸；k 为系数；t 为时间；n 为参数；α 为氧化性气体摩尔分数之和。

对于铝团来说，其燃烧时间计算模型为

$$t = kD_0^n/\alpha^{0.9} \qquad (11-3)$$

式中，D_0 为铝颗粒原始尺寸；k 为系数；n 为参数；α 为氧化性气体摩尔分数之和。

式（11-2）和式（11-3）都是研究人员从大量实验得到的经验公式，对于不同配方的推进剂，其相关参数都要改变。例如，当 $k=5.0\times10^{-6}$，$n=1.75$，$P=1.5$，$D_0=150\ \mu\mathrm{m}$ 时，可计算得到 $t=0.03\ \mathrm{s}$。

11.2.2　铝的结团

1.结团原因及影响因素

推进剂燃烧时铝颗粒结团是一个极复杂的动力学过程，可具体描述如下：

推进剂燃烧时，黏合剂受热分解产生的中间产物和其溶化物在燃面上形成一个薄薄的液态表面反应层，温度范围 675～975K。此时，铝（熔点 933K，沸点 2 500K）也被加热并溶化，但是铝表面的氧化物（熔点 2 323K，沸点 3 253K）不熔解，仍为固态，将铝包裹住，呈颗粒态。在表面反应层表面张力和黏附力的作用下，该铝颗粒滞留在表面反应层内。若铝的尺寸小于表面反应层的厚度并随着它以等于燃速的速度后退时，留在其中的铝粒和其他铝粒相遇，逐渐形成铝的积聚。当积聚的铝粒温度升高到铝的熔点时，铝粒的体积膨胀，由于氧化铝的热膨胀系数小于铝的热膨胀系数，因此表面的固态氧化铝膜破裂，液态的铝从裂缝中流出，紧密接触部分的铝连接成块。随着铝积聚的增加，其顶部暴露在高温度的气相区，积聚的铝受热溶化并形成更大的铝块。当气动力大于表面张力和黏附力时，铝结块进入气相区。如图 11-3 所示为铝的积聚和结团过程。

由此可见，铝结团原因中，如下因素尤其重要：

（1）彼此接触是颗粒通过燃烧波时结团的必要条件；

（2）如果金属熔点低于推进剂燃烧表面温度，则颗粒结团是可能的；

（3）金属的低蒸汽压、金属氧化物的高熔点、金属氧化膜的保护性等因素均妨碍颗粒着火，延长颗粒在表面的滞留，从而有利于结团；

（4）金属与金属氧化物因热膨胀系数不同而导致金属氧化膜破裂是颗粒结团的原因。

大量实验表明，推进剂配方参数及发动机工作条件对金属颗粒的结团过程均有影响。我们用结团度来表征结团：

$$结团度 = \frac{D_{结团后}}{D_{原始颗粒}} = \frac{D_{ag}}{D_0} \tag{11-4}$$

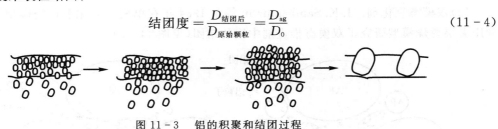

图 11-3　铝的积聚和结团过程

对于含铝复合推进剂，影响因素如下：

（1）推进剂配方参数影响结团因素：

氧化剂 AP 的粒径 D_{AP}：AP 粒径增大，结团尺寸增大。

AP 的容积分数 β_{AP}：AP 容积分数减小，结团尺寸增大。

铝的粒径 D_{Al}：Al 粒径减小，结团尺寸增大。

铝的容积分数 β_{Al}：Al 容积分数增大，结团尺寸增大。

推进剂燃速 r：一般认为，燃速减小，结团尺寸增大。

（2）发动机工作条件影响结团因素：

工作压强：效果同燃速类似，根据不同结团机理，结团尺寸随压强升高可能增大、不变和减小。

横流：横流的存在通常使结团尺寸减小。

2. 结团模型（口袋模型）

研究人员通过实验发现推进剂显微结构中铝颗粒聚集在一起，小的铝颗粒充满在较大的氧化剂颗粒的间隙之中。他们根据这些实验结果建立了铝的结团口袋模型。

下面分别介绍含有单模态、双模态、多模态氧化剂的推进剂的结团口袋模型。

口袋模型，顾名思义，就是像个口袋一样，如图 11-4 所示为铝结团的口袋模型图。

（1）单模态氧化剂。假设铝颗粒在氧化剂颗粒之间的间隙范围内熔合，从而形成不同尺寸的结团，该尺寸由孔隙量及其中铝含量确定。

根据立体测量学原理，AP 颗粒间任意形状的孔隙的容积由当量球的容积确定，该当量球的直径等于 AP 颗粒表面之间的平均自由距离：

$$l = \frac{4}{s_{AP}} \frac{1 - \beta_{AP}}{\beta_{AP}} \tag{11-5}$$

式中，$s_{AP} = \dfrac{6}{D_{AP}}$，为氧化剂颗粒的比表面积；$\beta_{AP}$ 为

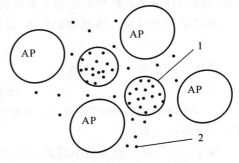

图 11-4　铝结团的口袋模型
1—铝团；　2—铝粒子

AP 占推进剂的容积分数。

结团尺寸的理论值：

$$D_{ag}^{th} = \frac{2}{3}\beta_{Al}^{\frac{1}{3}} \frac{(1-\beta_{AP})^{\frac{2}{3}}}{\beta_{AP}} \cdot D_{AP} \qquad (11-6)$$

说明：①此模型计算的结团尺寸与推进剂燃速及压强无关；②实验表明，在 0.1~4 MPa 压强范围间，理论与实验符合得很好。

（2）双模态氧化剂。J. K. Sambamurthi 等于 1984 年在单模态氧化剂口袋模型的基础上，利用夹层燃烧模型研究了双模态推进剂中铝的结团（见图 11-5）。

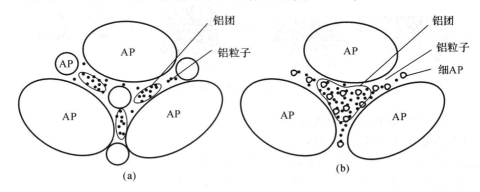

图 11-5　双模态氧化剂时铝结团模型

（a）"粗＋中"级配氧化剂口袋结团模型；　（b）"粗＋细"级配氧化剂口袋结团模型

双模态推进剂中铝的结团具有如下特点：

1）"粗＋中"双级配氧化剂：中粒 AP 足以使铝颗粒弥散，并对铝着火提供附加的局部扩散小火焰，因而只形成丝状的小结团。

2）"粗＋细"双级配氧化剂：口袋由大约等量的 AP、铝和黏合剂所充填，且细 AP 不能建立局部小火焰以点燃铝，因而形成大结团。

3）小火焰仅对高压或大 AP 颗粒才能建立，故提高压强或加大细 AP 尺寸时，结团尺寸反而减小。

4）当增加细 AP 含量时，有利于小火焰建立，从而减少结团。

（3）多模态氧化剂。N. S. Cohen 于 1983 年考虑了实际推进剂颗粒尺寸掺混，即多模态的情形，此时，部分 AP 颗粒直径小于铝颗粒直径，致使口袋的物理图画复杂。

结团由每个口袋内熔融的铝形成，故结团直径正比于口袋内熔融铝质量的三次方根：

$$D_{ag} \propto (f\alpha_{Al}V_P)^{\frac{1}{3}} \qquad (11-7)$$

结团分数正比于结团直径：

$$F_{ag} \propto D_{ag} \propto (f\alpha_{Al}V_P)^{\frac{1}{3}} \qquad (11-8)$$

式中，f 为燃面上熔融铝的分数；α_{Al} 为铝质量分数；V_P 为有效口袋容积（定义为最小几何口袋，其内 AP 将铝包容）。

说明：① 若铝不能为最小口袋包容，则它被分配给临近较大的口袋，形成较大结团；② 若最小口袋局部火焰温度低（含大量细 AP 时，局部为富燃环境），铝被分配给临近较大口袋，形成较大结团。

11.2.3　铝对推进剂燃速的影响

铝粒在燃烧氧化时首先在外表面生成一层氧化铝（Al_2O_3）的外壳。氧化铝的熔点甚高，约为 2 300 K。由于这一高熔点外壳的保护，壳内的铝不能继续与氧化剂气体反应。要使其中铝粒点燃并完全燃烧，需要更高的温度，突破氧化铝的外壳。但 AP 推进剂燃烧表面的温度只有 1 000K 左右，当铝粒从推进剂深处达到燃烧表面时，其温度升高只能使铝本身达到或接近熔化温度，对固态的氧化铝外壳没有多大影响。铝滴在燃烧表面上停留、积聚，互相靠拢，最后形成结团。当然，并不是所有的铝颗粒都参与团聚，部分铝从表面单独逃逸出来直接燃烧。如图 11－6 所示为含铝复合推进剂中铝燃烧情况。

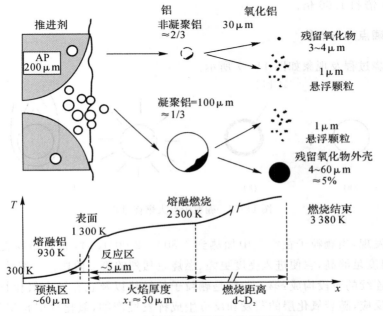

图 11－6　含铝复合推进剂中铝燃烧情况

铝粒或铝团在氧化铝外壳的保护下，离开推进剂的燃烧表面，进入温度更高的燃烧反应区的。随着温度升高，由于氧化铝外壳的膨胀系数小于铝的膨胀系数，外壳被胀裂，铝的熔化液散发出来，就会在氧化剂气体中燃烧。

推进剂中添加金属铝，对于推进剂的燃烧速率有如下影响：

(1)推进剂导热系数增大，有利于提高燃速。

(2)铝表层发生氧化，不利于燃速的提高。

(3)铝燃烧的高发光度，导致辐射换热过程的增强，因而导致燃速增加。

(4)在夹有金属纤维或金属丝的推进剂中，局部的传热可以增大靠近金属丝处的燃烧速率，也相应增加燃烧表面积，有效地增加燃速。

推进剂中加入铝粉，对燃速的提高作用不是很大，但是添加铝有利于增加推进剂理论比冲和密度。

从含铝固体推进剂性能测试结果看，可以做出如下普遍性的概括：

（1）促进铝在表层或近表层燃烧的条件，倾向于提高燃烧速率，并减少对压力的依赖性。

（2）由于直接加入铝，从而使装药更趋于富燃，通常引起燃烧速率的降低，尤其低压下。

（3）如果采用高能量黏合剂，铝对推进剂燃速影响很小。

（4）如果能使燃烧的铝颗粒保留在推进剂表层加速运动，将增大燃速。

11.3　含硼富燃料推进剂燃烧

硼以其高的质量热值和容积热值而被认为是固体富燃料推进剂的最佳燃料。硼的质量燃烧热为 58 280 kJ/kg，分别是镁和铝的 2.3 倍和 1.9 倍；其体积热值是 136.38 kJ/cm³，分别是镁和铝的 3.09 倍和 1.66 倍。

11.3.1　硼点火与燃烧

硼点火燃烧过程及现象如图 11－7 所示。

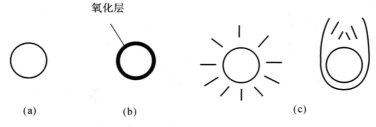

图 11－7　硼粒子点火燃烧过程

研究人员发现，当硼粒子在空气中加热到 1 800～2 000K 时，它开始发光并持续一段时间，如果环境温度足够高，它便进入亮度更强、燃烧更猛烈的第二阶段。一般认为，硼粒子的燃烧过程由两个连续的阶段构成：第一阶段是硼粒子的加热以及它在液态氧化物层的包覆下与氧化性气体的反应，随着氧化层的蒸发和反应生成挥发性产物，氧化物层越来越薄，当它完全挥发（厚度为零）时，第一阶段结束，这一阶段一般认为是点火过程；第二阶段是洁净的硼粒子（无液态氧化层）和周围氧化性气体之间的直接反应，生成最终燃烧产物或过渡性燃烧产物（它进一步氧化生成最终产物），这一阶段是燃烧过程，绝大部分硼是在这一阶段消耗的。

硼粒子在热空气中点火是一个很复杂的过程。硼粒子在周围环境的对流和辐射热作用下被加热，温度升高。当硼粒子温度较低时，其化学反应速率很慢，可以忽略；当温度达到 1 500K 以上时，硼的反应速率很快，反应放热产生自加热作用，并在硼粒子表面产生一层难挥发的玻璃态氧化物。由于氧化层的阻隔，硼和氧必须通过扩散作用才能相互接触并发生化学反应，因此该氧化层的厚度由扩散速率和氧化物的消耗速率决定，一方面通过扩散作用硼与周围环境中的氧发生反应，生成氧化物，产生热量，使氧化层厚度增加，硼粒子温度升高；另一方面通过氧化物的蒸发和与水蒸气的反应使其厚度减小，硼粒子温度降低，当氧化层厚度为零时，点火阶段完成，硼粒子进入燃烧阶段。

1. 硼粒子点火机理

建立硼粒子的点火模型就是以硼的点火机理为基础，确定硼粒子尺寸、氧化层厚度以及硼粒子温度与点火时间之间的关系。在建模过程中，认为硼粒子是不含杂质的球体。如图11－8

所示为硼粒子点火机理。

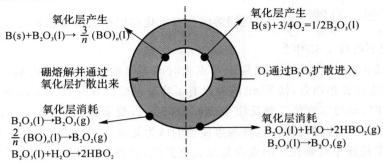

图 11 - 8　硼粒子点火机理

由硼粒子的点火机理可知,其点火时间是由氧化层产生和消耗的速率来决定的,当氧化层的消耗速率大于产生速率时,硼粒子才能点火,消耗速率越大点火时间越短;当氧化层的产生速率大于消耗速率时,氧化层的厚度增加,硼粒子不能点火。

关于氧化层的产生目前存在两种有代表性的观点:

(1)一种是 King 等人认为,由于浓度梯度,环境中的氧通过液态氧化层扩散到硼与氧化层界面上,并在界面上与硼发生氧化反应产生三氧化二硼(B_2O_3),使氧化层的厚度增加。因此,氧化层产生速率由氧的扩散速率与硼的氧化速率决定,受氧的浓度、压强、氧化层厚度以及硼粒子温度与粒子大小等因素的影响。该化学反应为

$$4B(s) + 3O_2 === 2B_2O_3(l) \tag{11-9}$$

式中,下标 s,l,g 分别表示固态、液态和气态。反应速率为

$$R_B = 0.16 \times 10^{-2}(d_p^2/\delta) T_p X_{O_2} p e^{-22\,600/T_p} \tag{11-10}$$

式中,d_p,δ,T_p,X_{O_2},p 分别表示硼粒子的直径、氧化层厚度、温度以及氧气摩尔分数和环境压强。该速率也即是氧化层的产生速率。

(2)有关氧化层产生的另一种观点是 Williams,K. K. Kuo 等提出的。他们认为,在高温情况下硼在氧化层界面上溶解并与三氧化二硼发生反应,生成聚合物$(BO)_n$,该聚合物在氧化层中由内向外扩散,并在外界面上通过蒸发和化学反应消耗;在低温(一般低于 1 650K)下硼与氧的反应遵循 King 的理论。因此,硼溶解生成$(BO)_n$的速率即是氧化层的产生速率,其化学反应为

$$B(s) + B_2O_3(l) === 3/n(BO)_n \tag{11-11}$$

Williams 认为,硼粒子自发点火的一个必要条件是其氧化层厚度必须单调递减,而只有硼的溶解速率等于其消耗速率时,这一条件才能始终满足。因此,$(BO)_n$的消耗速率必须等于其产生速率时,硼粒子才能点火。扩散到外表面的部分$(BO)_n$与氧发生反应,其反应式为

$$3/n(BO)_n(l) + O_2(g) === BO_2(g) + B_2O_3(l) \tag{11-12}$$

可得硼的氧化反应式:

$$B(s) + O_2(g) === BO_2(g) \tag{11-13}$$

K. K. Kuo 测得硼的氧化反应速率为

$$R'_B = \frac{X_{BO}^{\ominus}}{\dfrac{1}{0.2744 T_p^{-0.5} p_{o_2}} + \dfrac{\delta}{D_{BO} n_l}} \tag{11-14}$$

其中,P_{O_2},D_{BO},n_l 分别表示氧气压强、$(BO)_n$ 的扩散系数、$X_{BO}^{\ominus} = 0.023\ 2 \times$ $\left[1 - \exp\left(\dfrac{35\ 000}{T_p} - \dfrac{35\ 000}{T_{cut}}\right)\right]$,$T_{cut}$ 是硼溶解并在氧化层中扩散的最低温度,随 O_2 的分压力而变,一般情况下可取 $1\ 650K$。

1981 年 Safaneev 用实验证实硼粒子的点火时间与氧的浓度有关,所测得的点火时间与 King 公式的理论计算相吻合,使 King 的观点有了实验基础。Williams 和 K. K. Kuo 等人则发现:在 $1\ 050℃$ 时,硼与三氧化二硼反应生成棕色 $(BO)_n$;覆盖在硼粒子外表面的氧化层呈棕色,X 射线层析时呈无定型结构。这些现象使他们认为是硼在三氧化二硼中扩散。

氧化层的消耗速率对硼粒子的点火是至关重要的,弄清楚影响氧化层的消耗速率是改善硼粒子点火的基础。关于氧化层的消耗,King 与 Williams,K. K. Kuo 等也有不同的观点。

(1)King 认为,氧化层的消耗是由构成氧化层的三氧化二硼的蒸发及其在外表面与水蒸气的反应,消耗的化学方程式为

$$B_2O_3(l) \longrightarrow B_2O_3(g) \tag{11-15}$$

$$B_2O_3(l) + H_2O(g) \Longrightarrow 2HBO_2(g) \tag{11-16}$$

上式表示 B_2O_3 的蒸发过程,其速率由两个因素决定:液态 B_2O_3 的蒸发动力和气态 B_2O_3 的扩散离开硼粒子的速率。King 发现 B_2O_3 的蒸发速率可表示为下式:

$$R_E = \frac{0.32 \times 10^9 \pi\, d_p^2 Nu T_p^{0.5}}{T_p Nu + 887 p d_p} \exp\left(-\frac{44\ 000}{T_p}\right) \tag{11-17}$$

式中,Nu 为努赛尔数。式(11-16)代表 B_2O_3 和 H_2O(水蒸气)的吸热反应,该反应的产物随环境温度不同而异:当气体温度低于 $1\ 400K$ 时,反应产物只有 $H_3B_3O_6$,而当温度高于 $2\ 000K$ 时,产物是 HBO_2;当温度在 $1\ 400 \sim 2\ 000K$ 之间,反应产物是很复杂的。由于硼粒子点火的环境温度高于 $2\ 000K$,所以一般取(11-16)式作为 B_2O_3 和 H_2O 的反应式。该反应的速率为

$$R_H = 4.575 \times 10^{-3} \frac{Nu}{P} d_P T_p^{1/2} \exp\left[18.1\left(1 - \frac{2\ 100}{T_p}\right)\right] \times$$

$$\left[-0.15 + \left\{0.022\ 5 + 0.987 X_{H_2O} P \times \exp\left[-18.1\left(1 - \frac{2100}{T_p}\right)\right]\right\}^{0.5}\right] \tag{11-18}$$

式中,X_{H_2O} 表示水蒸气的摩尔分数。由式(4-7)、式(4-8)可知,氧化层的消耗速率为 $R_E + R_H$。

(2)Williams,K. K. Kuo 等认为,硼粒子的氧化层由 $(BO)_n + B_2O_3$ 组成,氧化层的消耗由 3 个独立过程组成:液态三氧化二硼的蒸发,$(BO)_n$ 的蒸发,外表面上 $(BO)_n$ 与水蒸气的反应。消耗的化学方程式为

$$2/n(BO)_n(l) \Longrightarrow B_2O_2(g) \tag{11-19}$$

$$2/n(BO)_n(l) + H_2O(g) + 1/2 O_2(g) \Longrightarrow 2HBO_2(g) \tag{11-20}$$

液态三氧化二硼的蒸发化学式同式(11-15),蒸发速率同式(11-17)。式(11-19)表示 $(BO)_n$ 的蒸发,K. K. Kuo 测得其速率为

$$R_{E_{BO}} = \frac{0.181\ 8 T_p^{-0.5} p_{B_2O_2}^0}{1 + \dfrac{0.363\ 6 T_p^{0.5} r_p}{D_{B_2O_2,g} Nu}} \qquad (\delta \ll r_p, p_{B_2O_2,\infty} = 0) \tag{11-21}$$

式中,$p_{B_2O_2}^0$,$D_{B_2O_2,g}$,r_p 分别表示 B_2O_2 在硼粒子表面处分压力、扩散系数和硼粒子半径。式

(11-20)是$(BO)_n$与H_2O(水蒸气)反应的化学方程式,其反应速率为

$$R'_H = \frac{X^0_{BO}}{\frac{1}{4.216T_p^{-0.5}p_{H_2O}e^{(-5\,500/T_p)}} + \frac{\delta}{D_{BO}n_l}} \tag{11-22}$$

由式(11-12)、式(11-19)、式(11-20)可知,$(BO)_n$的消耗速率等于$R'_H + R_{E_{BO}} + R'_B$,从式(11-11)可以得出硼的消耗速率等于$\frac{2}{3}R'_H + \frac{2}{3}R_{E_{BO}} + R'_B$,此速率即是Williams等人提出的氧化层产生速率。

由以上反应速率可知,无论在哪一种点火理论中,水蒸气的存在总是加速氧化层的消耗,并且水蒸气的浓度越高,氧化层的消耗速率越大。氧化层的消耗速率随温度的升高而增大,只有当硼粒子的温度高于某一值时,氧化层的消耗速率才会大于其产生速率,这一温度即是硼粒子点火的最低温度,实验测得硼在干空气中的最低点火温度为 1 970K,在湿空气中最低点火温度为 1 850K。

2. 硼粒子点火数学模型

为了能比较精确地得到硼粒子点火过程中的一些重要参数,如硼粒子温度、氧化层厚度、半径、点火时间等,建立硼粒子点火的数学模型是必要的。点火过程中硼粒子的参数总是在不断变化的,用微分方程即可动态地描述参数的变化过程。在点火过程中,硼粒子的半径因硼的消耗而不断减小,King认为硼是由氧直接氧化而消耗的其微分方程为

$$\frac{dr_p}{dt} = -\frac{R_B M_B}{\rho_B} \tag{11-23}$$

K. K. Kuo等认为,硼粒子半径的减小是因为硼不断溶解在氧化层中所致,其微分方程为

$$\frac{dr_p}{dt} = -\left(\frac{2}{3}R_{E_{BO}} + R'_B + \frac{2}{3}R'_H\right)\frac{M_B}{\rho_B} \tag{11-24}$$

氧化物层厚度的变化是由其产生速率和消耗速率决定的,根据King的观点,其微分方程为

$$\frac{d\delta}{dt} = \frac{(R_B/2 - R_H - R_E)M_{B_2O_3}}{\rho_{B_2O_3}} \tag{11-25}$$

由Williams,K. K. Kuo的观点可知,硼的氧化并不影响氧化层厚度的变化,氧化层厚度的微分方程为

$$\frac{d\delta}{dt} = -\left(\frac{2}{3}R_{E_{BO}} + R_E + \frac{2}{3}R'_H\right)\frac{M_{B_2O_3}}{\rho_{B_2O_3}} \tag{11-26}$$

点火过程中硼粒子的能量变化是由化学反应热及其与环境的热交换决定的,从King的反应速率中得出能量变化的微分方程为

$$\frac{dQ}{dt} = 4\pi r_p^2(R_B Q_1 - R_H Q_2 - R_E Q_3) + h(T_g - T_p) + \sigma\varepsilon_B(T_{amb}^4 - T_p^4) \tag{11-27}$$

从Williams的反应速率得出能量变化的微分方程为

$$\frac{dQ}{dt} = -4\pi r_p^2(R_{E_{BO}}Q_4 + R_E Q_3 + R'_B Q'_1 + R'_H Q'_3) + h(T_\infty - T_p) + \sigma\varepsilon_B(T_\infty^4 - T_p^4) \tag{11-28}$$

其中,$h(T_g - T_p)$,$\sigma\varepsilon_B(T_{amb}^4 - T_p^4)$分别是硼粒子与环境的对流换热、辐射换热。由硼粒子能量变化方程可推导出其温度微分方程,由于硼粒子在点火过程中可能会存在相变过程,因此其温

度的微分方程可表示如下:

$$\frac{\mathrm{d}T_p}{\mathrm{d}t} = \frac{\dfrac{\mathrm{d}Q}{\mathrm{d}t}}{\dfrac{4}{3}\pi\, r_p^3\rho_B C_{pB}(\mathrm{s}) + 4\pi r_p^2\delta\rho_{\mathrm{oxide}}C_p(\mathrm{oxide})}\quad(T_p < T_{\mathrm{melt}}) \qquad (11-29)$$

$$\frac{\mathrm{d}T_p}{\mathrm{d}t} = \frac{\dfrac{\mathrm{d}Q}{\mathrm{d}t}}{\dfrac{4}{3}\pi\, r_p^3\rho_B C_p B(\mathrm{l}) + 4\pi r_p^2\delta\rho_{\mathrm{oxide}}C_p(\mathrm{oxide})}\quad(T_p > T_{\mathrm{melt}}) \qquad (11-30)$$

$$\frac{\mathrm{d}f}{\mathrm{d}t} = \frac{\dfrac{\mathrm{d}Q}{\mathrm{d}t}}{\dfrac{4}{3}\pi r_p^3\rho_B Q_{\mathrm{melt}}}\quad(T_p = T_{\mathrm{melt}}) \qquad (11-31)$$

式中,ρ_{oxide},ρ_B 分别表示硼和氧化物层的密度;$C_p(\mathrm{oxide})$ 表示氧化物层的比热容;Q_{melt} 为硼的熔化热;T_{melt} 为硼的熔点温度;f 为液态硼的比例。给定初始条件,应用数学模型即可计算出硼粒子点火过程中的各种参数。由于 Williama,K. K. Kuo 等人的观点是以高温下硼溶解在其氧化物中这一现象为基础的,因此在温度低于 1 650K 时,由他们的观点导出的方程不能应用。

King 和 Williams 等为代表提出了两种有代表性的硼粒子在空气中的点火模型:

(1)两种模型的共同点在于,他们都认为水蒸气的存在有利用于硼粒子的点火,硼粒子点火存在一个最低温度,低于该温度硼粒子不能点火。

(2)两种模型的主要差别在于氧化层中的扩散机理不同,King 等认为是氧在氧化层中由外向内扩散,而 Williams 等则认为是硼在氧化层的内层溶解并向外层扩散。因此,进一步研究硼和氧在液态三氧化二硼中的扩散速率是必要的,弄清楚它们的扩散动力学模型是正确认识硼粒子点火机理的关键。

11.3.2 含硼富燃推进剂燃烧模型

对于含硼量 30% 的含硼富燃推进剂,低压下,凝相反应是推进剂燃速的控制因素,因此研究含硼富燃推进剂燃烧模型,必须更着重研究凝相区的反应。

含硼富燃推进剂的燃烧过程由两个区构成:凝相反应区和气相燃烧区,在凝相反应区中反应放出的热量,直接被推进剂吸收。低压下,气相燃烧区中释放出的热量只有小部分通过对流和传导等方式反馈到燃面被推进剂吸收。含硼富燃推进剂的燃烧过程具有如下特点:

(1)在燃面以下的凝相反应区中,硼粒子不参与化学反应,其中仍然是 AP 颗粒和黏合剂基体的反应,这些反应包括:AP 颗粒的反应,黏合剂的解聚反应,HTPB 的降解、交联和环化,AP 分解产生的氧化性气体 HTPB 或 HTPB 分解产物之间的反应。

(2)在气相燃烧区中,部分硼粒子在燃烧区的下游发生吸热与放热反应,由于离开燃面的距离很远,这些反应反馈到燃面的热量很小,可以忽略不计,因此硼粒子在气相区中的反应并不改变气相区对燃面产生的反馈热结构。

(3)在燃面上方存在一层由硼粒子与碳组成的沉积层,硼在这一层中与 AP 分解产物进行着大量的界面反应,放出热量,因为该沉积层紧贴着燃面,其中的反应热能很快传递到燃面,本文仍然把其中的反应热当作凝相反应热。

（4）和 BDP 模型有差异的是，由于含硼富燃推进剂中 AP 含量少，黏合剂含量大，低压下，当 AP 分解完成时，黏合剂还不能完全分解，因此会出现 HTPB 单独进行分解的区域。

（5）含硼富燃推进剂低压下，其气相燃烧波结构存在暗区。

从上述特点可以看到，在含硼富燃推进剂一次燃烧过程中，其凝相反应热与气相反馈热结构与复合推进剂类似，不同的是沉积层中的反应热，因此 BDP 模型仍然是解释含硼富燃推进剂一次燃烧过程的最好模型，只不过需要在原来的基础上充分考虑到沉积层中的反应热对燃烧过程的影响。

图 11-9 所示是含硼富燃推进剂燃烧模型示意图。

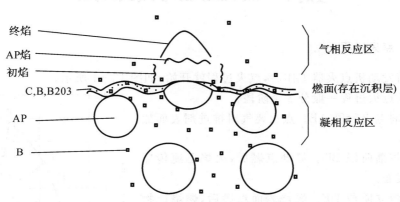

图 11-9　含硼富燃推进剂稳态燃烧模型

含硼富燃推进剂稳态燃烧模型具有如下特点：

（1）燃面上存在一层沉积层，其中含有 C，B，B_2O_3，在沉积层 B 与 AP 分解产物进行凝相反应。

（2）和 BDP 模型类似，存在初焰、AP 焰、终焰。

（3）由于含硼富燃推进剂一次燃烧温度不能达到硼的燃点（1 850K），因此硼在气相进行反应对燃面的反馈热量可忽略。

习　题

11.1　复合推进剂常用金属粉有哪些？

11.2　简述金属粉对固体推进剂的性能的影响。

11.3　简述含铝推进剂燃烧过程中，铝在燃面上的结团机理。

11.4　分析铝粉对推进剂燃速的影响。

11.5　分析硼点火燃烧机理。

11.6　分析含硼富燃推进剂燃烧模型。

11.7　分析铝粉和硼粉在推进剂中的应用差异。

第 12 章 发动机内点火与熄火

本章介绍固体火箭发动机点火过程、点火理论和常用熄火方法。

12.1 点火过程与点火理论

12.1.1 点火过程

固体火箭发动机点火器工作后,点火过程就开始,如图 12-1 所示。

发动机的点火过程一般分 3 个阶段:

(1)推进剂点火阶段 AB。点火燃气对推进剂表面加热,局部点燃。

(2)火焰传播阶段 BD。局部点燃后,火焰迅速传播到整个燃烧表面。

(3)压力建立阶段 DE。燃烧表面点燃后,燃烧产物充填燃烧室,使压力迅速升高,直至建立稳定燃烧的平衡压力。

从点火器开始工作到建立稳定燃烧室压力这一点火过程所经历的时间,称为发动机的点火延迟期。通常这个时间为数毫秒至数百毫秒。其中推进剂点燃阶段 AB 所对应的时间称为推进剂的点火延迟期,约为数毫秒到数十毫秒。这一时间虽不长,但是这一阶段工作的好坏

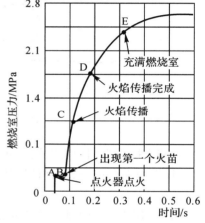

图 12-1 发动机点火过程的三个阶段

对推进剂能否顺利地过渡到稳态燃烧、完成整个点火过程却起着关键作用。因此,对点火过程的研究,主要集中于对推进剂点火的研究。

固体推进剂点火是一个复杂的物理化学过程,如图 12-2 所示。点火开始时,必须通过外加能量激励作为初始动力。这种激励可分 3 类:一是热能激励,二是化学能激励,三是机械能激励。当上述一种或数种能量激励作用于推进剂时,一系列物理化学过程就相继发生。先是经过一段时间的惰性加热,在推进剂表面上形成一个薄的融化层。接着,有的组分开始分解,根据推进剂的成分不同,分解开始的条件也不同。随后因热传导、辐射能的深部吸收和光化学分解,表面下的化学反应和热分解全面开始。由于加热继续进行,融化层继续气化,有的组分直接从表面升华。气化或升华产物(包括燃料和氧化剂)扩散到环境气体中去,而环境气体同时也向推进剂表面方向扩散。各组分在气相区、固相区和气固两相的交界面上可以分别或同时发生若干化学反应。气相反应是由推进剂气化而来的氧化剂与燃料之间或由推进剂气化而来的燃料与环境气体中氧成分之间的反应。界面上的复相反应是气相成分与凝相表面之间的反应。固相反应是推进剂固相区内各组分之间的化学反应。上述各种反应有些是吸热的,有

些是放热的。要达到完全点燃状态,这些反应放出的热量必须大于吸收和散失的热量,前者与后者之差称为净热积累,它使各区的温度升高,最终出现了以高速化学反应、高放热率并伴随有发光为特征的"突变"现象,使推进剂过渡到稳定的自持燃烧。只要"突变"现象一出现,就认为推进剂的点火完成了。

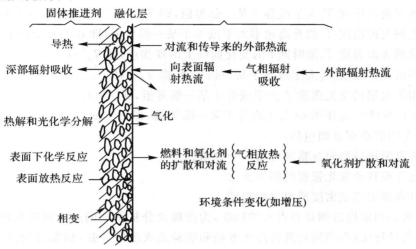

图 12 - 2　固体推进剂点火的物理化学过程

　　在推进剂点火过程中,各区的化学反应对总释放热所起作用的大小各有不同。人们把对点火发生过程中影响最大的化学反应称为关键性反应。由于在不同时期所研究的推进剂不同以及对关键性化学反应的认识不同,出现了各种点火理论。

　　1950 年希克斯(Hicks)等人提出了固相点火理论,又称点火的热理论。这是最早提出的一个点火理论。该理论认为推进剂点火主要依靠固相化学反应产生的净热积累,使化学反应达到高速度、高放热率的"突变"条件。它忽略了气相和复相化学反应的作用。

　　在 1960 年,麦卡勒维(McAlevy)、科恩(Cohen)和萨默菲尔德提出了气相点火理论。在这方面除库玛(Kumar)和赫孟斯(Hermance)提出的模型外,大都为一维模型。该理论认为点火的发生主要依靠气相化学反应产生的净热积累,使气相化学反应达到高速、高放热率的"突变"条件。它忽略了固相和界面上化学反应的作用。

　　到 1963 年,安德森(Anderson)等人首先提出了复相点火理论,认为推进剂气固两相交界面上的复相反应是完成点火的主要原因。室温的点火气体与推进剂表面接触后,表面上立即产生激烈的放热化学反应,促使推进剂点火,因而有时也称为自燃点火理论。

　　上述三种理论,都是强调了点火过程中各种化学反应的某一主要反应,对于不同类型的推进剂和不同的点火方式,这种强调可能符合实际情况,但都偏于过简,不能真实地描述复杂的点火过程。布雷德利(Bradley)、库玛等人提出了一种综合点火理论。它认为各区中的反应都有重要作用,应当予以综合考虑。

　　在推进剂点火机理研究中,推进剂的点火延迟期是一个重要参数,它表示推进剂完成点火所需要的时间,具体讲就是从施加点火能量激励开始到推进剂表面上出现第一个火苗为止的时间。点火延迟期通常由三部分时间组成:惰性加热时间、气体对流和扩散的混合时间和化学反应时间。由于混合时间与化学反应时间之间没有明显的界线,且有一定的重叠,因此点火延迟期并不是这三部分时间的代数和。

要准确地确定点火延迟期,就要选择合适的点火准则。目前在理论分析和实验研究中所应用的点火准则是多种多样的。

理论研究用的点火准则包括:

(1)推进剂表面温度 T_s 大于或等于某一临界值,即 $T_s \geqslant (T_s)_{cr}$,又称为点火的温度准则。

(2)推进剂表面温度 T_s 的升高速率大于或等于某一临界值,即 $\mathrm{d}T_s/\mathrm{d}t \geqslant (\mathrm{d}T_s/\mathrm{d}t)_{cr}$。

(3)推进剂表面温度 T_s 随时间 t 的变化曲线上出现拐点,即 $T_g \geqslant (T_g)_{cr}$。

(4)气相区气体温度 T_g 大于或等于某一临界值,即 $T_g \geqslant (T_g)_{cr}$。

(5)气相区火焰的发光强度 J 大于或等于某一临界值,即 $J \geqslant J_{cr}$。

(6)气相区化学反应速率 w 大于或等于某一临界值,即 $w \geqslant w_{cr}$。

实验研究用的点火准则包括:

(1)高速摄影机摄影时观察到的第一个火苗。

(2)光电管观察到发光强度的剧烈变化。

(3)热电偶测出热流密度或温度的突变。

点火准则是判定推进剂是否点火的标准,为使理论分析得到的点火延迟期能与实验测定的点火延迟期进行比较,必须使理论点火准则和实验点火准则一致,例如理论准则(5)和实验准则(2)就是一致的。

基于对点火过程的理论分析和实验测定,现将各种参数对点火延迟期的影响综述如下:

(1)外部加热热流密度 q 越高,点火延迟期越短。在惰性加热期间,点火延迟期与加热热流密度的二次方成反比。

(2)点火压力增大,点火延迟期缩短。当点火压力很高时,点火延迟期与压力的相关性降低。

(3)环境气体含氧量增加,点火延迟期缩短。

(4)点火气体与推进剂的热响应比 $\sqrt{(\lambda \rho c p)_g / (\lambda \rho c)_s}$ 增大时,点火延迟期增加。

(5)点火压力的增压率增加时,点火延迟期缩短。

(6)初始温度(包括点火气体和推进剂)越高,点火延迟期越短。

(7)点火气体的流速及共热粒子的冲击速度高时,点火延迟期短。

(8)推进剂表面粗糙度大时,点火延迟期短。

(9)推进剂的组成及各组分所占比例的大小、粒度大小,对点火延迟期都有较大的影响。

12.1.2 固相点火理论

由希克斯首先建立的固相点火理论认为,固体推进剂点火是外加热能激励和由此而产生的凝相放热化学反应二者共同作用的结果。作如下假定:

(1)固体推进剂是化学活性物质。

(2)点火期间没有质量扩散和表面退移。

(3)环境气体中含氧量等对点火过程没有影响。

(4)热传导是半无限一维模型。

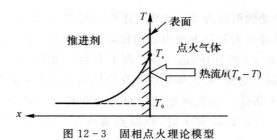

图 12-3　固相点火理论模型

其控制方程为

$$\rho_p c_s \frac{\partial T}{\partial t} = \lambda_s \frac{\partial^2 T}{\partial x^2} + \rho_p \cdot Q \cdot Z \exp\left(\frac{-E}{R^0 T}\right) \tag{12-1}$$

式中,ρ_p,c_s 和 λ_s 分别表示推进剂的密度、比热和导热系数;E 和 Q 分别表示推进剂的活化能和单位质量反应热;Z 为指前因子。若 T_g 为点火气体温度,其边界条件为

$x=0$ 时

$$-\lambda_s(\partial T/\partial x) = h(T_g - T) \tag{12-2}$$

$x=\infty$ 时

$$T = T_0 \tag{12-3}$$

在该理论中,点火气体的温度 T_g 是变化的,从 $t=0$ 到 $t=t_0$ 期间。点火气体的温度为 T_{g1},当 $t > t_0$ 时,点火气体温度下降,或停止加热,T_g 变为 T_{g2},而 $T_{g1} \gg T_{g2}$,因而其初始条件为

$0 < t \leqslant t_0$ 时

$$T_g = T_{g1}$$

$t > t_0$ 时

$$T_g = T_{g2} \tag{12-4}$$

$t = 0$ 时

$$T = T_0$$

式(12-1)不能求得解析解,希克斯在一定范围内进行了数值计算,其结果表示在图 12-4 中,为推进剂表面温度 T 随时间 t 的变化曲线。

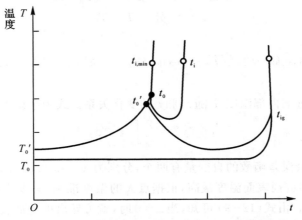

图 12-4　固相点火理论中推进剂表面温度随时间的变化关系

由图可知,当推进剂受到温度为 T_{g1} 的热气体作用时,存在着一个最小点火延迟期 $t_{i,min}$。此时,一方面因传热使推进剂表面及表面内的固相区温度升高,另一方面因方程式(12-1)中反应热项 $\rho Q Z \exp(-E/R^0 T)$ 的存在,进一步升高了表面内固相区的温度。随着温度的提高,反应热项的作用更加增强。这样,在连续加热和反应热项连续作用的条件下,推进剂表面温度就会在短时间内达到点火条件。希克斯把这种点火时间称为最小点火延迟期 $t_{i,min}$。根据计算,他认为表面温度 $T=0.045(E/R^0)$ 时,就算点着火了。这是希克斯研究的第一种点火情况。

希克斯研究的第二种点火情况是绝热点火过程。因推进剂是化学活性物质,有化学反应热项作自加热热源,在无外加热热源作用和绝热条件下,经过足够长时间,推进剂就可达到点火条件。他把这种情况下的点火时间称为绝热点火延迟期 $t_{i,a}$。$t_{i,a}$ 的大小与推进剂的初始温度 T_0 有关。T_0 越大,$t_{i,a}$ 就越小。实际上,由于推进剂尺寸有限,表面上总会有一定的热损失,因而当 T_0 低于某一临界值时,就不可能达到点火条件。

第三种点火情况是用点火气体温度为 T_{g1} 的热源加热,当 $t=t_0 < t_{i,min}$ 时停止加热,使环境温度下降到 T_{g2},这时推进剂表面温度就会下降。可是由于固相中的放热化学反应的作用,当生成热大于损失热时,表面及表面内的固相区的温度就会升高。一般讲,经过一段时间 $t_i(t_i > t_{i,min}$,但 $t_i \ll t_{i,a})$ 后,就可达到点火条件。当用温度为 T_{g1} 的气体加热时间 t_0 减小时,点火延迟期 t_i 就会变大。当 $t_0 \rightarrow 0$ 时,$t_i \rightarrow t_{ia}$。

希克斯的固相点火理论对双基推进剂的点火过程提供了一个比较满意的分析方法。但因为忽略了气相过程的作用,所以要用它解释复合推进剂的点火过程是有困难的。

为了简化分析过程,在强迫对流加热的点火条件下,固相反应生成热对点火过程影响较小时,就可将式(12-1)中的反应热项忽略不计。这式(12-1)就变成

$$\rho_p c_s (\partial T/\partial t) = \lambda_s (\partial^2 T/\partial x^2) \tag{12-5}$$

或

$$\partial T/\partial t = a_s (\partial^2 T/\partial x^2)$$

式中,$a_s = \lambda_s/\rho p c_s$,是推进剂的热扩散率。

初始条件:

$$t=0 \text{ 时} \quad T=T_0 \tag{12-6}$$

边界条件:

$$x=0 \text{ 处} \quad \lambda_s(\partial T/\partial x) = h(T_g - T) \tag{12-7}$$

$$x=\infty \text{ 处} \quad T=T_0 \tag{12-8}$$

其解析解为

$$T = T_0 + (T_g - T0)\{\text{erfc}(x/2\sqrt{a_s t}) - [\exp(hx/\lambda_s + h^2 a_s t/\lambda_s^2)] \times [\text{erfc}(x + h\sqrt{a_s t}/\lambda_s)]\} \tag{12-9}$$

式(12-9)表达了推进剂内部温度 T 随 x 和 t 的变化关系。式中余误差函数的定义为

$$\text{erfc}(y) = \frac{2}{\sqrt{\pi}} \int_y^\infty e^{-y^2} dy \tag{12-10}$$

在式(12-9)中余误差函数的自变量有两个,分别为 $y_1 = x/2\sqrt{a_s t}$;$y_2 = x + h\sqrt{a_s t}/\lambda_s$。

在点火过程中,推进剂表面温度最高,根据点火的温度准则,只要表面温度达到点火温度 T_{ig} 时,即可着火燃烧。由式(12-9)可知,当 $x=0$ 时,就可导出推进剂表面温度 T_s 随时间 t 变化的关系式

$$T_s = T_0 + (T_g - T0)[1 - \text{erfc}(h\sqrt{a_s t}/\lambda_s)\exp(h^2 a_s t/\lambda_s^2)] \tag{12-11}$$

由式(12-11)可知，T_s 随 t 的增加而升高，并且以 T_g 为极限。这表明，只要点火气体温度 T_g 超过推进剂点火温度 T_{ig}，终究是会发生点火的。令 $T_s = T_{ig}$，且当 $h\sqrt{a_s t_i} \ll 1$ 时，就求得点火延迟期 t_i 为

$$t_i = \frac{\pi}{4} \frac{\lambda_s \rho_p c_s}{h^2} \frac{(T_{ig} - T_0)^2}{(T_g - T_0)^2} \qquad (12-12)$$

式(12-12)表明，推进剂的 $\lambda \rho_p c_s$ 越小，点火温度 T_{ig} 越低，初始温度 T_0 越高，点火气体温度 T_g 和对流换热系数 h 增大时，点火延迟期 t_i 就缩短。

12.1.3　气相点火理论

固相点火理论不能解释复合推进剂的点火过程。麦卡勒维等人利用激波管研究片形燃料试件在氧化性气体中点火的现象，提出了气相点火理论。该理论认为，点火热气体是氧化性气体，它加热推进剂并使燃料成分分解、气化为气体产物，与点火气体相互扩散、混合。由于点火气体的加热和气相放热反应的作用，导致气相区发生点火。

气相点火理论模型的物理化学过程如图 12-5 所示。其假设如下：

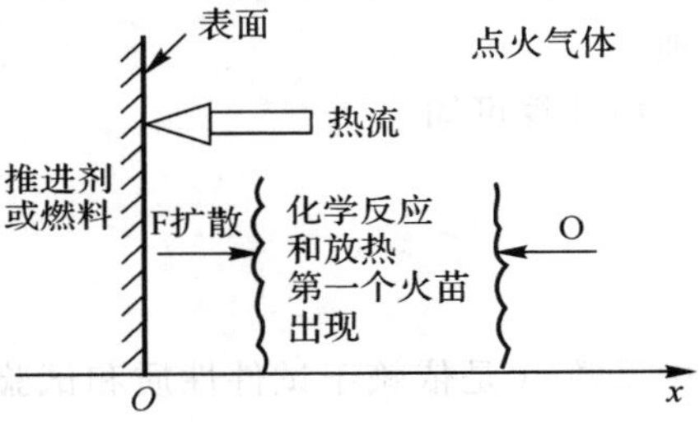

(1) 燃料试件以不变的速率分解和气化。

(2) 燃料试件表面温度是由两个半无限大物体表面接触时的热传导问题的解来求得的。

(3) 点火气体成分在点火过程中保持不变。

(4) 气相的压力保持均匀一致。

(5) 气相反应为二级反应。

图 12-5　气相点火理论模型

(6) 气相对固相的热交换方式为热传导，且气相的温度分布不受扩散过程的影响。

(7) 固相的反应或分解不产生热效应。

(8) 从气相发生"突变"反应到出现火苗之间的时间极短，可以略去不计。点火延迟期就是燃料分解、气化、扩散并与氧成分混合、达到"突变"反应的时间。

(9) 对一般复合推进剂，当温度在 600K 以下时，燃料比过氯酸铵气化得更快，因而推进剂表面是燃料气体的唯一来源。过氯酸铵和铝粉可看作一种惰性物质。

控制方程如下：

扩散方程：

$$\partial C_{OX}/\partial t = D_{OX}(\partial^2 C_{OX}/\partial x^2) - \sigma C_{OX} C_F Z \exp(-E/R^0 T) \qquad (12-13)$$

$$\partial C_F/\partial t = D_F(\partial^2 C_F/\partial x^2) - C_{OX} C_F Z \exp(-E/R^0 T) \qquad (12-14)$$

能量方程：

$$\partial T/\partial t = a(\partial^2 T/\partial x^2) + (QF/\rho c_p) C_{OX} C_F Z \exp(-E/R^0 T) \qquad (12-15)$$

初始条件：

$t = 0$ 时

$$T = T_g, \quad C_F = 0, \quad C_{OX} = C_{OX}^0 \qquad (12-16)$$

边界条件：

$$x = 0 \text{ 处} \quad T = T(0); \quad C_F = 常数; \quad C_{OX} = C_{OX}^0 \qquad (12-17)$$

$$x = \infty \text{ 处} \quad T = T_g; \quad C_F = 0; \quad C_{OX} = C_{OX}^0 \qquad (12-18)$$

式中，σ 表示化学当量计算比；C_{OX}^0 表示氧化剂初始浓度；Q 为反应热。下角标 OX 和 F 分别表示氧化剂和燃料。

根据初始条件式（12-16）和边界条件式（12-17）、式（12-18）对方程式（12-13）求解，可知氧化剂浓度 C_{OX} 不随时间地点变化，其数值等于初始值，即

$$C_{OX} = C_{OX}^0 \tag{12-19}$$

对方程式（12-14）求解，可得出燃料的浓度变化规律为

$$C_F = 2\dot{m}_F (t/D)^{\frac{1}{2}} \mathrm{ierfc}(x/2\sqrt{Dt}) \tag{12-20}$$

式中，$\dot{m}_F$ 为燃料质量生成率，根据假设是一个常量。

将式（12-19）和式（12-20）代入式（12-15），经过简化并计算后可知，当 $t=t^*$，在 $x=x^*$ 处，$\partial T/\partial t$ 由负值变到正值。从能量观点讲，这表明气相区化学反应的放热量等于损失热量就在 $\partial T/\partial t = 0$ 时达到。在此之后，生成热就大于损失的热量，出现了热量积累的情况。由于气相反应热项式（12-15）右边第二项的存在，气相区的温度就会很快达到发火点。因此气相理论认为 $\partial T/\partial t = 0$ 就是"突变"反应的开始。因而 t^* 就是点火延迟期 t_i，$x=x^*$ 处就是点火发生地。

由计算可知

$$t^* \propto C_{OX}^{-0.67} \tag{12-21}$$

或

$$t^* = A C_{OX}^{-0.67} \tag{12-22}$$

式中系数 A 是依赖于试件性质和试验条件的常数。该式证明，点火延迟期 t^* 与氧化剂浓度 C_{OX} 的 $-2/3$ 次方成正比，因而氧化剂浓度越大，点火延迟期就越短。这进一步阐明了点火气体的组分对点火过程有较大的影响。

用气相点火理论曾对聚酯-苯乙烯（22%）过氧酸铵（78%）复合推进剂进行了理论计算，其计算结果与实验结果的对比见表 12-1。

表 12-1 气相点火理论与实验结果比较

实验项目	实验结果	理论计算或估算结果
在纯氧点火热气体中，推进剂的点火延迟期	0.2ms	2ms
在化学惰性或燃料气体中推进剂的点火现象	不点燃	不点燃
在纯氧点火气体中，点火延迟期与压力的关系（压力为 2.1~5.6 MPa）	$t^* \propto p^{-1.77}$	$t^* \propto p^{-1.44}$
双基推进剂与复合推进剂的点火延迟期的比较	大于不含铝复合推进剂	对的
纯燃料在纯氧点火气体中的点火延迟期	约为推进剂的 3 倍	约为推进剂的 1/2

由表 12-1 可以看出，从定量角度看，理论与实验结果差距较大，但从定性角度看，二者基本上是一致的。因此，气相理论基本上反映了复合推进剂的点火实质。用它解释复合推进剂的点火机理是合理的。

12.1.4 复相点火理论

复相点火理论又称为非均相点火理论。该理论认为某些氧化性液体或气体与固体推进剂

在常温下接触时，就会产生激烈的放热化学反应。反应热使推进剂表面温度升高并且点火。由于点火所需的热量是由不同相物质之间的化学反应产生的，因而称为复相点火理论。

以氧化性气体为例，该理论假定：

（1）热和质量扩散到半无限大氧化性气体中去和热传导进入半无限大固体推进剂的方式都是一维的。

（2）氧化性气体与固体推进剂中燃料之间的复相反应对气体而言是一级反应，对固体推进剂则属于零级反应。

（3）气体与固体燃料之间总是处在热平衡状态。

（4）气体与固体均属各向同性物质。

复相点火理论模型如图 12-6 所示。

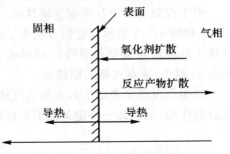

图 12-6　复相点火理论模型

控制方程如下：

固相热扩散方程

$$\partial T/\partial t = a_s(\partial^2 T/\partial x^2) \tag{12-23}$$

气相热扩散方程

$$\partial T_g/\partial t = a_g(\partial^2 T_g/\partial x^2) \tag{12-24}$$

氧化剂气体质量扩散方程

$$\partial C_{OX}/\partial t = D_{OX}(\partial^2 C_{OX}/\partial x^2) \tag{12-25}$$

反应产物质量扩散方程

$$\partial C_p/\partial t = D_p(\partial^2 C_p/\partial x^2) \tag{12-26}$$

初始条件：

当 $t=0$ 时

$$T = T_0; \quad T_g = T_0; \quad C_{OX} = C_{OX}^0; \quad C_p = 0 \tag{12-27}$$

边界条件：

在 $x = -\infty$ 处

$$T_g = T_0; \quad C_{OX} = C_{OX}^0; \quad C_p = 0 \tag{12-28}$$

在 $x = +\infty$ 处

$$T = T_0 \tag{12-29}$$

在 $x = 0$ 处

$$T_g = T = T_s \tag{12-30}$$

$$D_p(\partial C_p/\partial x) = \psi D_{OX}(\partial C_{OX}/\partial x) \tag{12-31}$$

$$Q(-D_{OX})(\partial C_{OX}/\partial_x) = -\lambda_s(\partial T/\partial x) + \lambda_g(\partial T_g/\partial x) \tag{12-32}$$

$$-D_{OX}(\partial C_{OX}/\partial x) = C_{OX}Z\exp(-E/R^0 T) \tag{12-33}$$

式中，C_p 表示反应产物的浓度；ψ 表示反应产物与氧化剂气体之间的质量比；Q 为消耗单位质量氧化剂的反应热。

复相点火理论所涉及的界面条件比较复杂，使用了式（12-30）～ 式（12-33）四个条件。很明显，式（12-30）说明在交界处气相、固相和界面上的温度是相等的。式（12-31）表示扩散到界面上的氧化剂全部参加了反应，其反应产物又全部扩散到气相中去。式（12-32）表示扩散到界面上的氧化剂的反应热，一部分传导到固相区，一部分传导到气相区（这一部分热量与传导到固相区中去的热量相比很小，可以忽略不计）。式(12-33)表示界面上氧化剂气体的反应速率等于它的扩散速率。

由于控制方程中存在着非线性项 $\exp(-E/R^{0}T)$，因而只能用数值方法求解，其结果如图 12-7 和图 12-8 所示。它们分别表示点火延迟期 t_i 所氧化剂浓度 C_{OX} 之间的关系曲线，并且反映了反应热 Q 及导热系数 λ_s 的影响。由图可知，氧化剂浓度 C_{OX} 越大，反应热 Q 越大，导热系数 λ_s 越小，则点火延迟期越短。

复相点火理论考虑了点火环境气体对点火过程的影响，尤其是气-固或液-固之间的复相反应的作用，这在某一特定条件下是接近实际的，但对一般点火过程就不能反映客观实际了。

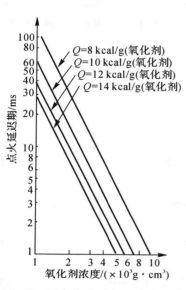

图 12-7　反应热 Q 对 $\lg t_i - \lg C_{\mathrm{OX}}$ 曲线
　　　　斜率的影响

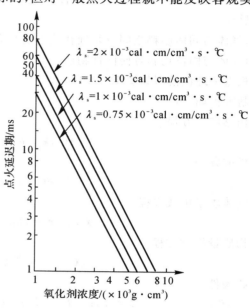

图 12-8　导热系数 λ_s 对 $\lg t_i - \lg C_{\mathrm{OX}}$
　　　　曲线斜率的影响

12.1.5　综合点火理论

由于固体推进剂的点火过程相当复杂，发展一种综合考虑各区化学反应和传热、传质过程的点火理论即综合点火理论来代替上述各理论是十分必要的。目前，这种理论的研究还不充分，现以 1980 年库玛等人建立的模型为例加以说明。

提出该模型的目的是发展一个过氧酸铵复合推进剂在快速升压下点火的理论解；研究增压速率和氧化剂粒度等参数对点火过程的影响；进行实验测定，以证实这种理论的正确性。

该物理模型主要是模拟滞止区的点火情况。考虑点火的物理过程是：点火燃气充满燃烧室使其增压，并向推进剂传热使其表面及表面层以内温度升高，此时就出现了固相区、气相区和交界面上的各类反应。当反应放出的热量大于损失的热量时，各区的温度就会很快提高直至点火。

根据氧化剂粒度随机分布和氧化剂与燃料配比，取出一个统计平均单元，如图 12-9 所示，由氧化剂组分与燃料组分二者构成二维轴对称嵌套圆柱体。

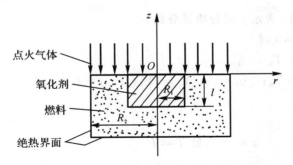

图 12 - 9 复合推进剂统计平均单元横截面

点火燃气作用在 $z=0$ 的表面上，该模型假设：

（1）遵守完全气体定律。

（2）高温分解与化学反应过程可用阿累尼乌斯公式表示。

（3）气相压力是时间的已知函数，在临近推进剂表面的一个小区域内，压力均匀相等。

（4）所有气体组分在 z 向和 r 向扩散系数相等。

（5）各组分均沿 z 向运动，r 向的运动可忽略不计。

控制方程如下：

（1）固相区。

氧化剂中传热方程：

$$\rho_{OX,s} c_{OX,s} \frac{\partial T}{\partial t} = \frac{\partial}{\partial z}\left(\lambda_{OX,s} \frac{\partial T}{\partial z}\right) + \frac{1}{r}\frac{\partial}{\partial r}\left(\lambda_{OX,s} r \frac{\partial T}{\partial r}\right) + q_{OX,s} \tag{12 - 34}$$

固体燃料中传热方程：

$$\rho_{F,s} c_{F,s} \frac{\partial T}{\partial t} = \frac{\partial}{\partial z}\left(\lambda_{F,s} \frac{\partial T}{\partial z}\right) + \frac{1}{r}\frac{\partial}{\partial r}\left(\lambda_{F,s} r \frac{\partial T}{\partial r}\right) + q_{F,s} \tag{12 - 35}$$

式中，$q_{F,s}$ 和 $q_{OX,s}$ 分别表示固体燃料和固体氧化剂单位时间单位体积中热辐射和热分解热量。

（2）气相区。

连续方程：

$$\frac{\partial \rho_g}{\partial t} + \frac{\partial (\rho_g v_z)}{\partial z} = 0 \tag{12 - 36}$$

能量方程：

$$\rho_g C_p \frac{\partial T}{\partial t} + \rho_g C_p v_z \frac{\partial T}{\partial z} - \frac{\partial p}{\partial t} = \frac{\partial}{\partial z}\left(\lambda_g \frac{\partial T}{\partial z}\right) + \frac{1}{r}\frac{\partial}{\partial r}\left(\lambda_g r \frac{\partial R}{\partial t}\right) + q_g \tag{12 - 37}$$

式中，q_g 表示气相单位时间单位体积内的释放热。

状态方程

$$\rho_g = p\overline{M}/R^0 T \tag{12 - 38}$$

式中，$\overline{M}$ 表示平均分子量。

组分守恒方程：

$$\rho_g \frac{\partial Y_j}{\partial t} + \rho_y v_z \frac{\partial Y_j}{\partial z} = \frac{\partial}{\partial z}\left(\rho_g D \frac{\partial Y_j}{\partial z}\right) + \frac{1}{r}\frac{\partial}{\partial r}\left(\rho_g D r \frac{\partial T}{\partial r}\right) + w_j \tag{12 - 39}$$

式中，w_j 表示 j 组元单位时间单位体积内质量生成率；$j=1,2,3,4$，分别代表气态的氧化剂、

HN_3、$HClO_4$ 和燃料；Y_j 表示 j 组分质量分数。

初始条件　　当 $t=0$ 时

固相区　　　　$T=T_0$ （12-40）

气相区　　　　$T=T_g$；　$v_z=0$；　$Y_j=(Y_j)_0$；　$j=1,2,3,4$ （12-41）

边界条件

（3）固相区。

1)　　　　　　　　　　$z=-\infty$ 处 $T=T_0$ （12-42）

2）对称条件：

$r=0$ 处

$$\frac{\partial T}{\partial r}=0;$$

$r=R_2$ 处

$$\frac{\partial T}{\partial r}=0$$ （12-43）

3）界面上温度连续

$$T\mid_{r=R_1^+}=T\mid_{r=R_1^-}$$
$$T\mid_{z=-L^+}=T\mid_{z=-L^-}$$ （12-44）

4）各界面热流平衡

$z=0$ 处 　　　　$\lambda_s\frac{\partial T}{\partial z}=\lambda_g\frac{\partial T}{\partial z}+q$ （12-45）

$z=-L$ 处 　　　$\lambda_F\frac{\partial T}{\partial z}=\lambda_{OX}\frac{\partial T}{\partial z}+q$ （12-46）

$r=R_1,-L<z<0$ 处

$$-\lambda_F\frac{\partial T}{\partial z}=-\lambda_{OX}\frac{\partial T}{\partial z}$$ （12-47）

（4）气相区。

1）在中心线与外边界上的对称条件：

$r=0$ 处

$$\frac{\partial T}{\partial r}=0;\quad \frac{\partial Yj}{\partial r}=0$$ （12-48）

$r=R_2$ 处

$$\frac{\partial T}{\partial r}=0;\quad \frac{\partial Yj}{\partial r}=0$$ （12-49）

2）在 $z=\infty$ 处 　$\frac{\partial T}{\partial z}=0;\quad \frac{\partial Y_j}{\partial z}=0$ （12-50）

3）在气固交界面即 $z=0$ 处，温度连续，即

$$T_s=T_g$$ （12-51）

4）在气固交界面上质量流量平衡，即在 $z=0$ 处

$$\rho_g v_z=\rho_p r_b \quad (r_b \text{ 表示燃烧速度})$$ （12-52）

$$\rho_g v_z Y_j\mid_{z=0^-}=\rho_g v_z Y_j\mid_{z=0^+}-\rho_g D\frac{\partial Y_i}{\partial z}-w_j$$ （12-53）

运用上述初始、边界条件,对控制方程组,即式(12-34)～式(12-39)进行数值求解,可以得到点火延迟期与增压速率的关系。将理论预示结果和实验结果相对比,如图12-10所示,在定性上是一致的。

12.1.6　点火实验

在点火机理研究中,实验研究是十分重要的。过去许多研究者为了证实和探讨点火过程中的机理,曾作了不少工作。米切尔(Mitchell)曾对这方面作过专门的评述,这里只作简要介绍。

按点火能量激励的类别,点火实验可分为以下6类。

(1)用冲击或摩擦方法,研究点火过程。

(2)用导热方法如用热平板、热桥丝或滞止热气体进行点火的实验研究。

(3)用辐射能如弧光映射炉中的电弧光、热辐炉中的辐射热、激光或其他光源等对推进剂进行点火的实验。

(4)用化学活性极强的氧化剂气体如过氯酸蒸气等,突然与推进剂接触的复相点火实验。

(5)用对流传热如激波风洞、固体或气体小火箭、气-液式小火箭发动机产生的高温、高压、高流速燃气,对推进剂进行加热点火的实验。

(6)采用激光进行推进剂点火研究,此种实验方法,加热热流密度很大,加热时间易于控制,热流密度的大小易于精确测定,在点火实验段内可充入不同压力、不同成分的气体,以得到不同的点火环境。若在试验段设置透明窗,就可进行高速摄影,以记录点火的真实过程。利用这类装置,可以研究各种主要因素对点火过程的影响,其测量精确度高,适于研究各种理论模型。

图12-11所示的电弧映射炉就是辐射能点火的一种典型装置。

利用流动热气体点火的特点是实验条件接近发动机的实际点火过程,所测得的结果对工程设计的使用价值较高。能逼真地模拟实际点火条件,成本低廉。图12-12所示是一个气-液式小火箭发动机点火试验装置,它用的推进剂是气氧和酒精,改变其配比可获得不同含氧量和不同温度的点火气体。改变固体火箭发动机(即试验段)的喷管大小,可获得不同的点火压力。利用燃气转换机构可以获得比较理想的点火热流阶跃函数。

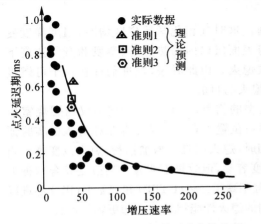

图 12-10　点火延迟期与增压速率的关系

　　准则 1—放热率;　准则 2—燃速;

　　准则 3—气相中某处轴向速度为零

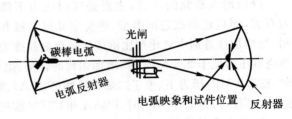

图 12-11　电弧映射炉

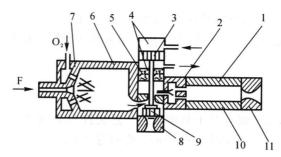

图 12-12　气-液式点火试验装置

1—试件；　2—气流分配板；　3—活塞；　4—高压气室；　5—密封；　6—气-液发动机；

7—头部；　8—调压喷管；　9—活门；　10—固体发动机；　11—主喷管

12.2　固体火箭发动机熄火

为了扩大固体火箭发动机的应用范围，它的可控性研究日益受到重视。强迫熄火技术就是固体火箭发动机可控性研究的内容之一。

从形式上看，熄火方法有降压熄火和喷阻燃剂熄火两类。

12.2.1　快速降压熄火

用迅速降低燃烧室内压力的方法，可以使推进剂熄火。而快速降压的实现，是靠迅速扩大发动机排气通道截面积的方法。降压所需要的时间，一般认为与气体停留时间 t_r 相等。而

$$t_r = V_0 / (\Gamma^2 c^* A_d) \tag{12-54}$$

式中，V_0 为燃烧室充气容积；c^* 为特征速度；A_d 为排气通道截面积。

$$\Gamma = \sqrt{k \left(\frac{2}{k+1} \right)^{\frac{k+1}{k-1}}} \tag{12-55}$$

式中，k 是点火燃气的绝热指数。由式（12-54）可知，扩大后的排气面积 A_d 越大，降压时间 t_r 越小。对一定的燃烧室压力，A_d 存在一极限值或最小值 $(A_d)_{\lim}$。只有当 $A_d > (A_d)_{\lim}$ 时，发动机才会熄火。

1. 降压熄火机理

研究证明，当压力降低时，火焰远离推进剂表面。这时气相化学反应区增厚，温度梯度变小，故引起火焰对燃烧表面的传热量减小，使表面与表面层以内的热分解、蒸发和升华速度下降，这又进一步使气相化学反应速度减小，结果导致熄火。由此看来，推进剂存在一个可燃极限压力 p_{cr}，当燃烧室内压力小于此值时，就可达到熄火的目的。

降压熄火研究的内容，主要是探讨压力下降速率的临界值 $(dp/dt)_{cr}$，它不仅与燃烧室压力有关，而且还和推进剂类型、燃烧室几何特征和喷口位置等有关。萨默菲尔德等人的实验证明，当增加推进剂中氧化剂比例或使氧化剂粒度变细时，熄火困难。增加铝粉，熄火也变难。当燃烧室压力低于 2.8 MPa 时，增加铝粉的含量，熄火变容易，但效果不明显。当改变黏合剂种类时，在 7.0 MPa 压力下，聚丁二烯丙烯酸（PBAA）、端羟基聚丁二烯（CTPB）和聚氨酯（PU）都难以熄火。当压力为 2.8 MPa 时，PBAA 和 CTPB 推进剂的熄火性能相近，PU 却更容易熄火。

2. 熄火条件

西普鲁赫（Ciepliuch）用压力下降 50% 的时间 Δt_{50} 来表征熄火参数 $(A_d)_{\lim}$。该时间与压

力过渡时间 $\theta(\theta = |\ \mathrm{d}t/\mathrm{d}(\ln p)\ |)$ 之间的关系为

$$\theta = \Delta t_{50} / \left[\left(p - \frac{1}{2}p \right) / p \right] = 2\Delta t_{50} \qquad (12-56)$$

实验证明,在特定条件下,对熄火存在一个压力下降时间的极大值。该极限值对应的 Δt_{50} 记为 $(\Delta t_{50})_{\lim}$。如对含 81% 过氯酸铵和 19% 聚丁二烯丙烯酸复合推进剂,$(\Delta t_{50})_{\lim} = 3.5\ \mathrm{ms}$。

对于压力形成时间 θ 接近气体停留时间 t_r 的情况,若 A_d/A_t 足够大(A_t 为喷管喉道截面积),环境压力 p_a 低于推进剂可燃极限 p_{cr} 时,就能得到完全熄火。否则,在熄火后可能会发生再点燃。因此,保证完全熄火的条件如下:

(1) $\theta = t_r$;

(2) $A_d/A_t > (A_d/A_t)_{cr}$;

(3) $P_a < P_{cr}$。

当 $\theta > t_r$ 时,就会发生缓慢熄火现象。如果 A_d/A_t 未达到 $(A_d/A_t)_{cr}$,则发动机会在新的燃烧室压力下进行稳定燃烧。

12.2.2　阻燃剂熄火

向正在燃烧的推进剂表面喷射阻燃剂的熄火研究,是从发掘有效阻燃剂和喷洒阻燃剂方法两方面进行的。

1. 喷水熄火

由喷水熄火的实验证明,存在一个最小喷水时间。若喷水时间小于它,就不可能熄火。不同的研究者得到了不同的最小喷水时间,而且变动范围较大,可为 0.1~0.6 s。其熄火延迟时间 θ 比降压熄火时间大 2~4 倍,所需水量 $m_w = 2M + aA_b$,式中 M 表示燃烧室内燃气质量,a 为一经验常数。

喷水质量 m_w 和熄火延迟时间 θ 的大小,与喷水流率 $\dot{m}_w$ 和喷水时间 t_w 有关。法国航空和宇航研究局的实验证明,当喷水流率 $\dot{m}_w$ 足够大时,喷水时间 $t_w = 1\ \mathrm{ms}$ 就可获得安全熄火。

当向推进剂燃烧表面喷水时,水受热蒸发吸收热量降低了表面及其附近区域的温度,使化学反应速度降低,导致燃烧室压力下降而熄火。

2. 喷盐粉熄火

最初使用过碳酸氢铵(NH_4HCO_3)粉末,用爆炸抛撒方式撒在固体推进剂表面上,其效果不佳。后来使用含结晶水的硫酸铝粉($Al_2(SO_4)_3 \cdot 18H_2O$)喷洒在推进剂燃烧表面上,熄火效果良好。现将各为 1 g 质量的水和硫酸铝分解时所需要的热量列于表 12-2 中。

表 12-2　硫酸铝和水的熄火性能比较

熄火材料	$Al_2(SO_4)_3 \cdot 18H_2O$	H_2O
物理状态	固体	液体
热分解或汽化后生成物的物理状态	$Al_2(SO_4)_3 \cdot 18H_2O$（固体）（气体）	H_2O（气体）
比重	1.7	1
吸热量	387 cal/g	584 cal/g

由表 12-2 可知，$Al_2(SO_4)_3 \cdot 18H_2O$ 的熄火性能与水相近，这个事实已被实验所证实。

盐粉喷洒在燃烧表面上时，首先将表面覆盖起来，阻碍了火焰对表面的传热，使表面温度降低，热分解、气化与升华速率减慢。其次，由于盐粉的热解，吸收燃烧反应区的热量。因为隔热和吸热的作用，正常燃烧的条件遭到破坏，导致推进剂熄火。

12.2.3 快速卸压冷却熄火实验

对于某些高能推进剂，如单纯采取快速降压或阻燃剂一种措施，很难实现高能推进剂熄火，故考虑将快速降压和冷却综合起来，实现高能推进剂快速熄火。

如图 12-13 所示，快速卸压水冷却中断发动机采用竖直放置，发动机下方为一水缸。快速卸压水冷却中断发动机工作过程如下：首先利用装药点火药包点燃推进剂药柱；药柱燃烧 Δt 时间后，将分离销点火药包点燃，产生的燃气将分离销钉弹出；此时发动机前端打开，燃烧室压强瞬间变为大气压，同时药柱根据重力效应掉出发动机外进入水缸。由于快速卸压及水冷却，实现药柱熄火。

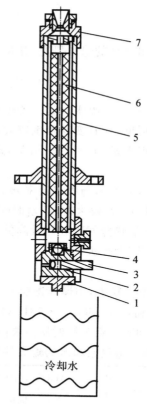

图 12-13 快速卸压水冷却中断发动机组成示意图

1—前挡板； 2—分离销点火药包； 3—分离销钉； 4—装药点火药包； 5—燃烧室； 6—药柱； 7—喷管座和喷管

习　题

12.1　发动机点火过程包括哪些阶段？

12.2　简述固相点火理论。

12.3　简述气相点火理论。

12.4　简述复相点火理论。

12.5　固体推进剂点火方式有哪些？

12.6　火箭发动机熄火方法有哪些？

12.7　分析快速降压熄火机理。

12.8　对于高能推进剂，采用何种熄火方式比较有效？

第13章 侵蚀燃烧

　　侵蚀燃烧是固体推进剂在火箭发动机中燃烧时所特有的一种燃烧现象。它表现为当高速燃气流过药柱燃烧表面时引起当地推进剂的燃速增高,一般情况下横向流速愈大,燃速亦愈大,从而影响发动机的性能。

　　19世纪末,人们已经观察到在固体火箭发动机的工作初期可能会产生压力峰,而这种初始压力峰的出现是与装药的几何形状相关联的。1927年摩拉奥(Muraour)在法国化学协会通报上发表文章,首次明确提出了推进剂燃烧中的侵蚀效应。侵蚀燃烧不但会产生初始压力峰,增加燃烧室的载荷,而且影响发动机的推力和工作时间,因此一直是固体火箭发动机设计者十分关心的问题(见图13-1)。随着对固体火箭发动机性能要求的不断提高,侵蚀燃烧问题变得愈来愈突出。为了了解侵蚀燃烧的机理及其影响因素,测量或预示侵蚀燃烧条件下的推进剂燃速,人们已经从实验上和理论上对这一问题进行了大量的研究。

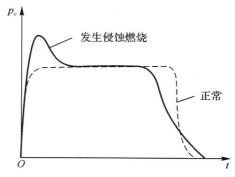

图 13-1　侵蚀燃烧形成的初始压强峰

13.1　侵蚀燃烧的一般现象和机理

　　固体推进剂的燃烧涉及许多化学和物理过程。推进剂的稳态燃烧过程是靠火焰向推进剂表面传热,引起推进剂的相变和在表面附近产生化学反应来维持的。在没有平行于燃烧表面的横向气流的情况下,推进剂的燃速取决于压力、初温、推进剂的类别和组分,对于复合推进剂还有氧化剂颗粒大小等多种参数。在侵蚀燃烧情况下,一般来说燃烧过程仍然可以被看作是稳态的,但是由于存在横向气流,问题将变得更复杂,燃速还要受到气流速度的影响。

　　在本章中,把没有横向气流影响的推进剂燃速称作基本燃速(r_0);把有横向气流情况下的实际燃速(r)与相同压力下的基本燃速之差称为侵蚀燃速(r_e),也就是由侵蚀效应所引起的燃速增量。用公式表示即

$$r_e = r - r_0 \tag{13-1}$$

为了表示侵蚀效应的相对影响,另一个常用的参数是侵蚀比。其定义为

$$\varepsilon = r/r_0 = 1 + r_e/r_0 \tag{13-2}$$

所以实际燃速也可以表示为

$$r = r_0\varepsilon \tag{13-3}$$

为便于讨论侵蚀燃烧的机理和在以下各节中将要介绍的各种理论模型,需要介绍侵蚀燃烧实验中所观察到的各种现象。

研究侵蚀燃烧的实验方法很多。但归纳起来,若按测定燃速的条件分,则可分为试件燃速测定法和药柱燃速测定法两类(简称"试件法"和"药柱法")。若按测定燃速的手段分,则有高速照相法、X 射线照相法、压力传感器法、光电倍增器法、中止燃烧法以及各种探测头法等。试件法是将被研究的推进剂做成试件,放置在发动机所产生的热气流中进行实验。这类方法容易控制推进剂的燃烧环境,便于观察和比较各个参数的影响,如配上精度高的测量手段(如高速照相),可以获得比较精确的实验数据,很适用于验证理论模型和比较不同推进剂的侵蚀燃烧特性。但是,由于试件所处的工作状况与真实发动机往往相差较大,所获得的燃速关系式用于预示发动机内弹道时就需要作一定的修正。药柱法是利用发动机试验直接测出药柱某些部位的实际燃速,或者通过压力-时间曲线的分析来推算推进剂燃速。这种试验发动机通常是按照实验要求专门设计的。在真实发动机中侵蚀燃烧受到药柱几何形状和尺寸以及点火方法等因素的影响。所以药柱法的工作条件要比试件法复杂,但是真实。药柱法可以观察与研究侵蚀燃烧受通道几何形状和发动机尺寸的影响,所得结果比较适用于发动机设计与性能分析。不过药柱法往往难以严格区分各种因素的影响,精确性比较差。试件法和药柱法各有其优缺点,可以互相补充和对照,不同研究者可根据研究工作的目的和条件加以选用。

通过大量的侵蚀燃烧的实验研究,人们观察到了下列基本现象。

(1)流过推进剂燃烧表面的横向气流速度和压力是影响推进剂侵蚀燃速的基本因素。横向气流速度增大,侵蚀燃速增大。在相同的气流速度下,侵蚀燃速随压力增大而增大。但是,横向气流的温度和成分几乎不影响推进剂的侵蚀燃速(见图 13-2)。

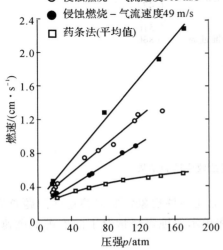

图 13-2　侵蚀燃速与气流速度及压力的关系

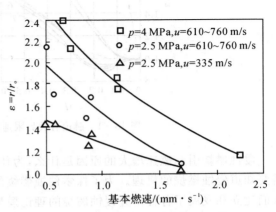

图 13-3　侵蚀比与基本燃速的关系

（2）推进剂组分对侵蚀燃烧的影响主要通过组分对基本燃速的影响表现出来。通常高燃速推进剂较低燃速推进剂对侵蚀燃烧更不敏感,这对于双基推进剂和复合推进剂都一样。图13-3表示了一种 AP-HTPB 推进剂通过改变 AP 粒度来调节燃速所得出的侵蚀比 ε 与基本燃速 r_o 的实验关系。此图表明,燃速高（AP 粒度小）的推进剂侵蚀比小,燃速低（AP 粒度大）的侵蚀比大。当然,氧化剂粒度大小的变动除了改变基本燃速之外还会改变推进剂燃烧表面的粗糙度。燃烧表面粗糙度对侵蚀燃速也会有一定的影响。

催化剂的影响也能通过改变基本燃速反映到侵蚀燃烧特性上来。加催化剂提高推进剂的基本燃速会相应地减小推进剂对侵蚀燃烧的敏感性。有些实验结果表明,当气流速度较小、压力较低时,加催化剂的推进剂显得对侵蚀燃烧很不敏感。

根据有限的实验观察,推进剂中加入铝粉,其侵蚀燃速几乎不变或略有升高。

一般来说,双基推进剂此复合推进剂对侵蚀燃烧要敏感些。

（3）初温对固体推进剂的侵蚀燃烧的影响也通过对基本燃速的影响表现出来。对于同一种推进剂,降低初温使基本燃速减小而侵蚀燃速却增大。

（4）在固体火箭发动机中推进剂的侵蚀燃速还与发动机的大小有关。在装填密度、装药形状和工作压力相同的情况下,小发动机中的侵蚀燃烧一般比大发动机中要严重。装药内孔的几何形状对侵蚀燃速也有影响。在非圆孔通道中同一个横截面上燃速沿周向的分布也是不均匀的。

（5）在许多推进剂的侵蚀燃烧实验中观察到如图13-4所示的现象:当横向气流速度低于某一数值时燃速基本上不再受横向气流影响,即侵蚀比将近似等于1。这个速度称为推进剂侵蚀燃烧的界限速度。界限速度的数值通常随压力升高而减小。有些推进剂在气流速度较低（小于界限速度）时,还出现侵蚀此小于1的现象,这种现象被称为负侵蚀效应。

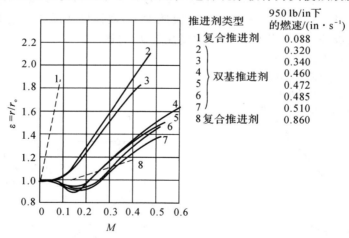

图13-4 赫伦有关界限速度和负侵蚀效应试验结果

侵蚀燃烧引起燃速增大的原因是什么,为什么会有上述种种现象？要回答这些问题首先需要知道侵蚀燃烧的机理。为了探索侵蚀燃烧的机理和预示侵蚀燃烧情况下的推进剂燃速,人们建立和发展了各种研究侵蚀燃烧的理论模型。

以下各节中介绍一些有代表性的理论。这些理论中以湍流反应边界层理论较为完善。按照这种理论,侵蚀燃烧的基本机理可以描述如下:当横向高速气流流过燃烧着的推进剂表面时在燃面上形成湍流边界层。湍流的掺混作用加快了气相反应速度,同时使强反应区向靠近燃面方向移动,并且湍流增大了边界层中的输运系数。这一切都导致增加向推进剂表面的热反馈,从而使燃速增大。气流的质量流率越高,湍流动能越大,上述作用越强,燃速就越高。

根据此机理,气流速度和压力增大,都会使边界层变薄;湍流强度增大,因而燃速升高。推进剂组分对侵蚀燃烧特性的影响主要通过对基本燃速的影响表现出来,说明这种影响主要是物理方面的,也可以从边界层理论得到解释。燃烧着的推进剂表面相当于一个有质量喷出的壁面,对于壁面有喷出的(或叫发汗的)湍流边界层,喷出率越大,边界层越厚。壁面喷出质量的作用还引起边界层内的速度分布和湍流强度分布的变化。这些变化的趋势都是导致减少向推进剂表面的热反馈。高燃速推进剂的表面上的边界层有高的壁面喷出率,因而对侵蚀燃烧的敏感性较小,加上它们的基本燃速大,即侵蚀比的基数大,所以侵蚀比就较小。低燃速推进剂的情况则相反,所以侵蚀比较大。

对于界限速度和负侵蚀现象有各种各样不成熟的解释,现在还没有一种比较一致的观点。下面列举几种说法:

(1)把从中止燃烧实验中所观察到的这种现象解释为表观的,认为可能是由于药柱前段的实际流动条件不能用一维流的近似来代表而形成的。

(2)向边界层加入质量会减小向表面传热,在气流速度不大时它可以抵消甚至超过对流传热。当前者影响超过后者时就出现负侵蚀,两者的影响正好相抵消的情况所对应的气流速度即为界限速度。

(3)鉴于并不是所有推进剂在实验中都出现非零界限速度,有界限速度的也不一定都有负侵蚀,又在复合推进剂中界限速度和负侵蚀现象常见于聚硫和聚氨酯系统,罕见于不加催化剂的各种聚丁二烯系统,因此提出一种可能的解释:燃面上易熔的黏合剂在气流的剪切作用下会对氧化剂表面造成局部覆盖,这种局部覆盖会引起燃速降低。对于一种确定的推进剂,随着气流速度的增大,覆盖面积开始时可能增加,而后又会减少,于是在一定的速度范围内产生负侵蚀现象。

(4)侵蚀燃烧是湍流侵入火焰区的结果。气流速度在界限速度以下时,火焰区位于湍流边界层的层流底层之内,所以不产生侵蚀燃烧。随着气流速度增大,层流底层变薄,气流速度超过界限速度后湍流侵入火焰区,这时才出现侵蚀燃烧。由于壁面的质量喷出会增大层流底层的厚度,因而一般高燃速推进剂有较高的界限速度。

(5)加催化剂的推进剂通常会有较明显的界限速度现象。一种解释是横向气流会抑制催化剂的作用,从而在一定范围内抵消侵蚀效应。另外,加催化剂的推进剂燃速都比较高,这可能也是一个原因。

以上各种解释还都没有直接的实验证明。绝大多数的侵蚀燃烧理论也不包含预示界限速度和负侵蚀燃速。

13.2　表象传热理论

表象传热理论提出得较早,勒努尔(Lenoir)-罗比拉得(Robillard)在 1957 年提出的中心气流传热模型可以认为是这种理论的代表。这种理论以对流传热分析为基础,从现象逻辑出发,认为侵蚀燃烧是由于发动机通道中心的高温燃气流动引起向推进剂表面对流传热所导致的。这种理论没有正确地反映侵蚀燃烧的本质（对此下面将进一步予以评说），但是他们所导出的燃速关系式，作为一种半经验公式，已被固体火箭发动机技术界广泛采用。

勒努尔-罗比拉得模型有两条基本假设，一是推进剂的侵蚀燃速与通道中心燃气流向推进剂表面的传热率成正比；二是总燃速是没有横向气流作用时的基本燃速与侵蚀燃速的叠加。具体地说，假定燃速取决于传给推进剂表面的热量，这热量的来源可分成两部分：第一部分热量来自靠近燃面数微米处的初焰，它是基本的，只与压力有关，这是因为初焰的位置是由压力决定的，与中心气流的速度无关。第二部分热量来自燃气的对流传热，所以与中心的气流速度有关，假定总燃速就是基本燃速与侵蚀燃速之和，即

$$r = r_0 + r_e \tag{13-4}$$

基本燃速与压力的关系可以用下式表达：

$$r_0 = ap^n \tag{13-5}$$

侵蚀燃速按第一条基本假设可以写成

$$r_e = kh \tag{13-6}$$

式中，h 是对流换热系数；k 是比例常数。

根据对流传热的理论，当壁面上有气体喷出时对流换热率将比没有气体喷出时要小。有喷出情况下的换热系数 h 和无喷出情况下的换热系数 h_0 之间有如下关系：

$$h = h_0 \exp(-\beta G_{w/G}) \tag{13-7}$$

式中，G_w 是壁面喷出气体的质量流率；G 代表中心气流的质量流率；β 是无因次常数。无喷出情况下气流对平板的湍流换热系数可以表示为

$$h_0 = 0.028\,8Gc_p Re^{-0.2} Pr^{-0.667} \tag{13-8}$$

式中，c_p 是气体的定压比热；$Re\,(=\rho u \chi/\mu)$ 是雷诺数，$Pr\,(=c p\mu/\lambda)$ 是普朗特数。

设想式（13-7）和式（13-8）适用于推进剂侵蚀燃烧的情况，$G_w = r\rho_p$，ρ_p 是推进剂密度，把这两式与式（13-4）、式（13-6）合并，经过化简和整理可得

$$r = r_0 + \alpha G^{0.8} \chi^{-0.2} \exp(-\beta r\rho_p/G) \tag{13-9}$$

其中

$$\alpha = (0.028\,8c_p\mu^{0.2} Pr^{-0.667})k \tag{13-10}$$

式（13-9）就是勒努尔-罗比拉得燃速公式（简称 L-R 公式），在应用这个公式时，假设对于同一种推进剂 α（有因次）和 β 都是常数，它们的数值由实验来确定。此公式曾经与不少实验数据作过比较，结果是比较满意的。L-R公式的负指数项中含有燃速 r，这表示低燃速推进剂会有较高的侵蚀燃速。这个结论与已知固体推进剂的侵蚀燃烧特性是一致的。

但是，勒努尔-罗比拉得在推导公式中假设形成侵蚀燃烧的热量是从中心气流传来的，完全忽略了推进剂的火焰结构和边界层中的化学反应，这在理论上不符合现在人们对侵蚀燃烧机理的了解。还需要指出这个理论与实验观察有以下矛盾：勒努尔-罗比拉得为了估计 α 的数值，从理论上分析了式（13-6）中的比例因子 k。设中心气流传给燃烧表面的热量是用来把侵蚀燃速部分燃去的推进剂由初温 T_0 升高到燃烧表面温度 T_s，如果气流温度是 T_e，则按单位表面上的能量平衡条件可以写出

$$h(T_e - T) = r_e\rho_p c_s(T_s - T_0) \tag{13-11}$$

其中，c_s 是推进剂的比热。这个式子中包含了推进剂温度从 T_0 上升到 T_s 的过程中没有由化学反应和相变所放出或吸收的热量。解式（13-6）与式（13-11）可得

$$k = \frac{1}{\rho_p c_s}\left(\frac{T_e - T_s}{T_s - T_o}\right) \tag{13-12}$$

或

$$r_e = \frac{h}{\rho p c_s}\left(\frac{T_e - T_s}{T_s - T_o}\right) \tag{13-13}$$

式(13-13)表明 T_e 对 r_e 有明显影响。但是许多实验结果并非如此。一些研究者用不同火焰温度的推进剂作为前置发动机的装药,在其他条件基本不变的情况下,用同一种推进剂试件做对比试验。尽管燃气温度相差几百度甚至上千度,侵蚀燃速几乎都没有什么变化。

对 L-R 公式曾有不少人提出过修正意见,现列举其中两个重要的。

劳兰斯(Lawrence)和台弗莱尔(Deverall)于 1967 年用湍流管流的对流换热关系式代替湍流平板的关系式将燃速公式(13-9)修改为

$$r = r_o + \alpha G^{0.8} D^{-0.2} \exp(-\beta r \rho_p / G) \tag{13-14}$$

式中,把装药通道的水力学直径 D(4×面积/湿润周长)作为特征长度代替了从装药头部量起的轴向距离 x。

不少人都对勒努尔-罗比拉得模型中燃速可叠加的假设提出过疑问,认为缺乏根据。King 为了避开这个假设,从热平衡方程中导热热流和对流热流可以叠加的假设出发,导出了与式(13-9)稍有不同的结果。若 r_o 与 r_e 的表达式仍与 L-R 公式中的相同,修改后的燃速公式是

$$r = r_o^2/r + r_e \tag{13-15}$$

King 指出,燃速可加假设没有考虑下列事实:即侵蚀燃速的增大在同样压力条件下会使推进剂火焰进一步离开燃烧表面;使初焰对燃面的热反馈降低。式(13-15)右边的第一项相当于 r_o 乘以 r_o/r,r_o/r 总是小于 1 的,这个修正就反映了上述因素。

但是,King 所采用的热流可加假设和勒努尔-罗比拉得的燃速可加假设一样,也是任意的。同时,King 在导出式(13-15)的过程中还引用了气相扩散时间与横向气流速度无关的假定,这也是有疑问的。从与实验数据的吻合程度看,式(13-9)与式(13-15)是差不多的。

总的来说,勒努尔-罗比拉得的表象传热理论若作为一种理论来评价,从物理上来说是很不完善的,但由于 L-R 公式形式简单,又能较好地体现侵蚀燃烧问题中基本参数之间的数学关系,而且有两个由实验确定的系数 α 和 β,容易与实验结果吻合,所以仍不失为一个较实用的半经验公式。

13.3　火焰区输运特性改变的理论

这种理论考虑到侵蚀燃烧时推进剂的火焰区处在湍流边界层内,故以分析边界层内的气流输运特性为基础,来建立侵蚀燃烧模型。在模型中通常用湍流边界层的积分解法去求气相反应区的输运特性,在稳态(无横向气流速度)燃烧模型中再考虑湍流引起的输运特性增强的影响,把某种稳态燃烧模型发展为侵蚀燃烧模型。

早在 1947 年,柯纳尔(Corncr)就提出这种观点。许多研究者基于这种观点做过对侵蚀燃烧的理论研究。在这种理论中,朗捷尔(Lengelle)在 20 世纪 70 年代中期所做的工作可以认为是有代表性的。他把粒状扩散火焰(GDF)模型与有质量喷出的平板湍流边界层内的柯埃梯

(Couette)流动模型结合起来,发展了一个复合推进剂的侵蚀燃烧模型。下面是其推导过程的要点:

按照 GDF 理论,推进剂表面生成的燃料气团进入气相后,其特征尺寸为 d,若消耗这样的燃料气团的特征时间为 τ,则 $\tau \sim d^2/D$,D 是扩散系数。如果气体离开表面的速度为 v,则可认为火焰高度为

$$L \approx v\tau \approx \dot{m}d^2/\rho D \tag{13-16}$$

其中 $\dot{m}$ 是质量燃速。从热量平衡出发,还可以建立另一个 $\dot{m}$ 与 L 的关系式,即

$$\dot{m}Q \approx \lambda_{\text{eff}}(T_f - T_s)/L \tag{13-17}$$

式中 T_f 和 T_s 分别代表推进剂的火焰温度和表面温度;λ 是导热系数,下角标"eff"代表有效值(包括分子效应和湍流效应);Q 是单位质量推进剂从初温加热到表面温度再转变成气体所需要的热量。由式(13-16)和式(13-17)消去 $\dot{m}$ 可得

$$L \approx d\left[c_p(T_f - T_s)Le_{\text{eff}}/Q\right]^{\frac{1}{2}} \tag{13-18}$$

其中 $Le\left(=\dfrac{\lambda}{\rho c_p D}\right)$ 表示路易斯数。根据 GDF 模型,$d \propto (M/\rho)^{\frac{1}{3}}$,这里 M 是燃料气团的特征质量,M 只取决于推进剂 AP 的粒度与含量,所以 d 与燃面上是否存在湍流无关。式(13-18)中的有效路易斯数可认为是常数,可见火焰高度除了受 d 的影响之外将只与 T_f,T_s 和 Q 有关,而这些参数的值基本上只取决于压力的大小,所以火焰高度与是否存在湍流无关。

将式(13-17)写作 $\dot{m} \approx \lambda_{\text{eff}}(T_f - T_s)/LQ$,可以看出此式右端项所包含的参数中唯有 λ_{eff} 将受湍流的影响。若假定 $Pr_{\text{eff}}=1$,可有 $\lambda_{\text{eff}}=c_p(\mu+\rho\nu_t)$,这里 ν_t 代表湍流扩散率(又称旋涡扩散率或湍动黏度),于是在侵蚀燃烧情况下

$$\dot{m} \approx \frac{c_p(T_f - T_s)}{LQ}(\mu + \rho \cdot v_t) \tag{13-19}$$

式(13-19)右端脱去后一对括号后,第一项对于一定的推进剂只是压力的函数,相当于基本燃速,第二项代表湍流引起的燃速增量。从而可以推出两个结论:一是

$$r = r_0 + r_e \tag{13-20}$$

即燃速可加假设是成立的;另一是

$$r_e/r_0 = \rho \cdot v_t/\mu \tag{13-21}$$

这表示了侵蚀燃速与湍流扩散率之间的定量关系。

下面叙述如何应用湍流边界层理论来确定 $\rho v_t/\mu$。

时间平衡量的不可压缩湍流边界连续方程和动量方程式是

$$\frac{\partial u}{\partial x} + \frac{\partial v}{\partial y} = 0 \tag{13-22}$$

$$\rho u \frac{\partial u}{\partial x} + \rho v \frac{\partial u}{\partial y} - \frac{\partial \tau}{\partial y} + \frac{\mathrm{d}p}{\mathrm{d}x} = 0 \tag{13-23}$$

其中

$$\tau = (\mu + \rho_t)\partial u/\partial y \tag{13-24}$$

因为火焰位置通常是在边界层的近壁面处,所以引用柯埃梯流动假设,即 $\partial u/\partial x = 0$ 和 $u\partial u/\partial x = 0$,简化上述方程式,并且忽略压力梯度,积分简化后的方程得

$$\rho v = (\rho v)_w \tag{13-25}$$

$$\tau = \tau_w + (\rho v)_w u \tag{13-26}$$

其中下标"w"表示壁面。定义一些无因次量：$\varphi = u/u_e$，$\eta = y/\delta$，$B = (\rho v)_w / \frac{1}{2} C_f \rho_e u_e$（$\delta$ 是边界层厚度，C_f 是摩擦系数，下标"e"表示边界层边缘，B 称为喷出强度参数），同时注意到 $\tau = (\mu + \rho v_t)\mathrm{d}u/\mathrm{d}y$，$\tau_w = C_f \rho_e u_e^2 / 2$，式（13-26）可以改写成

$$\frac{\mathrm{d}\varphi}{\mathrm{d}\mu} = \frac{1}{2} C_f Re \left(1 + \frac{\nu_t}{\mu}\right)^{-1}(1 + B\varphi) \tag{13-27}$$

这里 $Re\delta$ 是基于边界层厚度 δ 的雷诺数。为了得出速度分布，设想公式右端的一部分是 η 和 B 的某个函数，即

$$\frac{\mathrm{d}\varphi}{\mathrm{d}\eta} = f(\eta, B)(1 + B\varphi) \tag{13-28}$$

显然 $\qquad\qquad f(\eta, B)\,|\,B = 0 = \mathrm{d}\varphi/\mathrm{d}\eta\,|\,B = 0$

对于壁面无喷出湍流边界层的速度分布，有经验关系式 $\varphi = \eta^n$，速度分布指数 n 是雷诺数的函数，可以近似表达为

$$n = 0.52 Re_x^{-0.1} \tag{13-29}$$

利用这一经验关系式，并设想 $f(\eta, B)$ 中变量是可分离的，式（13-27）可以变为

$$\frac{\mathrm{d}\varphi}{\mathrm{d}\eta} = n\eta^{n-1}A(B)(1 + B\varphi) \tag{13-30}$$

其中 $A(B)$ 应满足条件 $A(0) = 1$。

可以找到方程式（13-30）的下列解：

$$\ln(1 + B\varphi) = \eta^n \ln(1 + B) \tag{13-31}$$

并包含 $A(B) = \ln(1+B)/B$。式（13-31）代表了有喷出情况的速度分布关系，但它是个隐式，不便应用，因此用下列显式来近似代替它：

$$\left.\begin{array}{l}\varphi = \eta^\alpha \\ \alpha = n(1+B)\ln(1+B)/B\end{array}\right\} \tag{13-32}$$

于是，壁面有质量喷出的湍流边界层速度分布被表达成了简单的定律，α 代表有喷出情况的速度分布指数。当 $B = 0$ 时，$\alpha = n$。

有了速度分布律，就不难求出湍流扩散率。按照普朗特混合长度假说

$$\frac{\nu_t}{\mu} = 0.16 Re\delta \eta^2\frac{\mathrm{d}\varphi}{\mathrm{d}\eta} \tag{13-33}$$

把式（13-32）代入式（13-33）可得

$$\frac{\nu_t}{\mu} = 0.16 Re\delta \alpha \eta^{\alpha+1} \tag{13-34}$$

有了式（13-34），就可以按照式（13-21）写出侵蚀燃速的表达式。但在把 ν_t/μ 的表达式用于式（13-21）之前，应注意它是 η 的函数，所以应该取在火焰区内的平均值。最简单的平均办法可以是

$$\left(\frac{\nu_t}{\mu}\right)_{ave} = \frac{1}{L}\int_0^L \frac{\nu_t}{\mu}\mathrm{d}y = 0.16 Re\delta \frac{\alpha}{\alpha+2}\left(\frac{L}{\delta}\right)^{\alpha+1} \tag{13-35}$$

将式（13-35）代替式（13-21）的右端，并应用 n 和 α 的表达式，即式（13-29）和式（13-32），可得如下公式：

$$\frac{r_e}{r_o} = 0.083\frac{\rho_e u_e L}{\mu}\frac{1}{(Re_x)^{0.1}}\left(\frac{L}{\delta_0}\right)^n\frac{1}{n+2}\psi \tag{13-36a}$$

其中
$$\psi = \frac{n+2}{\alpha+2} \frac{\ln(1+B) \cdot (1+B)}{B} \left(\frac{\delta_0}{\delta}\right)^n \left(\frac{L}{\delta}\right)^{a-n} \qquad (13-36b)$$

函数 ψ 表示由于壁面有质量向边界层喷出所产生的阻塞作用,式中 δ 和 δ_0 分别代表有质量喷出和无喷出情况的边界层厚度。求 δ_0 可用近似公式 $\delta_0 = 0.38x/Re_x^{0.2}$。在整理式(13-36)时已将与壁面喷出有关的所有参数都归并入 ψ,并注意到使得 $B=0$ 时 $\psi=1$。

考虑到 n 的数值很小,外流参数变化时,$(L/\delta0)^n[1/(n+2)]$ 项的值变化相当小,故从式(13-35)可以认为侵蚀燃速与外流质量流率的 0.9 次幂成比例,即
$$r_e \propto (\rho_e u_e)^{0.9} \qquad (13-37)$$

这个结论与某些实验结果比较吻合。

图 13-5 表示了侵蚀燃速与质量流率的关系,图上的数据点是一些实验结果,实验推进剂是过氯酸铵-聚酯类型的。数据点的不同形状代表不同的气流速度,数据点旁的数字代表实验压力(单位是 10^5 Pa),所有的数据点在全对数坐标上接近分布在一条斜率为 0.92 的直线上。但是,也有另一些实验结果并不能满意地整理成式(13-37)那样的关系。

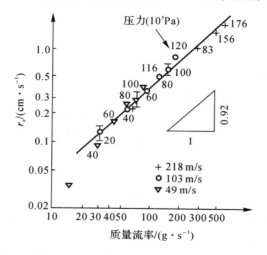

图 13-5　侵蚀燃速与质量流率的关系

式(13-36)还表明侵蚀燃速除了与质量流率有关外,还受阻塞作用的影响。阻塞作用的大小主要取决于喷出强度参数 B 的数值。如果 B 值很小,值接近于 1,阻塞作用可以小到忽略不计;如果 B 值很大,ψ 值趋近于 0,阻塞作用将大到使侵蚀燃速几乎显示不出来。B 与燃速 r 有关,因为 $(\rho u)_w = r\rho_p$,在相同气流条件下,r 大则 B 也大,所以式(13-36)可以定性地解释为何高燃速推进剂对侵蚀燃烧较不敏感,且容易出现高的界限速度;而低燃速推进剂对侵蚀燃烧较敏感,通常界限速度也低。

虽然朗捷尔模型能较好地体现侵蚀燃烧机理,但是其燃速预示功能基本上是定性的。首先它以 GDF 稳态燃烧模型作为基础,而 GDF 模型在预示稳态燃速上就是不精确的。另一个重要问题是若要计算 ψ,在确定喷出强度参数 B 和边界层厚度 δ 时需要知道壁面摩擦系数 C_f,但目前还缺乏大 B 值情况下获得 C_f 值的实验数据和工程计算方法。朗捷尔做过一些这方面的计算,但他所用的 C_f 计算公式在强阻塞作用下是不可靠的。

13.4　火焰位置发生变化的理论

在朗捷尔模型中,侵蚀燃烧被认为是横向气流引起火焰区内输运特性的变化所形成的,但是火焰离开燃面的高度是被假定为不变的。本节介绍另一类理论。这类理论强调气流会改变火焰结构和位置。

凡登克霍夫(Vandenkerckhove)1958 年提出过一种双基推进剂的侵蚀燃烧理论。他假定横向气流增大到一定数值时,湍流达到嘶嘶区,使得嘶嘶区的厚度减小(等于层流底层的厚度),从而增加对推进剂表面的热反馈,使表面温度升高,于是根据阿累尼乌斯表面热分解速度定律,使燃速增大。萨德霍姆(Saderhom)等在 1972 年用火焰高度受气流影响的概念在 GDF 模型的基础上研究过贫氧复合推进剂在低速气流下的侵蚀燃烧。1978 年,King 提出另一种火焰位置变化的理论。与上述几种假设火焰高度被"吹短"的理论不同,King 假设火焰被气流"吹弯",由于弯折而变得更贴近推进剂燃面。这种侵蚀燃烧模型被称作火焰弯曲模型,是针对复合推进剂的。King 对这种模型作过多次修改,发表过不少文章,有一定的影响。

一般认为复合推进剂燃烧时,氧化剂和燃料(黏合剂)的升华和分解产物首先是分别从氧化剂晶粒和燃料各自的表面上以平行的柱状气流上升的。这种分解和气化过程靠火焰区向燃烧表面的热量反馈来维持。通常,反馈到燃面的热量来自两部分,一部分来自氧化剂气化产物的反应;另一部分来自氧化剂气体与燃料气体混合后的反应。决定后一项反馈热流的一个重要因素是氧化剂和燃料两股气流的混合速度。King 认为在没有横向气流时这些气流方向是垂直于燃面向上的。有了横向气流它们就要顺气流方向以某个角度倾斜,这个角度可以按混合区边上的横向气流速度与离开燃面气体的喷出速度的矢量合成来确定。

这个模型要考虑两个火焰:靠近表面的 AP 爆燃火焰和离开表面稍远的 AP 爆燃产物与燃料热解产物的扩散火焰。图 13-6(a)所示代表没有横向气流时的燃烧模型,图上标明了与两个火焰相关的三个重要的距离参数,即从表面到 AP 爆燃火焰平均位置的距离 L_I;从表面开始,氧化剂与燃料扩散混合的平均距离 L_D 和混合后氧化剂与燃料化学反应的平均距离 L_K。L_I 和 L_K 都是由动力学控制的,它们取决于各自的特征反应时间和推进剂燃气速度的乘积,假设反应时间不受横向气流的影响,那么这两个距离对于给定组分的推进剂只与燃速和压力有关,而与横向气流速度没有直接关系。L_D 是扩散控制的,直接受横向气流影响。King 假设横向气流速度只影响 L_D 的方向而不影响它的大小,在横向气流作用下火焰被"吹弯"后(见图 13-6(b))这个距离减小到 $L_D\sin\theta$,这里 θ 表示燃面与混合区平均位置上喷出速度与横向速度的合速度方向之间的夹角。扩散火焰的总高度将是 $L_D\sin\theta+L_K$。气柱"吹弯"后,横截面的形状将由圆形变成椭圆形,这会影响特征扩散时间,但经过分析,$\theta>20°$ 的情况下,这种影响可以忽略不计。按上述假设,在有横向气流作用时推进剂燃面上的热平衡条件可以表达如下:

$$\frac{\lambda_A(T_f-T_s)}{L_D\sin\theta+L_K}+\frac{\lambda_B(T_{AP}-T_s)}{L_I}=\dot{m}\left[c_s(T_s-T_0)+Q_V-Q_R\right] \tag{13-38}$$

式中,λ_A,λ_B 分别为扩散火焰和 AP 爆燃火焰的导热系数;T_f 是最终扩散火焰温度;T_{AP} 是 AP 爆燃火焰温度;T_s 是燃面温度;T_0 是推进剂初始温度;Q_V 和 Q_R 分别为燃面上单位质量推进剂分解气化所需要吸收的热量和放热反应所产生的热量。

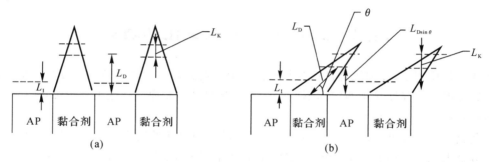

图 13 - 6　火焰弯曲模型

考虑到特征反应时间与压力成反比,可以认为 $L_I = K_1 \dot{m}/p^2$, $L_K = K_2 \dot{m}/p^2$。根据 GDF 模型则有 $L_D = K_3 \dot{m} d^2$,其中 K_1, K_2, K_3 为常数,所以不难把式(13 - 38)改写成

$$r = a1/p \left(1 + \frac{a_2}{1 + a_3 p^2 \sin \theta} \right)^{\frac{1}{2}} \tag{13 - 39}$$

式中,a_1, a_2, a_3 对于一定的推进剂是常数,可以通过推进剂在无横向气流时($\theta = 90°, \sin \theta = 1$)的燃速-压力数据的回归分析来求得。$\theta$ 的数值与横向气流速度有关,要通过计算 L_I, L_K, L_D 和结合边界层的速度分布分析得出。

King(1979)年发展第二代模型的目标是要直接由推进剂的组分和氧化剂的粒度分布来预示压力和横向气流速度对燃速的影响。他的做法是对 BDP 模型作某些修改并用火焰弯曲假设把它推广到侵蚀燃烧情况。但是,King 发现他的模型总是把侵蚀效应估计得过低。为此,他对模型作了一个重要修改,认为除了火焰弯曲之外还有"第二"机理,即燃面与火焰位置之间的区域内湍流输运特性的加强。于是在计算火焰的反馈热流时改用湍流有效传热率。以后,King(1980 年)又应用微焰集合模型(PEM)的基本概念把燃烧模型推广到氧化剂粒度多模分布和含金属成分的复合推进剂。

火焰弯曲模型的最大问题是它的物理模型是否能代表真实情况。King 一开始提出这种模型时认为复合推进剂的火焰高度不会超过湍流边界层层流底层的厚度,湍流不可能进入火焰区,所以不能用湍流输运特性的增强来解释侵蚀燃烧现象,而提出用火焰"弯曲"的假设来作为发展侵蚀燃烧模型的基础。但是,他在理论与实验结果不能取得一致的情况下又回过头来采用了原先想要否定的湍流引起火焰输运特性增强的概念,把它作为"第二"机理来修正他的模型。应当指出,承认这个"第二"机理就意味着他的"第一"(火焰弯曲)机理更不真实,因为在湍流与扩散火焰的相互作用下产生这种有规则的火焰倾斜是难以想象的。尽管如此,按修改后的火焰弯曲模型计算推进剂有侵蚀燃烧情况下的燃速与实验结果还是比较符合的,这在很大程度上可能要归因于某些化学动力学参数和湍流速度都是以模型对燃速预示的好坏为标准来选定的。

13.5　气动热化学理论

气动热化学理论强调流动与火焰结构的相互作用,全面考虑化学反应边界层内的传热、传质、传动量问题。为了较真实地描述边界层内的物理过程和化学过程,这种理论首先要在流体力学和化学动力学的基础上建立起包括推进剂燃烧模型在内的反应边界层的控制方程组,然后对这组控制方程用数值方法求解。气动热化学分析法避免了前面几种理论中所采用的那些把流场特性和火焰结构孤立考虑或机械结合的假设,这是一个很大的进步。

根据固体推进剂的侵蚀燃烧是边界层燃烧现象的认识,一些研究者早就试图以边界层控制方程组的微分解法为基础对侵蚀燃烧进行综合的气动热化学分析。这种尝试开始是以层流边界层理论为基础的。但是层流的假定对于典型固体火箭发动机的工作情况是不真实的。典型发动机中药柱表面上的边界层主要是湍流的,这一点似乎已被公认。并且根据计算,在固体火箭发动机的典型工作条件下,复合推进剂的扩散火焰高度要比湍流边界层黏性底层的厚度要高。郭冠云等(1978 年、1980 年)发展了用湍流反应边界层模型研究复合推进剂侵蚀燃烧的理论,这种理论后来(1982 年)又被推广到研究双基推进剂的侵蚀燃烧。下面介绍复合推进剂侵蚀燃烧的湍流反应边界层模型。

这个模型首先要求对燃气沿推进剂燃面流动的过程建立湍流边界层的守恒方程组。目前,湍流流动问题仍处在探索其结构、机理以及描述方法的阶段。如果直接用数值方法求解瞬态的基本方程,由于计算需用的网格数非常大,目前尚无法做到。好在工程上需要的并不是精细的湍流参数的瞬时值,而是湍流参数的时均值,所以分析湍流问题的方法可以从瞬时量的基本方程出发,导出时均量的守恒方程组。但在这类守恒方程中会出现一些新的未知湍流输运项,使得未知数的数目超过方程的数目,从而使方程组不能封闭。为了建立封闭的时均量方程组就必须把湍流输运项用已知量或原来已有的未知量近似地表示出来。这样描述湍流输运项的近似方程式称为湍流输运模型,简称湍流模型。对于有化学反应的湍流问题,目前工程应用上最广泛的湍流模型是 $K-\varepsilon$ 两方程模型。它选用湍流动能 K 和湍流耗散率 ε 作为湍流的特征参数,湍流黏度用公式

$$\mu t = c_{\mu}\bar{\rho}K^2/\varepsilon \tag{13-40}$$

来计算,式中 c_μ 是常数,用增加 K 和 ε 这两个参数的两个微分方程来获得方程组的封闭。这两个方程都可以从纳维叶-斯托克斯(Navier - Stokes)方程出发通过模化的方法来建立。

在建立时均量的湍流反应边界层的守恒方程组时还采用以下一些假设:① 平均流动是定常的;② 化学反应不产生湍流;③ 没有彻体力;④ 不计辐射传热;⑤ 路易斯数等于 1;⑥ 费克(Fick)扩散定律有效。于是可以依次写出质量、动量、组分(质量分数)、总焓、湍流动能、湍流耗散的守恒方程式和气体状态方程式如下:

$$\frac{\partial}{\partial x}(r^m\bar{\rho}\bar{u}) + \frac{\partial}{\partial r}(r^m\bar{\rho}\bar{v}^0) = 0 \tag{13-41}$$

$$\bar{\rho}\bar{u}\,\frac{\partial\bar{u}}{\partial x} + \bar{\rho}\bar{v}^0\,\frac{\partial\bar{u}}{\partial r} = \frac{1}{r^m}\frac{\partial}{\partial r}\left(r^m\mu_{\text{eff}}\frac{\partial\bar{u}}{\partial r}\right) - \frac{\partial\bar{p}}{\partial x} \tag{13-42}$$

$$\bar{\rho}\bar{u}\,\frac{\partial\bar{Y}i}{\partial x} + \bar{\rho}\bar{v}^0\,\frac{\partial\bar{Y}i}{\partial r} = \frac{1}{r^m}\frac{\partial}{\partial r}\left[r^m\left(\frac{\mu}{Sc}\right)_{eff}\frac{\partial\bar{Y}i}{\partial r}\right] + \bar{w}_i \tag{13-43}$$

$$i = O, F, P$$

$$\bar{\rho}\bar{u}\,\frac{\partial\bar{H}}{\partial x} + \bar{\rho}\bar{v}^0\,\frac{\partial\bar{H}}{\partial r} = \frac{1}{r^m}\frac{\partial}{\partial r}\left\{r^m\left(\frac{\mu}{Pr}\right)_{eff}\frac{\partial\bar{H}}{\partial r} + r^m\left[\mu_{\text{eff}} - \left(\frac{\mu}{Pr}\right)_{eff}\right]\frac{(\partial\bar{u}^2/2)}{\partial r}\right\} \tag{13-44}$$

$$\bar{\rho}\bar{u}\,\frac{\partial K}{\partial x} + \bar{\rho}\bar{v}^0\,\frac{\partial K}{\partial r} = \frac{1}{r^m}\frac{\partial}{\partial r}\left[r^m\left(\mu + \frac{\mu_t}{c_1}\right)\frac{\partial K}{\partial r}\right] + \mu t\left(\frac{\partial u}{\partial r}\right)^2 - \bar{\rho}\varepsilon \tag{13-45}$$

$$\bar{\rho}\bar{u}\,\frac{\partial\varepsilon}{\partial x} + \bar{\rho}\bar{v}^0\,\frac{\partial\varepsilon}{\partial r} = \frac{1}{r^m}\frac{\partial}{\partial r}\left[r^m\left(\mu + \frac{\mu_t}{c_2}\right)\frac{\partial\varepsilon}{\partial r}\right] + c_3\mu_t\left(\frac{\partial\bar{u}}{\partial r}\right)^2\frac{\varepsilon}{K} - c_4\bar{\rho}\frac{\varepsilon^2}{K} \tag{13-46}$$

$$\bar{\rho} = \bar{\rho} R \bar{T} / M \tag{13-47}$$

以上诸式中对于二维平面流动取 $m=0$，并用 y 代替 r；对于轴对称流动取 $m=1$。式中 $\overline{\rho v^0} = \overline{\rho v} + \overline{\rho' v'}, \mu_{eff} = \mu + \mu_t, (\mu + Pr)_{eff} = \mu / Pr + \mu_t / Pr_t, (\mu / SC)_{eff} = \mu / Sc + \mu_t / Sc_t, Sc$ 是施米特数，M 是混合气体平均分子量，上标"—"代表按常规时间平均（雷诺平均）的时均量，"'"代表波动量，下角标 t 代表湍流。

上述方程组中包括 9 个方程式，含 $\bar{u}, \bar{v}, \bar{\rho}, \bar{Y}_O, \bar{Y}_F, \bar{Y}_P, \bar{H}, K$ 和 ε 9 个未知量，方程组是闭合的。压力 $\bar{\rho}$ 可由位流方程式解得或给定。总焓 H 与温度 T 由下列关系式相关联；

$$H = \sum_i Y_i h_i + u^2 / 2, \quad h_i = h_i^0 + \int_{T_0}^{T} c_{pi} \, dT \tag{13-48}$$

其中 h_i^0 是 i 组分的生成焓。

从固相与气相界面上的质量和能量平衡条件可以写出下列边界条件：

$$(\overline{\rho v \bar{Y}_i})_g - \rho_p r_b r_{i,s} - (\bar{\rho} D \partial \bar{Y}_i / \partial r)_g = 0 \quad (i = O, F) \tag{13-49}$$

$$\lambda \partial \bar{T} / \partial r \mid_g = \lambda_s \partial T_s / \partial r \mid_s + \rho_s r_b [(c_p - c_s)(T_s - T_{s,ref}) + Q_{s,ref}] \tag{13-50}$$

式中，下标 g 和 s 分别代表气相和固相；T_s 代表燃烧表面温度；$Q_{s,ref}$ 是单位质量推进剂在参考表面温度为 $T_{s,ref}$ 的燃面上释放的净热量（放热反应为负）。在这里用 r_b 代表燃速，以区别于径向坐标 r。

传入固体推进剂的热流密度从积分固相热传导方程式得到，写作

$$\lambda_s \frac{\partial T_s}{\partial r} \bigg|_s = (T_s - T_{s,i}) \rho_p c_s r_b \tag{13-51}$$

推进剂速燃用表面热分解速度的阿累尼乌斯定律表示为表面温度的函数，即

$$r_b = A_s \exp(-E_s / R^0 T_s) \tag{13-52}$$

其他边界条件还有：在燃面上 $\bar{u} = 0, \bar{T} = T_s, v = \rho_s r_b / \bar{\rho}$。在边界层外缘 $\bar{u} = \bar{u}_e, \bar{T} = T_e, \bar{Y}_F = Y_O = 0, \partial K / \partial r = \partial \varepsilon / \partial r = 0$。

守恒方程组中的 K 和 ε 方程不适用于紧靠壁面的低雷诺数区域，所以选择无因次距离 $y^+ = 15 (y^+ = \bar{\rho} y u_\tau / \mu, u_\tau = \sqrt{\tau w / \rho}$ 代表摩擦速度）的位置作为边界。在这边界上，K 方程式中可以合理地假定生成项和耗散项是起支配作用的，所以可以令这两项相等得出

$$\varepsilon = \frac{\mu_t}{\bar{\rho}} \left(\frac{\partial \bar{u}}{\partial r} \right)^2 \tag{13-53}$$

壁面附近的湍流黏性用修正的范德莱斯特（Van-Driest）公式计算，即

$$\mu_t = \bar{\rho} [0.41 D_c (y + \Delta y)]^2 \left| \frac{\partial \bar{u}}{\partial r} \right| \tag{13-54}$$

式中，D_c 是阻尼系数，在考虑表面粗糙度的情况下

$$D_c = 1 - \exp \left[-\frac{(y + \Delta y) \bar{\rho} u \tau}{26 \mu} \frac{\tau}{\tau_w} \right] \tag{13-55}$$

其中

$$\Delta y = 0.9 (\mu / \bar{\rho} u \tau) [\sqrt{R_h^+} - R_h^+ \exp(-R_h^+ / 6)] \tag{13-56}$$

$$R_h^+ = \bar{\rho} u_\tau R_h / \mu \tag{13-57}$$

R_h 是粗糙高度（通过理论计算与实验数据的比较，发现取 R_h 等于 AP 粒度的 0.1 较为合适）。从式（13-40）、式（13-53）中消去 μ_t，可得

$$K = \frac{[0.41 D_c (y + \Delta y)]^2}{\sqrt{c_\mu}} \left(\frac{\partial \bar{u}}{\partial r} \right)^2 \tag{13-58}$$

$$\varepsilon = \left[0.41 D_c (y + \Delta y)\right]^2 \mid \partial \bar{u} / \partial r \mid^3 \tag{13-59}$$

式(13-58)和式(13-59)被用来计算 $y^+ = 15$ 处的 K 和 ε 值。壁面上 $K = \varepsilon = 0$。在 $0 < y^+ < 15$ 区域内的 K 和 ε 的数值则由 $y^+ = 0$ 和 $y^+ = 15$ 两点上的数值通过线性插值来确定。至此，已把所有边界条件列出。

　　湍流模型中的各种常数都是经验性的，各种文献资料上给出的数据略有不同，表 13-1 列出了本模型中采用的数值。

表 13-1　湍流模型中的常数

常　数	c_1	c_2	c_3	c_4	c_5	c_6
数　值	1.0	1.3	1.57	2.0	0.09	0.18

　　如果方程式(13-43)中组分 i 的生成率能够知道，那么上述守恒方程组连同边界条件就可以用数值方法求解。为此，需要建立气相化学反应的模型。复合推进剂燃烧时，燃料和氧化剂在表面转变成气态后可能要经过若干步反应才变成最后的燃烧产物。由于实际反应过程中有许多复杂而又尚未完全认识的因素，所以采取一步总包反应的假设来描述，即

$$n_F F + n_O O \longrightarrow n_P P \tag{13-60}$$

其中 O 和 F 分别代表氧化剂和燃料气体；P 代表产物气体；n 代表摩尔数。由于在通常的火箭发动机工作压力下 AP 爆燃火焰离燃面的距离是很小的($1\mu m$ 量级)，因而假定 AP 爆燃火焰压缩在推进剂表面上，把它们(NH_3 和 $HClO_4$)的反应产物作为氧化剂气体处理。

　　描述湍流边界层中的化学反应有各种可能采用的概念，如把各种波动参数引入阿累尼乌斯定律，引用概率密度函数等。从推进剂侵蚀燃烧问题的特点考虑，比较简单适用的方法是采用旋涡消散(Eddy-Break-UP，EBU)模型。

　　湍流燃烧的 EBU 模型突出了湍流掺混对燃烧速度的控制作用，设想在高雷诺数的湍流火焰中尚未燃烧的气体和已经完全燃烧的气体(对于预混火焰)或燃料气体与氧化剂气体(对于扩散火焰)应当看作是一些旋涡气团。假设化学动力学过程非常快，反应是扩散过程控制的，在这两种气团的交界面上发生，认为反应速度取决于在湍流作用下这些旋涡气团由大块分散成小块并越分越小的消散速率。这个消散速率与湍流能量耗散率成正比。把这个概念用在复合推进剂的侵蚀燃烧问题上，并参考 GDF 模型的概念，可以设想从燃烧表面产生的燃料和氧化剂气团在强湍流剪切流动中分别被卷入旋涡，那么燃料的消耗率将与含燃料旋涡的耗散率成正比。

　　具体地说，可以认为燃料消耗率与表征波动能量的燃料浓度波动量的均方根值($\sqrt{g_F} = \sqrt{\overline{Y_F'^2}}$)及表征旋涡时间尺度的量($K/\varepsilon$)的倒数成比例，即

$$\bar{w}_F = c_{EBU} \bar{\rho} \sqrt{g_F} \, \varepsilon / K \tag{13-61}$$

与 K 和 ε 一样，可以对波动量 g_F 导出守恒方程如下：

$$\bar{\rho}\bar{u} \frac{\partial g_F}{\partial x} + \bar{\rho}\bar{v}^0 \frac{\partial g_F}{\partial r} = \frac{1}{r^m} \frac{\partial}{\partial r}\left(r^m \frac{\mu_t}{c_{g1}} \frac{\partial g_F}{\partial r}\right) + c_{g2} \mu_t \left(\frac{\partial \bar{Y}_F}{\partial r}\right)^2 - c_{g3} \bar{\rho} \frac{\varepsilon}{K} g_F \tag{13-62}$$

式中，c_{g1}，c_{g2}，c_{g3} 都是常数。

　　考虑到推进剂燃烧时的气相化学反应区离壁面很近，在近壁面处 g_F 方程中占支配地位的是生成项和耗散项(式中右端的最后两项)，式(13-62)可简化为

$$g_F \sim \frac{\mu_t}{\rho} \frac{K}{\varepsilon} \left(\frac{\partial \overline{Y}_F}{\partial r}\right)^2 \qquad (13-63)$$

应用式(13-63)和式(13-40)于式(13-61),于是燃料的生成率可写成:

$$\overline{w}_F = -c_w \overline{\rho} \sqrt{K} \left| \frac{\partial \overline{Y}_F}{\partial r} \right| \qquad (13-64)$$

式中,比例常数 c_w 的数值见表1,右端的负号表示燃料在反应中是消耗的。

氧化剂的生成率由式(13-60)可知

$$\overline{w}_O = \frac{v_O M_O}{v_F M_F} \overline{w}_F \qquad (13-65)$$

式中,M_O 和 M_F 是氧化剂燃料气体的平均分子量。

注意式(13-43),它代表着对 $\overline{Y}_O$,$\overline{Y}_F$ 和 $\overline{Y}_P$ 写出的三个方程式。这三个方程式还可以进一步简化。定义一个新变量:

$$\overline{Y}_{OF} = \overline{Y}_O = \frac{v_O M_O}{v_F M_F} \overline{Y}_F \qquad (13-66)$$

把 $\overline{Y}_F$ 方程式乘以 $v_O M_O / v_F M_F$ 减去 $\overline{Y}_O$ 方程式,可以得到如下的 $\overline{Y}_{OF}$ 方程式:

$$\overline{\rho u} \frac{\partial \overline{Y}_{OF}}{\partial x} + \overline{\rho v}^0 \frac{\partial \overline{Y}_{OF}}{\partial r} = \frac{1}{r^m} \frac{\partial}{\partial r} \left[r^m \left(\frac{\mu}{Sc}\right)_{\text{eff}} \frac{\partial \overline{Y}_{OF}}{\partial r} \right] \qquad (13-67)$$

显然,式(13-67)中消去了式(13-43)右端的源项,所以数值计算中可用 $\overline{Y}_{OF}$ 方程式代替 $\overline{Y}_O$ 方程式。至于 $\overline{Y}_P$ 的守恒方程式实际上也是用不着的。因为按照组分质量分数的定义应有 $\sum_i \overline{Y}i = 1$,所以

$$\overline{Y}_P = 1 - \overline{Y}_O - \overline{Y}_F \qquad (13-68)$$

需要指出的是,由式(13-52)给出的燃速是推进剂表面温度的指数函数,因此对表面温度的变化是很敏感的。表面温度是由气相传给固相的热流决定的,所以它是联系燃速和气体动力学参数的桥梁,在数值计算的迭代过程中宜采用要求较高的收敛准则,如取 0.05%。

侵蚀燃烧的气动热化学分析方法同样可以适用于双基推进剂,所不同的主要是具体的燃烧模型。在建立湍流反应边界层方程时若考虑变密度影响而采用质量加权时均法,所导出的诸平均量的守恒方程在形式上与采用常规时均法是一样的。

湍流反应边界层侵蚀燃烧模型最突出的优点是能通过湍流传热、传质、传动量和化学反应的综合气动热化学分析考虑燃烧与流动的相互作用,还能包括压力梯度和表面粗糙度等影响参数。它的计算结果不但可以得出燃速,而且还可以提供燃烧区内的气流速度、温度、湍流动能和反应率等各种参数的分布曲线,可以更好地揭示侵蚀燃烧的机理。不过这种模型的发展还很不成熟,它所依附的湍流边界层和湍流燃烧理论都是发展中的学科,许多方面均有待实验的检验和完善。此外,这种模型不能用分析方法解得燃速的代数表达式,求解的数值方法又比较复杂,计算工作量很大,会使它在工程计算上的直接应用受到一定限制。

13.6 侵蚀燃烧的试验方法

近年来,对侵蚀燃烧的理论分析工作依然在不断开展,特别是在数值模拟方面做了很多的尝试,希望能够预示出侵蚀燃烧特性。但到目前为止,由于固体推进剂燃烧的复杂性,理论预

示还不能给出满意的结果,固体推进剂侵蚀燃烧特性的确定还只能靠试验方法。曾经用过的方法很多,大体上可分为两大类。

第一类是试件法。将小尺寸的推进剂试件置于侵蚀气流作用下燃烧。测量其燃速与侵蚀气流的关系,便可以得到侵蚀函数随不同条件的变化。在这类方法中,侵蚀气流是在燃气发生器中由装药燃烧产生的。而测定燃速的试件则置于试验段中。试件的形状有片形、圆柱形、圆环形等等。测燃速的方法也可以各式各样。图 13 – 7 所示为装置采用中止燃烧法。

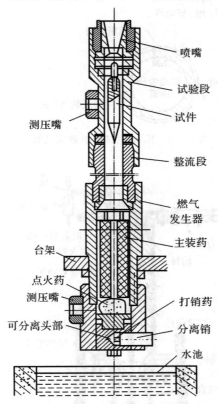

图 13 – 7　试件法中止燃烧法测侵蚀效应

燃气发生器和试件同时点燃,在燃烧一定时间以后,用爆炸螺栓打开燃气发生器头部堵头,燃烧室内压强突然迅速下降,造成燃烧中止。这样,试件的燃速可以从燃烧前后试件尺寸的变化和燃烧时间来确定。侵蚀气流的参数(压强、流速)则由调整燃气发生器装药、喷管喉径和试验段通道的尺寸来改变。这个装置比较简便。由中止燃烧所得的参数值通常都是时均值。而且一次点火试验只能得到一组参数,需要很多次试验才能完成侵蚀燃烧特性的测定(见图 13 – 8)。

试件法的优点是容易调节侵蚀气流的参数,易于取得任一特定条件下的数据,不仅用于确定侵蚀函数,还可用于专门研究。但试件法的侵蚀气流条件与实际发动机中的工作条件不同,所得的结果需要作些修正才能用于实际发动机。

第二类是发动机法。在小尺寸试验发动机中或全尺寸发动机中直接测定侵蚀条件下的燃速。这里,发动机的主装药既产生燃气,形成侵蚀气流,又作为试件,在其上测定在燃气流动作用下的燃速。图 13 – 9 所示是一种中止燃烧试验发动机。

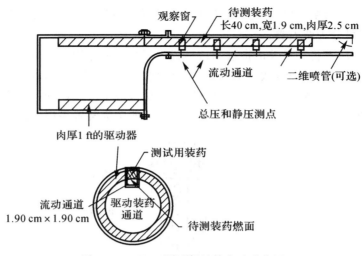

图 13 - 8   King 测试侵蚀效应试验装置

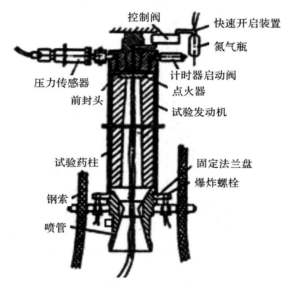

图 13 - 9   中止燃烧试验发动机

如图 13 - 10 所示,利用圆柱形内孔燃烧装药中止燃烧后的尺寸变化来确定各个截面上的燃速。而各截面上燃气的质量流率则由该截面上游各点装药尺寸的变化来确定(即推进剂的消耗量),由质量流率可以进而确定该截面的密流等参数,从而得到燃速与气流参数的关系。由于是采用中止燃烧法,所得参数都是时均值。但气流参数沿通道在变化,一次试验可以取得多组数据。除了中止燃烧法以外,同样可以采用连续测量燃速的方法,如 X 射线实时荧屏实验方法,或者超声波实验方法,就能取得更确切的瞬时参数值(AIAA 2007—5782)。对尺寸较大的装药,可以在不同深度埋置各种细小的探测头,这些探测头通过燃烧表面进入燃烧时可以发出一定的信号,由此来确定燃烧的时间,从而确定不同时间上的燃速。发动机法比较复杂一些,特别是全尺寸发动机的试验费用较大。但可以设法在一次试验中取得较多的数据,而且工作条件同实际发动机比较切合,数据可以直接应用。

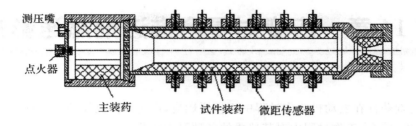

测压嘴

点火器

主装药　　　　试件装药　微距传感器

图 13 - 10　侵蚀效应测量实验装置

　　除这两类方法以外,还可以根据发动机的实际压强-时间曲线,去推算推进剂装药的侵蚀燃烧特性。为此,事先假设侵蚀函数 ε 的关系式,其中有若干待定的常数。调节这些常数值,计算发动机的压强-时间曲线,使之与实际曲线相吻合,就可以确定这些常数的值。这种方法把所有对实际曲线的影响完全归之于侵蚀函数,可靠性不够高。但不需要专门的试验,比较方便,可以用于估算。

习　　题

13.1　固体火箭发动机在什么情况下发生侵蚀燃烧?侵蚀燃烧对发动机有什么影响?

13.2　简述侵蚀燃烧机理。

13.3　何谓侵蚀燃烧的界限效应?试分析其产生的原因。

13.4　分析表象传热理论基本观点。

13.5　分析气动热化学理论基本观点。

13.6　列举侵蚀燃烧的试验方法。

第 14 章　　应变对复合推进剂燃速影响

复合推进剂药柱在发动机工作过程中不仅要燃烧,产生高温高压的气体;而且要承受发动机在制造、运输、贮存、工作过程中对其造成的各种恶劣载荷。

从火箭发动机制造过程中黏贴绝热层—喷涂衬层—推进剂混合浇铸—推进剂固化开始,到进入阵地前的起吊、停放、运输、翻滚、装箱、定期通电、充气、探伤、检测等一系列操作流程,再到最后的发射使用,推进剂药柱经历着复杂的载荷史。不过所有这些负载一般可分为两大类,即规定负载和工作负载。规定负载是指火箭总体所要求的载荷,如工作环境温度、飞行加速度、气动加热、运输和飞行中的振动、冲击以及其他环境(如老化条件、湿度、各种化学气氛等)。工作负载是指发动机制造和工作所产生的载荷,如固化降温收缩和工作内压等。这些载荷会使推进剂药柱内部产生应力和应变,可能引起发动机内弹道性能的改变,从而导致固体火箭发动机不能够正常工作,严重时甚至整个发动机炸毁。如 1995 年,在"沙漠风暴"战斗中,由于美军导弹在长距离运输中不断受到振动载荷的作用,导致推进剂自燃,使导弹运输车着火而发生爆炸事故;1998 年,国内某大型的地地洲际战略导弹的第 I 级固体发动机,因为固体火箭发动机装药产生了缺陷,造成前封头爆破,从而导致地面试车失败的重大事故;2000 年美国的"大力神Ⅳ"运载火箭固体助推器在进行地面试验时,在点火的瞬间发生了严重的爆炸,后经事故调查小组认定,该事故是由于发动机药柱在受到点火增压过程冲击时造成了装药结构完整性破坏,产生燃烧转爆轰(DDT)现象,从而引起助推器的爆炸。

无论是规定负载还是工作负载,都是推进剂药柱所必须承受的,应按受力状态进行分类分析。

药柱首先碰到的负载是热负载。推进剂药柱必须固化,从固化温度到使用温度一般要降温,又由于贴壁浇铸式药柱是黏合到发动机壳体上的,同时推进剂的热膨胀系数比壳体材料的要高一个数量级(复合固体推进剂的热线膨胀系数约为 $10^{-4}/℃$,双基推进剂约为 $1.5 \times 10^{-4}/℃$,而钢及玻璃钢约为 $10^{-5}/℃$),这样就不可避免地要产生热应力、应变。通常最危险的区域一般是在药柱直筒段内孔、翼槽的凹槽面及药柱两端的推进剂/衬层/绝热层交界面处。药柱固化时还会产生固化热,使药柱温度高于控制的固化温度,并且推进剂在固化时要产生固化收缩,此时所产生的应力应折算到固化降温所产生的应力中去。规定固化降温的初始温度应为零应力温度 T_0,则复合推进剂的 T_0 一般要比固化温度高 8℃,双基推进剂约高 15℃。每种推进剂药柱的零应力温度可以通过测定药柱固化时的内部温度和体积收缩量而得到;另外还可以通过测定圆孔发动机内孔变化而得到,将圆孔发动机升温到使药柱中段直径与芯模直径一样时的温度就是 T_0。

药柱的第二种负载是加速度载荷。发动机在贮存、运输、筒内发射、火箭飞行中,都会产生轴向和横向加速度。当加速度随时间的变化与药柱的固有频率相比较缓慢时,可以作为静载荷处理;否则,如加速度随时间周期变化,可以作为振动负载处理,或者变化不是周期的,则作为冲击载荷处理。在缓慢的轴向加速度下,发动机药柱圆筒段的剪应力与直径成正比,药柱的位移与直径的平方成正比。因此,对于直径大、加速度高的发动机,这种负载的影响是很大的。该负载可能引起药柱两端脱黏,前端内孔凹槽处药柱产生裂纹,甚至中段推进剂/衬层/绝热层界面被破坏。对于潜入式喷管和药柱径向开槽的发动机,还应考虑药柱下沉对发动机内弹道的影响。当发动机长期储存时,无论是立式还是卧式,重力的作用将不容忽视;为了防止壳体与药柱在贮存时变形过大,可定期旋转发动机。

第三种主要载荷是发动机的工作内压或贮存时的保护压力作用,这种载荷从贮存状态或点火开始到熄火为止一直存在。在内压作用下,发动机药柱与壳体一起向外膨胀变形,尤其对于复合材料壳体,这种变形将更大。另外,推进剂药柱在承受工作内压时所产生的应力、应变是在固化降温和轴向加速度所引起的基础上产生的,因而必须考虑两者乃至三者的联合作用问题。

典型的复合固体推进剂的应力-应变曲线如图 14-1 所示,它表明了累积破坏对推进剂的影响,图中单位 145 psi＝1 MPa,1 in＝25.4 mm。

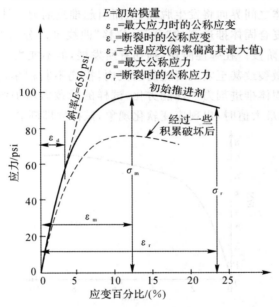

图 14-1　典型复合固体推进剂的应力-应变曲线

推进剂装药的应力应变会对推进剂造成破坏,如果这种破坏超过一定限度,就会造成推进剂装药失效。最常见的失效模式如下:

(1)当表面应变过大时形成表面裂纹。它们形成了新的附加燃面,导致室压和推力升高。推力的升高会使飞行器轨迹改变,可能导致任务失败。如果裂纹多或者深,壳体会超过压力而破坏。极限应变与应力的程度、装药形状、温度、推进剂寿命、载荷历程和裂纹或空穴的尺寸有关。与低应变速率相比,在高应变速率下更容易形成较深的、高度分支的裂纹。

(2)装药边缘的黏合被破坏,在靠近衬层、绝热层或者壳体的部位形成脱黏面或者缝隙。当装药表面退移时,一部分脱黏面积会暴露在炽热高压燃气中,脱黏面会使燃烧面积突然增大。

(3)其他失效模式,例如装药环境温度过高会引起物理强度性能的极大下降,最终导致装药裂纹和/或脱黏。空穴、孔隙或者不均匀的密度会大大降低推进剂的局部强度,导致失效。还有的失效模式是装药的过度变形(例如大的装药塌陷会限制通道面积),以及因为黏弹性推进剂从过度的机械振动(例如运输中的长期颠簸)中吸热而引起的意外点火。

如果推进剂应力应变使装药在点火前有大量的微小裂纹或者有一些深的裂纹,或者大面积的脱黏,燃烧面积将不可预测的增大,这会引起很高的压力,使壳体爆炸。

14.1 应变对燃速影响分析

从细观结构上看,复合固体推进剂是一种高填充比颗粒复合材料,主要由高分子聚合物黏合剂基体和掺入的大量固体氧化剂颗粒及金属燃料颗粒组成。由于复合固体推进剂包含了大量的固体颗粒,因此在细观水平上应视为一种非均匀材料,其力学性能通常取决于颗粒与基体的力学性质、固体颗粒的体积分数以及颗粒与基体之间界面的性质。实验表明推进剂在外界载荷作用下,颗粒与基体之间界面将发生脱黏,从而引起推进剂力学性能的非线性。

一般来说,典型的复合固体推进剂的"载荷-位移"曲线可以分为 2 个阶段(见图 14-2):非线性弹性阶段和强化阶段。在弹性阶段,损伤有所发展,但不能累积;加载力超过一定值后,进入强化阶段,在出现微裂纹甚至宏观裂缝的区段内,损伤不断积累,微裂纹区和宏观裂缝在不断扩展,损伤带来的固体推进剂力学性能劣化,试样的承载力增加缓慢,损伤的演化将为不可逆过程。当载荷达到最大值时,出现应变软化现象,试样立即断裂。

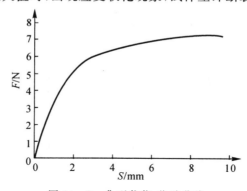

图 14-2 典型载荷-位移曲线

14.1.1 应变影响燃速的微观模型

推进剂的变形对发动机性能将产生影响,Boggs 等指出,火焰穿入应变所引起的裂缝和空穴使燃面增大,从而导致燃速增加。本节提出一个微观模型来模拟由应力所形成的微小裂纹和空穴对燃烧的影响。

模型假定燃速增大是因火焰穿入由应变所产生的裂纹中而引起的。在应力作用下,这些裂纹会发生扩展,当裂纹扩展至与表面相通时,假定表面为裂纹的对称平面,则裂纹长度应增加一倍。在两裂纹相遇时,两裂纹长度之和即为新裂纹的长度。新裂纹的形状简化假设为,裂纹与表面相通之前或者与另一裂纹相遇之前的最大宽度即为新裂纹的宽度,如图 14-3 所示,图中 α 为裂纹长度,β 为裂纹宽度。

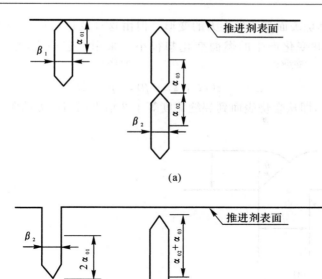

图 14 - 3　裂纹与表面或另一裂纹相连
（a)相遇前；　(b)相遇后

根据 Summerfield 燃速公式可以求出高压下火焰高度为

$$l = \left[\frac{\lambda_g (T_f - T_s)}{c_p (T_s - T_o) - Q_s} \right] \cdot \frac{1}{\rho_s a p^{\frac{1}{3}}} \tag{14-1}$$

式中，λ_g 为燃气导热系数；T_f 为火焰温度；T_s 为表面温度；c_p 为推进剂比热；T_o 为初态温度；Q_s 为净释放热量；ρ_s 为推进剂密度；a 为燃速常数；p 为压强。

如图 14-4 所示，假定火焰边界平行于新燃面。可用简单的几何分析方法计算附加燃面。燃面的计算有两种可能的情况。第一，如果燃面的裂纹宽小于 2 倍的火焰高度，其裂纹的空间不足以容纳整个火焰高度，火焰便不能窜入裂缝内。第二，如果裂纹的宽大于 2 倍的火焰高度，裂纹内便可容纳整个火焰高度。假定整个火焰可以窜入裂纹，这时将出现非平面的退缩。因为裂纹内火焰作用情况复杂，对大批裂纹产生非平面退缩的情况不作研究。

对第一种情况，火焰表面形状将发生变化。若火焰足够高，这种变化可忽略不计。裂纹两边火焰的交角 θ 可用下式计算：

$$\theta = \arcsin \frac{\beta}{2l} \tag{14-2}$$

因此，燃面的变化可表示为

$$\Delta A_b = 2l \arcsin \frac{\beta}{2\pi} - \beta\tau, \quad \beta < 2l \tag{14-3}$$

式中，l 为裂纹宽度；τ 为试样厚度。

对于第二种情况（非平面燃烧），火焰能够全部窜入裂缝内，出现水平面的燃烧表面。由于火焰在裂缝内燃烧，使燃烧进展情况复杂，为此采用图 14-4 所示假定的简单火焰模型。当火焰在裂缝中回窜时,燃烧表面就要发生大的变形。但由这种变形所产生的燃面变化则忽略不计。其原因是裂缝形状变化产生的燃面变化却很小。采用上述假定,增加的燃面可近似表示为

$$\Delta A_b = \tau(\pi l + 2z - \beta), \quad \beta > 2l \tag{14-4}$$

式中,z 是裂缝的深度,即从燃烧表面到裂缝宽度等于 2 倍火焰高度处的距离。

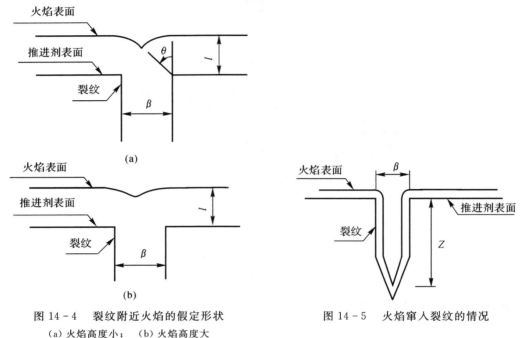

图 14-4　裂纹附近火焰的假定形状

（a）火焰高度小；　（b）火焰高度大

图 14-5　火焰窜入裂纹的情况

　　下面计算由燃面增加引起的燃速变化,将式(14-3)、式(14-4)用于每个表面裂纹,求出各裂纹产生的燃面增量。然后对增量求和并加上无裂纹推进剂燃面便得到新燃面。新燃速正比于新燃面燃完所需的时间。式(14-5)、式(14-6)分别给出了两种情况下计算烧掉推进剂体积的公式:

$$V = A_b r_p t_p \tag{14-5}$$

$$V = (A_b + \Delta A_b) r_p t'_p \tag{14-6}$$

令两式相等,可得到燃完含有裂纹的其推进剂的体积为 V 所需时间 t'_p:

$$t'_p = \frac{A_b}{A_b + \Delta A_b} t_p \tag{14-7}$$

因燃速与燃烧时间成反比,则新燃速为

$$\frac{r'_p}{r_p} = \frac{A_b}{A_b + \Delta A_b} = 1 + \frac{\Delta A_b}{A_b} \tag{14-8}$$

式中,r_p 为无应变推进剂燃速;r'_p 为新燃速;$\frac{r'_p}{r_p}$ 为由应变(或裂纹)引起的燃速增量。

　　要求出各裂纹产生的燃面增量 ΔA_b,必须知道裂纹大小及数量。固体推进剂的破坏过程是由黏合剂与氧化剂粒子黏合的脱黏引起的。当应力达到临界值时,脱黏现象便出现。要确定裂纹分布,就得确定各种粒度氧化剂颗粒中发生脱黏的数量。但是,脱黏粒子数、裂纹大小、

裂纹数量等很难进行量化,进而不能得到应力应变与推进剂燃速变化的确切关系。

下面从宏观角度建立应变对复合推进剂燃速影响的数学模型,以得到应变和复合推进剂燃速的函数关系。

14.1.2　应变影响燃速的宏观模型

1. 条件假设

固体推进剂在应变状态下燃速会发生变化,燃速的变化进而影响到发动机预订内弹道性能。刘迎吉推导了应变状态下推进剂燃速随形变的一次函数模型,本节在此基础上提出一个模型来表征应变对推进剂燃速的影响。

为建立固体推进剂燃速随应变变化的理论模型,作如下假定:氧化剂单一粒径且均匀分布;推进剂处于小应变状态;氧化剂和黏合剂未发生脱黏;推进剂表面没有凹凸。当推进剂燃烧时,由质量守恒定律可得

$$m_p = m_1 + m_2 \qquad (14-9)$$

式中,m_p,m_1 和 m_2 分别为推进剂、黏合剂体系及燃料颗粒燃烧的质量。

从宏观角度,在微元时间 dt 内,有以下关系式存在:

$$\beta_1 \rho_1 r_1 = \alpha_1 \rho_p r_p \qquad (14-10)$$
$$\beta_2 \rho_2 r_2 = \alpha_2 \rho_p r_p \qquad (14-11)$$

式中,β_1 和 β_2 分别为黏合剂体系及燃料颗粒的体积分数;ρ_1 和 ρ_2 分别为黏合剂的密度及燃烧颗粒的密度;r_1 和 r_2 分别为黏合剂的燃烧速度及燃烧颗粒的燃烧速度;ρ_p 和 r_p 分别为推进剂的密度及燃烧速度。

2. 燃速随形变变化方程

若给固体推进剂施加载荷,则有

$$\beta'_1 \rho'_1 r'_1 = \alpha'_1 \rho'_p r'_p \qquad (14-12)$$
$$\beta'_2 \rho'_2 r'_2 = \alpha'_2 \rho'_p r'_p \qquad (14-13)$$

由于固体推进剂受力后并不改变其组成,因此 $\alpha_1 = \alpha_1'$,$\alpha_2 = \alpha_2'$。所以,由式(14-10)与式(14-12)可得

$$\frac{r'_p}{r_p} = \frac{\beta'_1}{\beta_1} \frac{\rho'_1}{\rho_1} \frac{\rho_p}{\rho'_p} \frac{r'_1}{r_1} \qquad (14-14)$$

若将式(14-14)中等式右端的前三项表示为推进剂的轴向平均应变 θ_1 及黏合剂的轴向平均应变 θ'_1 的函数,则前三项的乘积为 1,所以

$$\frac{r'_p}{r_p} = \frac{r'_1}{r_1} \qquad (14-15)$$

当固体推进剂燃烧时,发生着两个独立的物理化学过程,即推进剂的热破坏和力学破坏。在此假设推进剂在燃烧过程中,由于温度和拉伸作用导致的推进剂的破坏速率是相同的,因此有

$$W(\sigma_1, T) = \frac{1}{2} \left[k_0 \exp\left(-\frac{U_0}{RT}\right) + k_1 \exp\left(-\frac{U_1 - \gamma\sigma_1}{RT}\right) \right] \qquad (14-16)$$

式中,k_0 为热破坏反应的指前因子;$k_1 = \sigma_0^{-1}$ 是拉伸破坏作用的指前因子;U_0 是产生热破坏的活化能。

考虑被加热的是一薄层高分子黏合剂,其与燃面间的一维热交换方程可表示为

$$\lambda'_1 \frac{\mathrm{d}^2 T}{\mathrm{d}x^2} + c'_1 \rho'_1 r'_1 d \frac{\mathrm{d}T}{\mathrm{d}x} + Q'W = 0 \qquad (14-17)$$

边界条件为 $x=0,T=T_s;x\to\infty,T=T_0$。式中，$r'_1$ 为黏合剂分解速率；λ'_1,c'_1,ρ'_1 和 Q'_1 分别为黏合剂在拉伸力作用下的热传导率、比热容、密度和放热量；T_s 和 T_0 分别为推进剂燃面温度和初始温度。

由式(14-16)和式(14-17)可得应力状态下的黏合剂分解速率为

$$r'_1 = \frac{\lambda'_1}{2\rho'_1 c'_1} \frac{RT_s^2}{U_0} \frac{k_0 \exp\left(-\dfrac{U_0}{RT_s}\right)}{(T_s - T_0 - Q'/2c'_1\rho'_1)} \left\{ 1 + \frac{k_1 U_0}{k_0 U_1} \frac{\exp\left(-\dfrac{U_1 - U_0}{RT_s} + \dfrac{\gamma\sigma_1}{RT_s}\right)}{\left(1 - \dfrac{\gamma\sigma_1}{U_1}\right)} \right\} \qquad (14-18)$$

在无应力情况下，$\sigma_1 = 0,U_1 = U_0,k_1 = k_0$。因此式(14-18)可变为

$$r_1^2 = \frac{\lambda_1}{\rho_1 c_1} \frac{RT_s^2}{U_0} \frac{k_0 \exp\left(-\dfrac{U_0}{RT_s}\right)}{(T_s - T_0 - Q/2\rho_1 c_1)} \qquad (14-19)$$

在推进剂足够均匀的情况下，引入径向平均应变 ε_0 和平均泊松比 ν_0。由于对燃料颗粒来说，在小应变状态下其受拉伸力的影响很小，可以忽略，因此，$\varepsilon_0 = \beta_1 \varepsilon_1,\theta_1 = \beta_1 \theta_1$。所以，当对推进剂进行径向拉伸时，推进剂的轴向平均应变为

$$\theta_1 = \frac{(1-2\nu_0)\varepsilon_0}{\beta_1} \qquad (14-20)$$

$$\sigma_1 = E_1 \varepsilon_1 = \frac{E_1 \varepsilon_0}{\beta} \qquad (14-21)$$

由式(14-15)、式(14-18)～式(14-21)可得

$$\frac{r'_\mathrm{p}}{r_\mathrm{p}} = \frac{(1+\xi\varepsilon_0)^{1/2}}{\sqrt{2}} \left[1 + \Omega \frac{\exp(\omega\varepsilon_0)}{(1-\eta\varepsilon_0)} \right]^{1/2} \qquad (14-22)$$

式中，$\xi = \dfrac{1-2\nu_0}{\beta_1};\eta = \dfrac{\gamma E_1}{\beta_1 U_1};\omega = \dfrac{\gamma E_1}{\beta_1 RT_s};\Omega = \dfrac{k_1 U_0}{k_0 U_1}\exp\left(-\dfrac{U_1 - U_0}{RT_s}\right)$。

根据泰勒公式将式(14-22)展开并化简得到

$$\frac{r'_\mathrm{p}}{r_\mathrm{p}} = 1 + c_1 \varepsilon_0 + c_2 \varepsilon_0 + \varphi(\varepsilon_0) \qquad (14-23)$$

由于研究的是20％形变以内，应变对推进剂燃速的影响，公式(14-23)当 ε_0 取值较小时，高次项值非常小，对于燃速变化的影响可以忽略不计，所以只取到 ε_0 的二次项，化简式(14-23)得：

$$\frac{r'_\mathrm{p}}{r_\mathrm{p}} = 1 + c_1 \varepsilon_0 + c_2 \varepsilon_0 \qquad (14-24)$$

式中

$$c_1 = \frac{\xi(1+\Omega) + \Omega(\omega+\eta)}{2\sqrt{2}\sqrt{1+\Omega}},$$

$$c_2 = \frac{-\xi^2(1+\Omega)^2 + 2\xi\Omega(1+\Omega) - \Omega^2(\omega+\eta)^2 + 2\Omega(1+\Omega)(\omega^2 + 2\omega\eta + \eta^2)}{8\sqrt{2}(\sqrt{1+\Omega})^3}$$

由式(14-24)可知，在小应变状态下(燃料颗粒尚未发生脱黏等结构破坏)复合推进剂的燃速变化程度与应变可转换为二次函数关系。

14.2　应变状态下推进剂燃速测试

14.2.1　实验方法与装置

本节设计的应变状态下推进剂燃速测试实验装置基于靶线法测燃速原理,将药条试样加工成一个工字型试样,便于利用卡槽夹持。通过卡槽的移动可以使推进剂试样产生拉伸应变,以此来研究不同应变对复合推进剂燃速的影响。该装置可以测试固体推进剂在不同应变、不同压强下的的燃速(见图 14 - 6)。

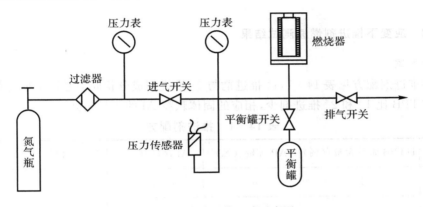

图 14 - 6　实验系统组成示意图

推进剂样品拉伸装置放置于燃烧室中,将药条试样加工成工字型,以便于利用卡槽夹持拉伸产生应变,以此来研究复合推进剂平行于燃面方向拉伸应变对燃速的影响(见图 14 - 7)。

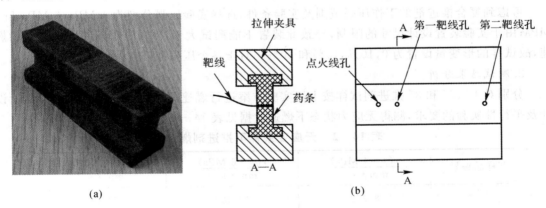

图 14 - 7　推进剂试样
(a)推进剂试样; (b)推进剂试样和卡槽装配示意图

将推进剂按设计尺寸加工成工字型药条,并对其表面进行阻燃包覆,以保证推进剂按平行层规律进行燃烧。将推进剂试样固定在卡槽中,并按实验要求旋动调节螺栓以使推进剂试样达到预定的应变(见图 14 - 8 和图 14 - 9)。

图 14 - 8　推进剂拉伸装置

图 14 - 9　装配完成后的实验装置

14.2.2　应变下推进剂燃速测试结果

1. 实验方案

本文用推进剂配方见表 14 - 1,1# 推进剂与 2# 推进剂成分相同但是燃速催化剂不同。3# 推进剂的 HTPB 比 1# 和 2# 推进剂少,相应的固体颗粒 Al 的含量稍高。

表 14 - 1　推进剂配方

试样编号	HTPB 体系含量/(%)	AP 含量/(%)	Al 含量/(%)	RDX 含量/(%)	燃速催化剂
1#	15	60	5	20	A
2#	15	60	5	20	B
3#	13	60	7	20	A

考虑到复合推进剂的工作压强范围及实验条件,选择实验压强分别为 4 MPa,6 MPa 和 8 MPa;由于实验装置设计尺寸的限制,导致此装置不能测试大于 20% 形变条件下推进剂的燃速,故试样的形变量设置为 0,10%,15% 和 20%。对于各个压强和应变条件测量实验数据。

2. 测试结果分析

分别对 1#、2# 和 3# 推进剂试样按上述实验方案进行燃速测试,按照实验压强、形变量设计及平行性实验的要求,测得无应力状态下燃速数据见表 14 - 2。

表 14 - 2　无应变条件下推进剂燃速

样品编号	$\dfrac{r(p=4 \text{ MPa})}{\text{mm} \cdot \text{s}^{-1}}$	$\dfrac{r(p=6 \text{ MPa})}{\text{mm} \cdot \text{s}^{-1}}$	$\dfrac{r(p=8 \text{ MPa})}{\text{mm} \cdot \text{s}^{-1}}$
1#	8.772	10.480	11.880
2#	7.878	9.4120	10.690
3#	9.254	10.930	12.270

拉伸状态下燃速测试数据见表 14 - 3。

表 14-3　有应变条件下推进剂燃速

样品编号	r' $(p=4\ MPa)$ $/(mm \cdot s^{-1})$			r' $(p=6\ MPa)$ $/(mm \cdot s^{-1})$			r' $(p=8\ MPa)$ $/(mm \cdot s^{-1})$		
	$\varepsilon=10\%$	$\varepsilon=15\%$	$\varepsilon=20\%$	$\varepsilon=10\%$	$\varepsilon=15\%$	$\varepsilon=20\%$	$\varepsilon=10\%$	$\varepsilon=15\%$	$\varepsilon=20\%$
1#	9.904	10.570	11.123	11.863	12.691	13.310	13.543	14.292	15.218
2#	8.492	9.406	9.997	10.692	11.247	12.000	12.090	12.881	13.555
3#	11.060	11.990	13.120	13.061	14.30	15.510	14.675	16.098	17.472

从表 14-3 分析 1# 推进剂在 4 MPa 时的燃速变化可以看出,形变为 20% 状态下的燃速比形变为 10% 状态下的燃速提高了 1.219 mm/s,形变为 10% 状态下的燃速比无应变条件下的燃速提高了 1.132 mm/s。分析三种试样在 4 MPa,6 MPa,8 MPa 压强下燃速的增量,可以得出相同的结论:在 0~20% 形变范围内,燃速的增幅并没有发生突跃变化,即复合推进剂试样中固体颗粒与黏合剂接触面没有发生脱黏和大的裂纹。

以往的研究成果表明,复合推进剂的燃速大小对压强的依赖性很强,燃速一般会随压强变化而变化。本节所使用复合推进剂在同一应变条件下燃速随着压强的增大而增大,分析燃速与应变之间的关系是在一定压强的条件下进行的,所得燃速经验公式也必然包含压强,即 $r = F(p, \varepsilon)$。为了直接揭示出燃速与应变之间的关系,定义一个新的变量——燃速比 r'/r,即在同一压强时,应变条件下的燃速与非应变条件下燃速的比值,以此分析应变对于燃速的影响。各压强下,三种推进剂的燃速比与应变的实验曲线用二次函数拟合后,其燃速比与应变的函数关系可用下式表示:

$$\frac{r'}{r} = a_0 + a_1\varepsilon_0 + a_2\varepsilon_0^2 \tag{14-25}$$

表 14-4 给出二次函数拟合曲线对应于式(14-4)的各项系数。

表 14-4　燃速比与应变之间的关系

编号	$p = 4\ MPa$			$p = 6\ MPa$			$p = 8\ MPa$		
	a_0	a_1	a_2	a_0	a_1	a_2	a_0	a_1	a_2
1#	1.000 02	1.317 82	0.109 09	0.999 84	1.339 64	0.218 18	0.999 95	1.366 55	0.072 73
2#	1.000 05	1.303 45	0.127 27	1.000 00	1.310 00	0.200 00	1.000 11	1.306 91	0.254 55
3#	1.000 51	1.748 91	1.654 55	1.000 13	1.834 73	1.363 64	1.000 13	1.824 73	1.563 64

推进剂的燃速随应变的增大而增大,并且用二次函数对实验结果进行拟合时具有较高的准确度,拟合曲线与实验曲线的相关程度均大于 0.999。由表可知,对于 1#,2#,3# 推进剂,式 (14-24) 中的各项系数随压强的变化都较小,可以推测应变状态下影响燃速变化程度的因素主要是推进剂的应变,而压强的影响很小,可以忽略,故对 1#,2#,3# 推进剂在各压强下的燃速变化程度与应变的关系曲线进行拟合,得到与压强无关的推进剂燃速变化程度与应变的二次函数的各项系数,见表 14-5。

表 14-5   各推进剂燃速变化程度与应变关系的拟合系数

试样编号	a_0	a_1	a_2	拟合相关性 R
1#	0.999 97	1.338 27	0.136 36	0.999
2#	1.000 05	1.309 55	0.1727 3	0.999
3#	1.000 25	1.795 55	1.572 73	0.999

由表 14-5 可知，对于 1#，2#，3# 推进剂，在实验选定的形变量范围内，对常数项和一、二次项若均取三位有效数字，可得 1#，2#，3# 推进剂的燃速变化程度与应变的函数关系为

$$\frac{r'_1}{r_1} = 1.00 + 1.34\varepsilon_0 + 0.136\varepsilon_0^2 \qquad (14-26)$$

$$\frac{r'_2}{r_2} = 1.00 + 1.31\varepsilon_0 + 0.172\varepsilon_0^2 \qquad (14-27)$$

$$\frac{r''_3}{r_3} = 1.00 + 1.80\varepsilon_0 + 1.57\varepsilon_0^2 \qquad (14-28)$$

对于 1# 和 2# 推进剂分别由式（14-26）和式（14-27）来描述应变对推进剂的燃速的影响时，误差均较小（<1%），具有较高的准确度。在每个实验压强下其二次项系数 a_2 的值均较小，二次项对 r'/r 的值影响很小，所以基本符合线性关系。对于 3# 推进剂来说，在每个实验压强下其二次项系数 a_2 的值均较大，当应变较大时，二次项的值对 r'/r 的会有一定程度的影响，故要求比较准确地对燃速变化进行描述时，采用忽略二次项的一次函数式会有较大的误差，建议采用二次函数式来描述应变对推进剂燃速的影响，其与实验曲线的相似程度大于0.991，与模型所建立的公式（14-24）结论相同，所建模型合理。

14.3   应变下推进剂燃速变化机理

从固体推进剂在不同压强、不同形变下燃速测试结果可知，在拉伸应变状态下复合推进剂的燃速会发生变化，本节分析推进剂在应变状态下燃速变化机理。

14.3.1   应变下推进剂表面形貌

已有多位学者开展了固体推进剂在应变状态下燃烧性能变化规律的研究。Lu Y. C. 研究发现对于拉伸应变状态下复合推进剂燃烧，压强的大小决定了火焰高度，在裂纹宽度大于两倍的火焰高度时，火焰会窜入裂纹之中，进而使燃面剧增，推进剂的宏观燃速变大。曾甲牙通过对复合推进剂进行拉伸试验，运用 SEM 方法发现在小应变条件下 HTPB 推进剂的固体粒子与黏合剂中间产生空穴，两相界面处偶联胶丝被拉长，这说明固体推进剂在小应变状态下也会产生一定的细小空隙，但是这种空隙的宽度比较小，火焰不能窜入其中。阳建红、李学东等运用声发射信号法（AE）对拉伸态复合推进剂的微观结构进行了测量研究，由于在复合固体推进剂这种颗粒高填充比复合材料中，黏合剂基体强度最弱，故微裂纹起初在基体形成，随着载荷作用的增加基体微裂纹数量增加，当应力足够大、作用时间足够长时，颗粒界面开始出现微裂纹等损伤。基体和颗粒界面的微裂纹形状尺寸大致相当且相互作用很小，对应着声发射的第一类声源，第一类声源对应于 HTPB 中的细微结构改变，此时的推进剂内部还没有发生宏观

的裂纹。可见,无论是采用扫描电镜还是声发射信号法都可以得出相同的结论,复合推进剂在应变条件下黏合剂会产生微疏松和空隙,黏合剂与固体颗粒之间会产生裂纹与空穴,推进剂燃烧生成的火焰窜入应变所引起的裂缝和空穴使燃面增大,导致推进剂燃速有所增加。

　　曾加牙等人的实验表明推进剂在外界载荷作用下,颗粒与基体之间最初产生裂纹,随着外载荷的增大,裂纹逐渐增大,导致界面发生脱黏,从而引起推进剂力学性能的非线性。图 14 - 10 所示为一个典型的试样从开始拉伸直至破坏整个拉伸过程中的原位拉伸扫描电镜(SEM)图片。

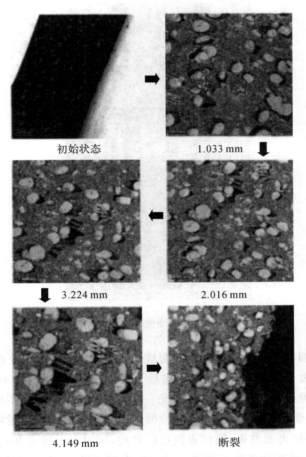

图 14 - 9　典型推进剂试样从开始拉伸至破坏的全过程

　　从图 14 - 10 的 SEM 照片分析可知:

　　(1)在拉伸的初期,基体变形不是很明显,拉伸 3 mm 后,可以观察到明显的基体拉丝现象;在拉伸的过程中,初始有空穴和脱黏现象等缺陷的地方首先破坏,且破坏程度比别处要明显;空穴有长大、合并的现象,在后期尤为明显;在拉伸后期观察到大粒径的 AP 固体颗粒与基体脱黏现象更严重,而小粒径的固体颗粒 Al 的脱黏现象不是很明显。

　　(2)整个拉伸过程中的变形主要是基体及基体中的空穴发生变形,夹杂固体颗粒的变形很小。这是由推进剂中基体材料的刚度相对固体颗粒小很多造成的;从拉伸断裂后的断面图上可以看出,AP 固体颗粒表面光滑无黏合剂,表明 AP 颗粒与黏合剂脱黏得很彻底。

本节采用 SEM 观测 $3^{\#}$ 推进剂在不同形变下推进剂表面形貌,研究 $3^{\#}$ 推进剂在拉伸状态下黏合剂是否会产生微裂纹,分析黏合剂和 AP 之间是否会产生空隙。

为了能在体积较小的 SEM 试样仓中观察应变状态下复合推进剂这种结构变化,设计了一套小型拉伸夹具,夹具装置尺度在 30mm 以内,可精确控制拉伸应变量。研究了 $0,17\%$, $23\%,45\%$ 拉伸应变条件下微观结构变化情况。

图 14-11 所示为本实验所采用的推进剂拉伸夹具。

图 14-11　小型推进剂拉伸夹具

拉伸状态下推进剂在不发生脱黏和宏观裂纹时,黏合剂与固体颗粒也会产生微裂纹和脱湿,针对 $3^{\#}$ 推进剂也做了应变状态下 SEM 实验。图 14-12 为放大 100 倍时 $0,17\%,23\%$, 45% 拉伸形变条件下推进剂微观结构变化情况。由图 14-12 可看出,拉伸形变量为 0 时推进剂表面光洁平整,没有明显的裂纹或疏松;当拉伸形变为 17% 时,固体颗粒与黏合剂之间产生裂纹,且裂纹沿固体颗粒表面发展,颗粒表面比较光滑,同时未见推进剂颗粒发生破碎;当拉伸形变增大到 23% 时,固体颗粒与黏合剂之间的裂纹也随之增大,出现宽为 $32~\mu m$ 的裂纹;当拉伸形变最大增大到 45% 时,裂纹持续扩大,宽度变为 $81~\mu m$,且固体颗粒与黏合剂之间发生脱湿现象形成明显的空穴。

为了更清楚地观察到黏合剂之间微观形貌变化情况,图 14-13 所示为不同拉伸形变情况下复合推进剂黏合剂微观结构扫描电镜照片。

由图 14-13 可看出,拉伸应变量为 17% 时,可观察黏合剂由于拉伸作用变得疏松,且黏合剂内部也出现微小裂纹,最大裂纹宽度为 $6.5~\mu m$。在拉伸形变量为 23% 时,随裂纹的逐渐发育,黏合剂之间的裂纹会相互交汇形成更大的裂纹,在 45% 拉伸形变下,可观察到黏合剂与黏合剂之间裂纹扩展非常明显,裂纹宽度增大到了 $19.0~\mu m$。

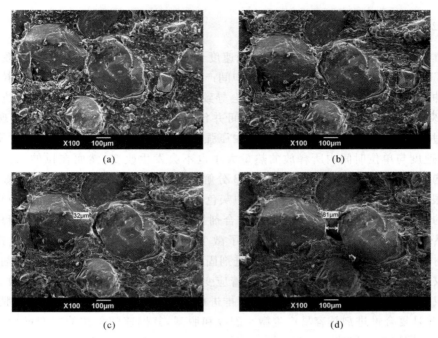

图 14-12　放大倍数 100 时推进剂端面扫描电镜图

(a)拉伸变形为 0；　(b)拉伸变形为 17%；　(c)拉伸变形为 23%；　(d)拉伸变形为 45%

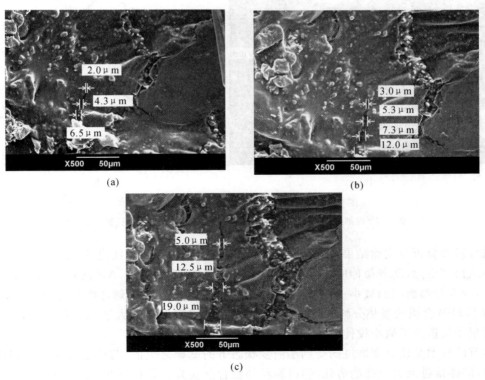

图 14-13　放大倍数 500 时推进剂黏合剂表面扫描电镜图

(a)拉伸变形为 17%；　(b)拉伸变形为 23%；　(c)拉伸变形为 45%

14.3.2 应变下燃速变化机理

固体推进剂在小拉伸应变状态下的燃烧速度会发生变化。运用 SEM 方法发现在小应变条件下 HTPB 推进剂的固体粒子与黏合剂中间产生空穴,两相界面处偶联胶丝被拉长且黏合剂经过拉伸后变得疏松,这种内部结构改变会导致推进剂燃速有所增加。复合推进剂所受拉伸应变在 20% 内时,AP 颗粒与 HTPB 之间并没有产生大的宏观裂纹与脱黏现象,但是HTPB 经过拉伸之后内部结构变得疏松。在压强不变的情况下,火焰高度也相对不变,此时AP 的分解速度与单位时间内所释放的热量大小也不会发生改变,然而在拉伸条件下 HTPB 的微观结构产生疏松导致单位体积的 HTPB 分解速度加快,如此一来,接近 AP 颗粒附近的HTPB 会很快吸热分解气化,图 14-14(b)中灰色区域的 HTPB 将会加快分解与反应的速度,灰色区域的快速燃烧又导致了 AP 颗粒与黏合剂接触面积的减小,从而也在一定程度上加大了 AP 的燃烧面积,这些效果的累积就造成了微小拉伸应变条件下复合推进剂燃速的增加。另一方面,拉伸应变在 20% 以内时,复合推进剂固体颗粒与黏合剂,黏合剂与黏合剂之间最初形成微裂纹和空穴,不断产生的微小裂纹随着应变量的增大而交汇形成较大的裂纹,与固体颗粒之间形成脱湿。这种结构变化最终导致了推进剂燃面火焰扩散进入大的裂纹和脱湿面中使燃速变大,并且复合推进剂越容易产生微小裂纹和脱湿,其燃速随着拉伸应变增加越快,这与本文所建立的模型是一致的。

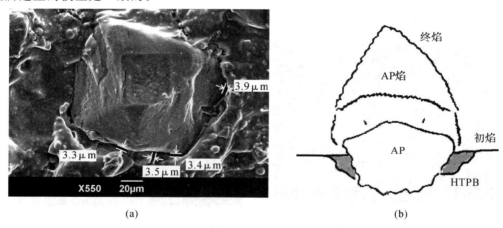

图 14-14 应变状态下复合推进剂燃烧模型

(a)形变 17% 时推进剂表面放大 550 倍 SEM 照片; (b)应变下推进剂燃烧模型

结合机理分析与实验结果可知,复合推进剂在应变条件下力学性能发生改变,黏合剂会产生微小疏松和空隙,随着拉伸应变的增大,裂纹与空隙也逐渐增大,AP 颗粒与黏合剂之间形成脱湿,导致接触面积的减小;另一方面黏合剂内部结构变疏松,分解速度加快,接近 AP 颗粒附近的 HTPB 会很快吸热分解气化,这两方面都在一定程度上加大了 AP 的燃烧面积,这些效果的累积就造成了微小拉伸应变条件下复合推进剂燃速的增加。

本节的模型是建立在推进剂受到小应变状态下的基础之上的,若应变量再增大将产生宏观裂纹,固体推进剂力学性能劣化,燃料颗粒与黏合剂会发生结构破坏,复合推进剂燃烧时可能会产生不稳定燃烧等现象,燃速变化规律比较复杂,所建模型将不适用。在今后的工作中,可开展大应变状态下复合推进剂燃速变化规律研究。

习　题

14.1　推进剂从生产到使用过程中有哪些载荷？

14.2　推导小形变条件下宏观模型中推进剂燃速变化方程。

14.3　分析小形变对推进剂燃速影响机理。

第 15 章　不稳定燃烧

不稳定燃烧是固体火箭发动机工作故障的一种常见现象,其现象各异,对应引起的不稳定燃烧机理复杂。尽管有些振荡不会危害发射操作,但是会给总体性能带来损失。

15.1　不稳定燃烧现象

在早期的采用双基推进剂的固体火箭发动机试验中,发动机在正常工作时间内出现了不规则的压力变化,称之为"二次压力峰",引起了燃烧室的爆炸。这种不规则现象不能用燃面的变化或侵蚀燃烧的影响来解释。后来发现这种不规则现象产生的同时燃烧室存在一定频率的压力振荡,而这种振荡可能是由某种随机的扰动发展起来的。因此,将燃烧中压力振荡不断发展的过程称之为不稳定燃烧。

复合推进剂中添加铝粉后,由于凝相燃烧产物的阻尼作用,固体火箭发动机的燃烧不稳定得到很大程度的抑制。燃烧不稳定问题在国内较少受到人们的关注。近年来,国内研发的战术导弹用固体火箭发动机屡次出现较为严重的燃烧不稳定。另外,国外研制的大型助推器,如欧洲"阿里安五"和美国航天飞机采用的大型分段式固体火箭发动机中也相继出现了不稳定燃烧现象。尽管燃烧室产生的压力振荡振幅不高,但却会导致较严重的推力振荡,这种推力振荡会与飞行器的固有振荡模式耦合引发共振,导致飞行器上的仪器失灵,严重影响飞行任务。

不管是战术还是大型固体火箭发动机,不稳定燃烧现象产生时主要表现为燃烧室的压力振荡,同时伴有发动机的强烈振动、平均压力曲线和推力曲线的不规则变化,甚至中断燃烧(即大振幅压力振荡引起的降压熄火)或发动机的意外旋转等现象,严重时发动机将失效或爆炸。因此,众多国家都投入了大量的人力、物力来开展这方面的研究,在早期找到了一系列抑制压力振荡、防止不稳定燃烧的经验的或半经验的方法,近阶段人们开始对发动机的稳定性进行理论分析和预测,期望能解决工程应用中遇到的很多实际问题。然而由于问题本身的复杂性,目前的理论分析水平和实验技术具有较大的局限性,须进一步对其进行研究。

不稳定燃烧的主要表现是燃烧室压力振荡,同时伴有发动机强烈振动、平均压力曲线和推力曲线的不规则变化,甚至中断燃烧(即大振幅压力振荡引起的降压熄火)或发动机的意外旋转等现象,人们正是通过这些现象来判断是否存在燃烧不稳定以及燃烧不稳定的性质和严重程度。燃烧室压力振荡的检测和分析是研究不稳定燃烧现象的主要手段。不过其他现象,特别是发动机内弹道曲线的异常变化也能直接反映燃烧不稳定的特点和严重性。所以从事发动机研制工作的工程技术人员即使不去专门研究这个问题,也可以通过内弹道异常现象的观察和分析做出初步的判断。但是必须强调指出,燃烧不稳定可以导致内弹道异常,然而内弹道异常并不一定是由燃烧不稳定造成的,因此还要注意内弹道异常现象的鉴别问题。

15.1.1 不稳定燃烧的分类

按照产生的机理不同,不稳定燃烧可以分为两大类:声不稳定和非声不稳定。声不稳定是燃烧过程同发动机室内腔燃气的声振过程互相作用的结果。压强振荡的频率同内腔声振的固有频率一致。发动机室是一个自激的声振系统。非声不稳定则与声振无关,可以是燃烧过程本身的周期变化,属于固有的不稳定性。也有燃烧过程与排气过程的相互作用等。其频率不同于内腔声振的频率。

按照压强振荡的频率不同,不稳定燃烧可以分为高频、中频和低频三个范围。高频指振荡频率在 1 000 Hz 或以上,中频包括 100～1 000 Hz 的频率范围,100 Hz 以下则属于低频。通常高频和中频不稳定都是声不稳定,低频不稳定则可能是声不稳定,也可能是非声不稳定。

除了振幅的大小、频率的高低以外,振型(也叫振模)也是声腔振荡的一个基本特性。它包括波阵面的几何特性、波的传播方向等等,实质上就是声振参数在声腔中的分布和传播的形式:声腔的振型取决于声腔的几何形状和尺寸、介质的特性和声腔的边界条件。对火箭发动机来说,取决于燃烧室内腔的结构,推进剂和燃烧产物的特性。已经发现的有纵向驻波、切向驻波、切向行波和径向驻波等等(见图 15－1)。以圆柱形燃烧室空腔为例,相应振型的特点如下:

(1)纵向振型沿燃烧室纵轴方向发生的振荡。波阵面是垂直于纵轴的水平面。振荡传播的方向为轴向。一般燃烧室内腔纵向长度较大,纵向振型的频率也较低。

(2)切向振型沿燃烧室切线方向发生的振荡。波阵面呈圆弧形。振荡传播的方向为切向,切向振型的频率较高。

(3)径向振型沿燃烧室半径方向发生的振荡。波阵面是一系列同心圆柱面。振荡传播的方向为径向,径向振型的频率也较高。

切向振型和径向振型都是垂直于纵轴方向的振荡,统称为横向振型。

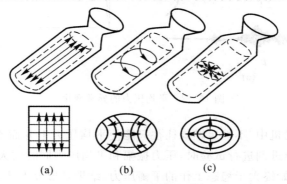

图 15－1　各种振型示意图

(a)纵向振型；　(b)切向振型；　(c)径向振型

在实际的燃烧室中,可以是各种纵向、切向和径向振型的组合。除了基频振型以外,也可以有某些高次谐波振荡的叠加。实际的波形可能很复杂。但往往有一个或几个主要的振型,由它来决定整个燃烧室中振荡燃烧的发展。对于半径为 R、长度为 L 的圆柱形燃烧室内腔(或装药内腔),其纯纵向、切向和径向振荡的频率分别为

$$f_{纵} = \frac{na}{2L}$$

$$f_{切} = 0.293 \frac{na}{R}$$

$$f_{径} = 0.61 \frac{na}{R}$$

15.1.2 不稳定燃烧的现象

1. 平均燃速和平均压力的异常变化

大量试验表明,不稳定燃烧常常会导致燃烧室平均压力的异常变化。也就是说,由低频压力传感器测得的压力曲线会发生不规则的抖动、起伏或大小不等的压力峰,如图 15 - 2(a)所示。

值得注意的是,在双基推进剂发动机中,不稳定燃烧能使平均压力下降(低于稳定工作时的值),如果压力振荡幅度始终不大,并且只持续一段时间,平均压力曲线可能成为图 15 - 2(b)所示的情况,但是随着振荡的进一步发展,平均压力也会额外增大。用双基推进剂的杯状样品进行 T 形发动机试验时,随着压力振幅的增大平均压力大幅度下降,而平均压力的下降似乎又促使压力振幅进一步增大。通常二者均可达某种稳定值,不过试验中也曾看到过大振幅压力振荡引起降压熄火(断燃)的现象。

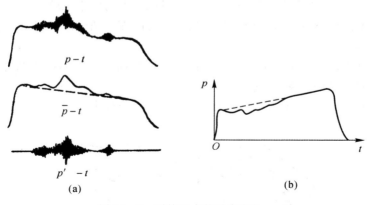

图 15 - 2 平均压力的异常变化

在复合推进剂发动机中,不稳定燃烧往往只能使平均压力上升而不能造成平均压力曲线下凹的现象。用复合推进剂进行试验时,压力振幅和平均压力同时增大,达到一定数值之后又重新减小,但平均压力始终大于稳态工作的平衡压力,结果是形成上凸的平均压力曲线。

压力耦合可使平均燃速减小、速度耦合可使平均燃速增大,它们的综合作用可以引起平均压力的异常变化。当燃烧室内存在多种振型的声振荡时,装药燃烧面所处声环境极其复杂,局部平均燃速将因地、因时而异,有时还可能发生振型转换以及声振荡的间歇,这些因素的综合作用便造成了平均压力曲线的不规则变化。

2. 二次压力峰

发动机工作过程中,由不稳定燃烧造成的平均压力曲线凸起的现象通常被称为二次压力峰,以区别于启动过程中出现的初始压力峰。显然,二次压力峰就是一种平均压力不规则变化的现象,不过这里要讨论的是一种由中频轴向非线性不稳定引起的二次压力峰现象。中频轴向非线性不稳定常发生于长径比较大,使用含铝推进剂的大、中型发动机,其特点是微弱的轴向压力振荡发展到一定程度便突然剧烈增强,压力振幅激增的同时,波形畸变,燃烧压力激升。此时,如果燃烧室结构强度不足就会发生结构的破坏或爆炸。如果结构强度足够大,燃烧室压力会重新下降并形成二次压力峰。一般认为这种现象同速度耦合及平均流动相关。

发动机平均压力的升高,一般认为是速度耦合所致,但是有人怀疑速度耦合时作用是否会如此之大。此外,还有人认为是振型耦合所致,因为在试验中曾观察到当切向振型的频率是纵向振型频率的整数倍时,平均燃速会突然猛增。

3. 脉冲触发不稳定

早在 20 世纪 60 年代初即已发现,长径比较大的固体火箭发动机中可以出现一种轴向非线性不稳定。发生这类不稳定燃烧时,从动态压力记录和高速照相都可以看到有激波沿发动机轴向来回传播,同时伴随着平均压力的迅速上升,当波的强度达到稳定值时,平均压力也调整到一个较高的数值,可是在平均压力上升之前却观察不到有微弱压力振荡的发展过程。这就是说,发动机像是一个线性稳定而非线性不稳定的自振系统,它平时可以稳定工作,而在气流受到一定幅度的扰动时,便会突然变得不稳定。实际工作过程中,这种扰动是由某些固体碎块(例如:包覆材料、点火器碎片等)穿过喷管引起的,因而具有偶然性,少量静止试验很难确定发动机是否具有潜在的脉冲触发不稳定性,但是一旦发作起来就会引起严重的后果,所以必须找到有效的方法事先鉴别发动机是否具有此类潜在的危险。

为了研究这种潜藏的不稳定性就要人为地制造不同强度的扰动。目前已经得到广泛应用的办法是在发动机头部安装一个或几个装有黑火药的管子(类似于电爆管),在发动机工作期间按一定程序通电点火并观察发动机的反应,这叫作脉冲试验。若采用圆柱形内孔燃烧装药,脉冲试验得出的压力记录如图 15 - 3 所示。综合若干次试验的记录,可以处理成图 15 - 4 所示的结果。

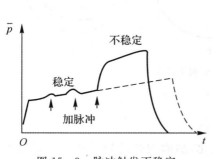

图 15 - 3　脉冲触发不稳定

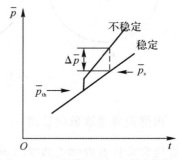

图 15 - 4　不稳定度与面喉比的关系

多年来,利用此种脉冲试验技术作过多方面的试验研究,主要试验结果如下:① 长径比大的发动机容易发生脉冲触发不稳定,$L/D < 10$ 则很难触发此种燃烧不稳定。② 与线性不稳定相反,脉冲触发不稳定必须在界限压力以上才会发生,而且压力愈高,不稳定度愈大。③ 以硝酸铵(AN)、过氯酸锂(LIP)、过氯酸钾(KP)或其混合物为氧化剂的推进剂都是脉冲稳定的,而含有过氯酸铁的推进剂,不论用何种黏合剂(PU,PS,PBAN 或 CTPB 等),加铝粉或不加铝粉,只要条件适宜都能发生触发不稳定。双基推进剂同样具有触发不稳定性。④ 若通过添加催化剂和改变氧化剂(AP)的粒度调节推进剂的燃速,在燃烧室压力不变的条件下,不稳

定性随燃速的增大而减小。

目前,脉冲技术已被作为考验发动机是否有潜在不稳定危险的有效方法。如果发现发动机具有触发不稳定,可以通过调节燃速、改变工作压力、修改装药几何形状等办法加以解决,或者是在发动机结构的设计上确保不会引起意外的压力扰动。

4. 旋涡的产生

内孔燃烧的发动机中出现线性声不稳定燃烧时,气流中可能产生旋涡。这是由声振荡的二次黏性效应引起的一种非线性现象,物理概念大致如下:圆柱空腔内出现一阶切向行波时,气体微团运动路径应如图 15-5(a)所示。在一个振荡周期内空腔中心的微团走一个圆,接近壁面的则近似走一个椭圆,在压力增高的期间气体微团贴近壁面,运动受到较大阻力,在压力降低期间,微团离壁面较远,所受阻力小一些。从图上看,气团向右运动时阻力大,向左运动时阻力小,气体每走一圈的净效应就是给发动机一个顺时针的转矩,这个椭圆本身则沿壁面反时针移动,形成一个平均的旋转流动——声流(见图 15-5(b)),并且发展成旋涡(见图 15-5(c))。对于一个直径 150 mm 的发动机,旋涡的圆周旋度可达 100 m/s 以上。

旋涡产生之后,由于侵蚀燃烧和喷管有效喉部面积缩小的双重效应,燃烧室平均压力会大大增加,同时还给发动机带来意外的转矩和不平衡力。试验表明,在圆柱形空腔内可能同时出现多个旋涡,如 4 个或 8 个。通常认为单个旋涡是由一阶和二阶切向行波引起的,4 个和 8 个旋涡则分别是由一阶和二阶切向驻波产生的。对于星孔装药,旋涡也可能发生于星尖空腔内。如果发动机内有偶数个强度相等而反向旋转的旋涡,则不会产生净转矩。反之,如有奇数个旋涡,发动机即受到一个能导致火箭旋转的净转矩。

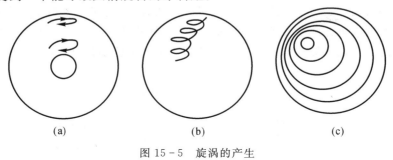

(a)　　　　　　　(b)　　　　　　　(c)

图 15-5　旋涡的产生

15.1.3　内弹道异常现象的鉴别

不稳定燃烧常常伴有内弹道曲线的异常变化,然而内弹道异常并不一定是不稳定燃烧所致的。实际上,导致发动机爆炸或工作不正常的原因很多,非线性燃烧不稳定仅是其中的一种。所以发动机研制人员必须善于鉴别各种内弹道异常现象,特别要迅速弄清有无燃烧不稳定问题,以便集中精力从其他方面查找原因,及时排除故障。

内弹道异常的分析和鉴别并无成规可循,主要是依靠人们的实践经验和认真的调查研究。下面介绍几种典型情况。

1. 初始压力峰

首先,点火药过多或粒度过小常会造成初始压力峰,如图 15-6 所示。其次,较强的侵蚀效应也会导致出现初始压力峰。图 15-7 所示是管状装药的压力曲线。一般来说,侵蚀峰的出现往往伴有减面性变大和拖尾较长的特点。

前面已经指出,不稳定燃烧会导致二次压力峰,一般情况下不难同初始峰区别开来。

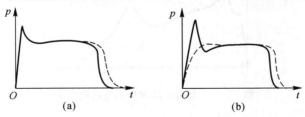

图 15 - 6　点火初始压强峰

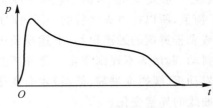

图 15 - 7　侵蚀压力峰

2. 试车系统机械振动的影响

试车系统(试车和发动机等)相当于二阶振动系统,在推力的初始冲击下会发生阻尼振动。在某种特定条件下,这种振动在推力曲线上会有所反映,如图 15 - 8 所示。这种现象的特点是推力和压力曲线的变化不一致,根据这一点可以将它同不稳定燃烧区别开来。

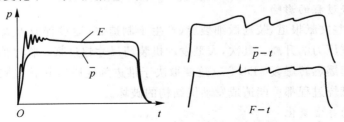

图 15 - 8　测试系统机械振荡对压强的影响和喉部沉积物对压强曲线的影响

3. 喷管喉部沉积物的影响

某些使用含铝推进剂的小型发动机,因为喉径很小(例如仅有 5～6 mm),燃烧产物的凝相物质在喉部逐渐沉积和突然脱落会造成一种锯齿状压力曲线。推力的大小取决于喉部面积和燃烧室压力($F = C_F A_t \bar{P}$),所以喉面变化引起的推力变化同燃烧室压力的相应变化不成比例,而且推进剂的燃速压力指数愈小差别愈大。据此可与不稳定燃烧造成的内弹道曲线不规则变化区别开来。

4. 装药破碎的影响

装药破裂或脱黏可使燃面额外增大,引起燃烧室压力急升,并且常常导致爆炸。但是在某种特定情况下,装药破碎仅使压力曲线上出现不大的凸包(压力峰)。图 15 - 9 所示是一种管状装药发动机在飞行试验中测得的压力曲线。燃烧末期出现的凸包很容易同脉冲触发不稳定相混淆。但是仔细观察上图就可以看出该发动机具有较强的侵蚀效应,因而可以推测凸包是药柱烧成倒锥形薄壁管之后,在惯性力和压差力作用下被挡药板局部压碎所致。

图 15-9　装药破碎对压力曲线的影响

5.燃烧室热损失的影响

在自由装填的小型发动机或 T 形发动机中,由于燃烧室壁面的热损失较大,燃气温度需要较长时间才能达到稳定的平衡值,所以在点火之后的一段时间内燃烧室压力低于平衡压力。如果发动机是在低温下工作,或者推进剂的燃速很小,上述现象可以变得非常明显,不过压力曲线的下凹段是光滑的,没有抖动、起伏等不规则变化。此外还必须注意,上述现象仅在某些特定条件下(自由装填的小型发动机、缓燃推进剂、低温)才会变得比较明显,一般情况下热损失的影响很小,不会引起压力曲线的异常变化。

6.装药通道内部回流的影响

抑制纵向声不稳定的有效措施之一就是采用横向隔板(最简单的就是一个安装在装药通道内的圆形孔板)。在这种情况下,隔板的下游将发生燃气的回流,从而提高了这些部位的局部燃速,于是压力曲线相应地向上凸起。在具有类似结构的小型试验发动机中也曾观察到相同的现象。

7.非稳态燃烧过程的影响

首先,根据某些文献报道,装药微细裂缝(产生于制造、贮运过程或点火冲击)中的对流燃烧也会导致燃烧室压力的升高。其次,大型发动机装药尺寸超过某一临界值时,机械冲击或裂缝燃烧还可能引起爆燃转爆轰(DDT)(这要取决于推进剂性质),并导致燃烧室压力的上升。所以这些非稳态燃烧过程都可能造成发动机结构的破坏。

8.铜柱压力的异常变化

目前,在发动机静止试验中还经常采用铜柱测压器来测量燃烧室的最大压力。实践经验表明,在正常情况下,铜柱测得的数据均略小于示波器记录曲线上的最大压力值。但是,在发生了燃烧不稳定的情况下,铜柱压力可能异常增大,有时可以超过示波器记录值一倍以上。用 T 形发动机进行验证性试验的结果已经证实,当瞬变压力超过示波器平均压力曲线的最高值时,铜柱压力就会异常增大,但是没有找到简单的换算关系。尽管如此,这一现象还是可以提示注意是否存在燃烧不稳定现象。

15.2　声不稳定燃烧机理分析

15.2.1　声放大机理分析

按照声振理论,对一个声振系统,如果有一个热源能周期地向系统输入能量和抽出能量,可以使声振发生变化。在声压最大时向系统加热,在声压最小时从系统抽出热量,声振的振幅便会得到放大。反之,如果在声压最大时纵系统抽出热量,声压最小时向系统输入热量,声振便会衰减。如果在声腔介质处于平衡状态下进行热交换则对声振没有影响。因此,按照瑞利原理,要使声振放大,热交换过程必须同声振的相位配合得当。另一方面,整个声腔一般并不是均匀的,声腔各处的声压振幅和相位各不相同,热源的作用效果还与热交换的部位有关。只有在声压的波腹上进行热交换,才有可能产生最有效的声能增益。如果在声压的波节上进行热交换,对振幅不会有什么影响。这就是热源对声振产生影响的一般条件。后来又进一步发现,在有质量源的系统中,质量的周期性交换也可以影响声振的发展。同热交换一样,如果在声压最大时加入质量,在声压最小时抽出质量,也可以使声振放大。如果在一定条件下,热源(或质量源)的周期作用是由声腔的振荡来激发,对声腔进行热交换(或质量交换)而使声振得到放大,这就形成了自激的声振系统。依靠系统内部的相互作用,可以使声振放大。

火箭发动机的燃烧室可以看作是一个声腔。虽然有一个喷管同外界连通,但超声速喷管的下游不会影响上游的压强传播。如果把喷管的影响当作一个边界条件来处理,燃烧室就是一个封闭的声腔,压腔的振荡可以在其中传播和发展。而燃烧室中是有足够的热源的,特别是推进剂的燃烧,释放热量甚多,只要其中一小部分适当地转化成声振能量,加入声振系统,就可以使声振得到增益放大,产生声不稳定。整个燃烧室在工作中依靠自身的热源维持一个自激的声振系统,这就是声不稳定燃烧。当然,燃烧室中也还有其他能源

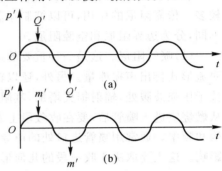

图 15 - 10　瑞利原理示意图

可以影响声振的。例如气相中的剩余燃烧和某些放热的化学反应,燃烧室内的平均流动也可以局部的转化为声振能量,使声振得到增益放大。另一方面,发动机中也存在一系列使声振衰减的阻尼因素,它们消耗声能,有抑制不稳定的作用。主要的阻尼因素有药柱的黏弹性,气相中的黏性、热传导、扩散及分子和化学的松弛过程,气体中惰性凝相颗粒的速度和温度响应,流经喷管声能的对流和辐射,通过发动机壳体的声能辐射,等等。

所有各种增益和衰减因素都与频率和振型有关。每一种增益只对一定振型、频率的压强振荡有作用,并不是对所有的振型、频率起作用。因此,整个燃烧室声腔的压强振荡能否维持和发展,就要分析每一振型所能获得的声能增益与衰减之间的消长关系。如果它的增益大于衰减,这一振型的压强振荡就会发展放大,形成不稳定燃烧。反之,衰减大于增益,振荡就会逐渐减弱和消失,趋于稳定。

固体火箭发动机燃烧室声腔中最重要的声能增益来自燃烧表面对声振的响应。响应的途径有二:一是压强响应,一是速度响应。

声振中压强波进入燃面处的燃烧反应区,由于声压增加而使燃速增加,因而燃面上的放热率和气体生成率都相应增加,进入声腔使压强增加,这就是燃烧过程对声压振荡的响应。如果增加压强的作用正好发生在声压最大的相位上,就会使振荡放大。这就是同相位的压强响应,叫作压强耦合。

声振中除了压强的波动以外,还有气体质点速度的波动,那就是声振速度的周期性变化。如果气体速度平行于推进剂的燃烧表面,就要产生侵蚀燃烧使燃速增加。燃速增加又会影响燃面附近气流速度的改变,这就是速度响应。如果燃速的增加同气体速度的振荡配合得当使

声振增益放大,这就是速度耦合。这种情况又叫声侵蚀。速度响应的规律是非线性的,到目前为止还没有较多的深入研究。

在燃烧室中究竟存在何种响应,取决于燃面与声振振型的相对位置。例如,对于端面燃烧的发动机,其燃面对纵向振型来说就只有压强响应,没有速度响应,对横向振型除了压强响应以外还可能有速度响应。对侧面燃烧装药发动机,燃面对纵向振型有压强响应,也可以有速度响应。对横向振型则压强响应是主要的。在实际发动机中碰到的不稳定燃烧还是以压强耦合的情况为主,研究的最多的也是压强耦合。

15.2.2 声阻尼机理分析

燃烧室中声振的发展放大主要靠燃面的响应提供能量。而导致声振衰减的阻尼因素却比较多。依靠阻尼的作用,可以抑制振荡的发展,防止不稳定燃烧。根据发生阻尼作用的位置的不同,分为边界阻尼和空腔阻尼。

(1)喷管阻尼。这是一种重要的边界阻尼。在燃烧室的喷管一端,由于气流的排出,也以对流形式排出声振能量。另外,还以辐射的形式散失声振能量,因而发生阻尼作用。如果喷管位于压强波腹处,辐射损失增加,其阻尼作用更强。因此对纵向振型的阻尼作用最显著。声波从燃烧室进入喷管后,要在收敛段上发生反射,反射回到燃烧室的反射波会影响声场驻波的结构和频率。通常用喷管进口处的声导纳作为声场的边界条件,表示喷管对燃烧室声振过程的影响。这主要取决于收敛段的几何形状和气流状态。

(2)壁面阻尼。燃气与燃烧室接触,通过摩擦和散热,引起声能损耗,使声振衰减。其阻尼常数与燃烧室机械性能、形状和声振的振型有关。对贴壁浇铸、内孔燃烧装药发动机,室壁与燃气接触的面积很小,壁面阻尼也很小。

(3)药柱黏弹性阻尼。这是属于发动机结构引起的边界阻尼。由于发动机壳体的刚性比药柱大得多,药柱内部的黏性比较大,在整个结构阻尼中,药柱的影响比壳体大得多。特别是当声振频率接近或等于药柱自振的某一固定频率时,药柱将发生共振,生能声能大部分转入固体介质,可以使不稳定燃烧中断。在发动机工作过程中,声腔的尺寸和药柱的尺寸都随时间变化,声振频率和药柱的固有频率也随之变化,上述的共振现象也可能交替出现,使不稳定燃烧也交替出现。

(4)均质阻尼。这是指空腔气相中的阻尼。主要由于气体的黏性、热传导、化学松弛和分子松弛所引起的声能损失。声场中由于压强振荡和速度振荡产生了压强、速度和温度的梯度。由于这些梯度的存在,在气体产生了黏性的动量传输和热传导,引起声能损失。分子的松弛是指分子内部能量的分配滞后于温度的变化,气体密度的变化滞后于压强的变化,形成声能损失。一般来说,均质损失比较小,可以忽略不计。

(5)微粒阻尼。燃烧擦产物中含有凝相微粒时可以产生阻尼作用,使声振衰减。凝相与气相声振之间存在速度滞后和温度滞后,由于黏性和传热,产生了声能的损失。其中最主要的是黏性损失。微粒阻尼对高频振荡作用明显,对低频振荡作用很小。其阻尼系数的大小又与颗粒的尺寸有关。颗粒尺寸越小,对抑制高频振荡越有效。对常见的高频不稳定燃烧(1 000~5 000 Hz)起阻尼作用的主要是 $2 \sim 12~\mu m$ 的颗粒。

从理论上讲,如果能准确地知道发动机燃烧室的全部增益和阻尼因素,就可以比较全面的分析发动机的线性燃烧不稳定性。但到目前为止,还不能准确地得到有关增益和阻尼因素的全面数据,实际上也就不能做到准确地预计发动机的声不稳定性。

15.3　燃烧稳定性的影响因素

影响固体火箭发动机燃烧稳定性的因素很多,主要包括如下三类:推进剂配方、燃气主流、发动机结构。

15.3.1　推进剂配方对燃烧稳定性的影响

任何类型的不稳定燃烧都与推进剂特性有关。改变推进剂特性能直接改善发动机的稳定性,其具体措施如下:

(1)改变推进剂中铝粉的含量及其颗粒尺寸。铝粉含量增加,对高频不稳定的阻尼作用也增加。凝相 Al_2O_3 颗粒尺寸越小,其阻尼的频率越高。

Culick 提出的微粒阻尼理论,认为在发动机频率不变时,燃气中单位体积微粒量与气体量之比是影响发动机不稳定燃烧的关键因素之一,因而高密度、高熔点、不影响推进剂燃烧反应的惰性材料便成为固体推进剂理想的不稳定燃烧抑制剂。对 Al 粉、TiO_2,MgO,Co_2O_3,Al_2O_3,SiC 等材料进行过研究和筛选,得到对螺压推进剂白刚玉(Al_2O_3)抑制不稳定燃烧有比较好的效果的结论,而且这种材料在磨料工业中大量生产,且有可靠质量保障。

(2)降低推进剂的能量。试验证明,声能增益是与推进剂的能量成正比的。适当降低推进剂的能量,有利于发动机的稳定性。

(3)改变氧化剂颗粒尺寸或加以适当的添加剂。这主要是减小燃速,降低推进剂的能量释放率,减小燃烧的不稳定性。

(4)减小推进剂燃速的压强指数,有利于减小燃烧不稳定性。

15.3.2　燃气主流流动对燃烧稳定性的影响

发动机内燃气主流流动对燃烧稳定性有重大影响。

美国的 Flandro 在 1967 年首先指出,火箭发动机中的旋流运动对燃烧不稳定可能存在影响。1973 年,Flandro 和 Jacobs 一起首次提出了涡脱落有可能激发大型分段式固体火箭发动机燃烧室的声模态产生共振,从而引起压强振荡。1986 年 Flandro 和 Chung 等人从线性稳定理论的角度分析了旋涡运动作为发动机额外声源,试图将旋涡表述为与其他影响因素相似的形式,例如压力耦合函数,以便在线性稳定性理论中加入旋涡的影响。

在固体火箭发动机中存在三种类型的旋涡脱落形式,分别为障碍涡脱落(obstacle vortex shedding)、表面涡脱落(surface vortex shedding)及转角涡脱落(corner vortex shedding)。有时这三种涡脱落可能同时发生。

旋涡的涡核实际上是一个低压区,周期性的涡可以理解为周期性的压强扰动。另外,涡输运到下游会,可能与喷管收敛段产生撞击作用而发生。实验发现,当脱落涡频率接近声场固有频率时,周期性的流动分离将产生显著的压力振荡。印度的 Karthik 等人的冷流实验所观察到"锁频"现象则更形象地说明这一机理及声模态转换过程,即随着气流速度的提高,旋涡脱落频率逐渐增大,当其接近于燃烧室声腔的某一声模态时,压强振荡频率将锁定这一声模态,产生共振;当旋涡脱落频率再继续增大而远离该声模态时将解锁,上述过程的再次出现即为频率转换,即旋涡脱落耦合了燃烧室声腔的另一阶声模态。一旦产生"锁频"现象,在燃烧室中会产生带反馈的声/涡耦合机制,使燃烧室保持一定水平的压强振荡。在大型发动机中,这种水平的压强振荡对有效载荷的可靠性工作产生了严重影响。

15.3.3　发动机结构对燃烧稳定性的影响

发动机燃烧室内腔头部和尾部结构及装药内孔的形状对燃烧不稳定都有一定影响,头部和尾部的形状决定纵向声振反射的强弱。头部和尾部的形状决定纵向声振反射的强弱。圆弧形头部要比平面头部好。收敛角小的尾部,对身振反射弱。

装药内孔形状对横向振荡影响较大。如果采用非对称截面或将台阶形通道改为锥形通道都有利于克服不稳定燃烧。对管形药柱沿轴向螺旋线式地布置一系列径向孔是抑制不稳定燃烧的一个经典方法。提高燃烧室压强也有利于克服不稳定燃烧。

15.4　不稳定燃烧抑振措施与装置

就当前的研究进展情况来看,只要充分利用现有的经验、各种试验手段和稳定性预计技术,就可以将发生不稳定燃烧的可能性减至最低程度。但是,由于认识水平的限制,目前还不可能完全做到"防患于未然",因而在发动机研制过程中,甚至在研制的后期,仍然会碰到不稳定燃烧问题。解决这一问题并无常规可循,必须根据具体情况采取适当措施。必须看到,发动机破坏或工作不正常并不一定是燃烧不稳定所致,所以首先要弄清产生问题的根源。其次,若确实存在燃烧不稳定,则应查清它的特性,以便"对症下药"。所谓不稳定燃烧的诊断,就是确定是发生了燃烧不稳定,并弄清不稳定燃烧的类别、振型、频率和强度等。

抑制和消除不稳定燃烧,无非是设法减少声能增益和增加声能损失。一般可以从以下方面入手:

(1)改变推进剂配方以减小燃烧响应函数(实部)或增加微粒阻尼。添加铝粉,就是抑制高频声不稳定的有效手段。

(2)修改发动机装药结机及设计参数。这些方面的变化将同时影响燃而响应和阻尼。

(3)选用适当的机械式抑制装置。

(4)优化发动机内燃气主流流动通道。

为了判断抑振效果,需要进行一定数量的试车和试验室试验(如 T 形燃烧器试验),若能进行必要的稳定性计算,必可加快问题的解决。

推进剂配方、发动机结构的变动往往受到其他多方面要求的限制,特别是在研制后期还要受到原有方案或"既成事实"的限制,因而无法按照提高发动机稳定性的要求进行调整和修改,这就是"事后"解决燃烧不稳定问题之所以特别困难的原因。因此在很多情况下,还必须考虑采用适当的抑振装置。

目前在固体火箭发动机中使用三类抑振装置,即共振棒、吸声器和隔板。共振棒是早期广泛应用于固体发动机的抑振装置。但是进一步的研究表明,共振棒的效能实际上是有限的。吸声器和隔板原来都是用在液体火箭发动机上的抑振装置。由数百、数千个独立的亥姆赫兹共振器组成的吸声垫曾得到广泛的研究。目前,各种共振器已有比较成熟的分析和设计方法。隔板虽然已得到成功的应用,但在理论上仍然知之不多。实践表明,吸声器和隔板用于固体火箭发动机都是有效的,不过还有许多问题有待进一步研究。

(1)隔板。一般来说,隔板包括所有安放在声场内的具有较大平面的装置。按平面与内腔轴线(或平均气流方向)的相对关系,可分为横向隔板和纵向隔板。最简单的横向隔板就是一个横向安装在内腔中的孔板(单孔)。简单的纵向隔板往往是一块沿内腔纵向放置(悬臂支承或浇铸在药柱内)的矩形板,其横向尺寸与内腔初始直径相同。简单的纵向隔板能够干扰一阶切向行波,并很容易使其变成驻波(隔板所在位置成为振速波节)。其次,隔板表面的黏性和导热损失也可增大阻尼,但是很有限。总的来说,纵向隔板的抑振效能不强。

(2)共振棒。共振棒就是沿轴向装在装药内腔的金属直杆(外面涂有耐热耐烧蚀材料)。共振棒可有不同的截面形状(圆形、方形,矩形、十字形、Y形、Z形等),其长度小于或等于装药长度,或一端悬臂支承或两端支承。共振棒一般处于内腔中心线上,偶然也有偏离中心的,有的发动机还装有多根共振棒。实践证明,共振棒用于抑制轴向不稳定的效果较差,所以主要用于抑制高频横向燃烧不稳定。使用共振棒将增加一部分惰性质量,但是不会显著降低发动机的工作性能。

共振棒的作用原理尚未完全确定。早期曾认为它的共振频率很重要,因而称为共振棒。其实,这种看法是不可靠的,因为激励共振棒振动的气体黏性并不能导致明显的声能损耗。目前认为以下几方面的作用可能是重要的:① 处于中心的共振棒能够降低切向振型的固有频率,这类似于圆柱形内腔变为环形内腔的情况。② 不在中心的共振棒可以干扰切向行波的运动,或使其转变为切向驻波(共振棒所在位置成为振速的波节),即使不能抑制小振幅不稳定,也能防止旋涡的产生。③ 横向(切向和径向)振荡在多根共振棒(或不在中心的棒)上有动能损失,从而引入非线性阻尼。④ 轴向振荡在悬臂支撑的共振棒的自由端有动能损失(相当于一个悬臂支撑的横向隔板)。不过棒的外径通常远小于内腔直径,所以此项阻尼不大。⑤ 在共振棒表面上的黏性和热传导会导致声能损失。根据以上认识,对横向振型应当使用 3 或 5 支等距分布的共振棒,对轴向振型则应使棒长为装药长度的 60% 左右。

(3)吸声器。常用的吸声器是亥姆霍兹共振器和 1/4 波长管,图 15-11 所示是它们的示意图。亥姆霍兹共振器是由一个具有刚性壁的腔和一个开口的细管(称为颈)组成的,1/4 波长管则是一个一端开口的细管。作为吸声器它们必须满足两个基本条件:① 它们门开口周长必须小于入射波的 1/4 波长。这就是说,亥姆霍兹共振器的颈和 1/4 波长管都必须是声学中的"小直径管"。② 亥姆霍兹共振器的颈长和腔长均应远远小于入射波的波长,因而内部气体的压力、密度都是均匀分布的。1/4 波长管的长度应等于或接近入射波长的 1/4(或是其奇数倍)。吸声器大多与燃烧室构件或点火器组合件结合在一起,其实际形状是多种多样的。

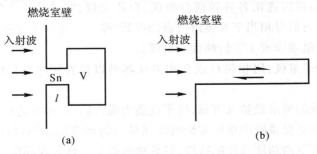

图 15-11　吸声器

(a)亥姆霍茨共振器;　(b)1/4 波长管

15.5 测量燃烧不稳定性的试验方法

15.5.1 瞬时压强的测定

不稳定燃烧的诊断必须从某些与其密切相关的现象入手,例如压力振荡、机械振动、内弹道曲线的变化等。动态压力的测量和分析是研究不稳定燃烧的基本手段。发动机壳体振动的测量和分析也是发现不稳定燃烧的一种手段,但其作用有限。加速度计可以反映压力振荡的频率而不能直接反映压力振荡的强度。加速度所反映的是某一结构对压力的响应,此种响应与多种因素有关,很难与压力振幅直接关联起来。本节只扼要介绍动态压力测量及分析技术,并通过型号实例说明怎样利用动态压力的测量、分析确定压力振荡的振型。

当前,可用的仪器种类繁多,各试验室尽可选用不同仪器组成符合需要的测量分析系统。但是,它们必须具有某些共同的基本功能和基本环节:

(1)高频压力传感器:是将压力变换为电信号的变换器,要求抗振、耐高温、具有很宽的线性响应范围(300~15 000 Hz)。国产 BPR—3 型传感器基本可以满足以上要求,它的固有频率在 30 000 Hz 以上,线性响应范围 0~10 000 Hz。国外多用压电晶体式动态压力传感器来测量动态压力,同时用频响较低的应变式传感器测量平均压力。

(2)放大器:对各类放大器的共同要求是噪声低,抗干扰性能好,线性工作范围应与压力传感器相同。根据不同的记录要求,可分别选用直流放大器或交流放大器。载波放大器(包括解调器)具有很多优点,应用较广。采用压电式传感器,则须配用高阻抗的电荷放大器。

(3)滤波器:在动态压力测量、分析中常常会用到低通、高通或带通滤波器。通过滤波器可以方便地滤掉压力信号的直流分量,只放大和记录振荡分量。有时则要滤去高频分量或"噪声"以便分析基振或指定的几个振型,但须注意不要将有用信号滤掉,因为在发动机和 T 形燃烧器工作过程中,各振型的频率可能发生相当大的变化。

(4)记录仪:可供选用的有以下几种:

1)光线示波器:显示直观,使用方便,但是线性响应范围偏窄(0~5 000Hz)。

2)电子示波器:应带有照相装置。频响性能最好。长余辉示波器可用来在试验过程中间检查数据或波形(但非绝对必要)。

3)磁带记录仪:磁带记录虽不能实时显示,但其频率响应高(一般 40~80 kHz,最高可达 400 kHz),便于事后分析,目前已成为不可缺少的重要环节。

(5)频谱分析仪:可以选用各种频谱分析仪、自相关仪、实时分析器等。需要强调指出的是,不稳定燃烧的压力信号相当于有突出纯音的有调"噪声",所以需要分辨率较高的分析仪窄带分析仪,不宜选用倍频程或 1/3 倍频程分析仪。

(6)相移(时滞)测量仪:用相位计或互相关仪都可以很方便地测得两个信号的相位差或时滞。

对整个测量系统的要求是精确可靠、抗干扰能力强、具有足够宽的线性频响范围。测量系统的精度和频响特性要受系统中精度和频响特性最差的环节的限制,所以为了改善测量系统应当普遍提高各个环节的精度或频响特性,过分地提高某一环节或部份环节的性能,不仅是不必要的,也是不合理的。动态压力测量中经常会遇到干扰问题。由于动态压力传感器的输出信号很弱,而线路布置不当的测量系统却能引入相当强的干扰信号,以致将真实信号掩没,造成种种假象,因此,在观察,分析动态压力测量结果时必须判断干扰的强弱及类型,并采取有效措施予以排除。测试中经常遇到的干扰有以下几种:

(1)工频干扰:示波器上出现频率为 50 Hz 或其整数倍的干扰波形,如图 15－12(a)所示,其振幅及频率比较稳定。

(2)电台干扰:示波器上出现语言或音乐信号的波形,如图 15－12(b)所示。如果测试系统中装有监听喇叭就可以听到广播的声音。

(3)接线干扰:电路接头接触不良或虚焊会造成无规则的干扰信号,如图 15－12(c)所示。当压力传感器接头及电缆等固定不牢时,发动机工作引起的振动经常会造成这种现象。工频干扰与电台干扰通常是由实际回路之间的寄生耦合造成的,所以在布置线路时必须注意尽可能地削弱这类耦合,例如要避免多点接地、尽量使传感器接近放大器以缩短输入线路、将低电平线路妥善屏蔽等。

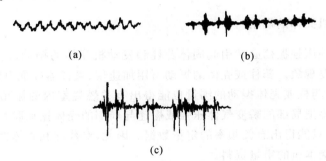

图 15－12　各种干扰的波形
(a)工频干扰；　(b)电台干扰；　(c)接线干扰

为了精确地实现测量和分析,除了必须选择适当的测量、分析仪器之外,还要正确解决传感器的安装位置和安装方式问题。原则上讲,压力传感器应当安装在压力波腹处。实际上,由于发动机结构的限制,往往难于实现。测量纵向振型时可以装在燃烧室两端,切向振型则比较难办。为了确定振型,要求进行多点测量,但是对某些类型的发动机来说,这一点根本无法实现。关于安装方式问题,原则上应使压力传感器的敏感元件与燃烧室内壁齐平,并直接接触燃气,这一点对高频传感器尤为重要。然而由于实际结构的限制和热防护的需要,常需通过一段管道将传感器和燃烧室连接起来。充满燃气的连接管路有自己的频响特性,其基振频率远小于传感器的固有频率,所以会大大缩小传感器原有的线性频响范围。管中填充液体(硅油、氟利昂等)或油脂(硅脂等)使管内音速增大,可能略微改善连接管的频响特性。但是激波管试验表明,用这种方法得到的测量结果是不可靠的,也不好解释(也许是内部含有气泡之故)。最为有效的办法是把管路、接头、传感器作为一个整体进行校准。传感器前面有一细管和一个小空腔,传感器膜片上涂有 0.8 mm 厚的耐热橡胶层,经过校准,发现实际线性频响范围缩小了一半。又如"民兵Ⅱ"第三级发动机(M57A1)在静止试验和飞行试验中连接管的长度和形式不同,它们的线性响应范围便有了很明显的差别,因而不得不用专门的试验进行校准。

燃烧室不同位置处瞬时压强的测定是研究燃烧不稳定性最有用的试验方法。燃烧不稳定性振频的范围为 $1\sim10^5$ Hz,视不稳定性的类型而定。在频率范围的低频部分可以采用普通的传感器。高达 20 000 Hz 的频率则采用特殊的压强传感器。若频率更高,尽管利用新出的试验仪器,经过一定努力,可能在整个有意义的频率范围内得到可以接受的频率响应,但要作精确的压力测定则很困难。

除选用传感器以外,在压强的定量测量方面还存在不少问题。如敏感元件直接受到高温气体的冲刷。另外,就高频振荡而言,要注意必须保证敏感元件的尺寸与燃烧室振模波长比起来要小一些,这个要求实际上使得某些压强传感器不能用于高频振荡的情况。

为了能恰当地表征火箭发动机燃烧室内压强振荡的声特性,燃烧室中的压强测量点应多于一个。例如,只测一点的压强便无法分辨驻波或行波。为了在圆柱形燃烧室内分辨一阶切向驻波或行波,必须用两个其相位差为 90° 的敏感元件来测定压强振荡的相对相位。若压强振荡的相位差为 0° 或 180° 那便是驻波,若是 90° 或 270° 便是行波。又例如,为了研究波形的轴向依赖关系,在圆柱形发动机中则有必要同时测定其头部和尾部的压强。在内部几何形状较复杂的发动机中,最好在那些预计具有不同声特性或平均气流特性的各个部位进行压强测定。

15.5.2　发动机壳体的震动

燃烧室内气体的压强振荡必然引起固体药柱和发动机壳体的振动,这种振动对气体中声场的影响是一个重要现象。药柱或壳体的振动可用加速仪、微音器或推力传感器来检测。

从原则上讲,对药柱或壳体振动的测量也能得出有关燃烧室内的振频、压强幅、波形和相位的定量数据。但要把局部的瞬变气体压强或燃速与局部的壳体振动联系起来通常是如此的困难,以致这种测量只能得出有关频率的定量数据。因此,对药柱和壳体振动的测量几乎提供不了有关不稳定燃烧本质的定量资料。

15.5.3　数据分析方法

测量所得到的数据是压强随时间的变化,或在某些情况下是位移或有关量随时间的变化。一般希望从所测数据中得出平均压强、主要振模的频率、主要振模的波形、主要振频下的振幅、主要振模的相对相位。一般用得到这些曲线的数据分析方法可归纳成两种主要类型:"实时"分析法和试验后分析法。

15.5.4　其他方法

已发现光学方法对不稳定燃烧的试验研究是有些用处的,尤其是对非线性声不稳定性和非声不稳定性而言。例如,用高速电影来分解反应区的结构;用光电管测定燃烧过程在可见光谱内所发射的总辐射强度-时间关系,但辐射强度的波动与燃烧机理的联系是复杂的,因此很难肯定这些测量的基本意义。另外一种用过的光学方法是扫描照相。

在不稳定燃烧试验中,还用过推进剂气体内的离子探测头测定方法及气体取样的测定方法。另外,当有振荡燃烧时,突然熄火后再观察推进剂表面所遗留的波纹可为燃烧不稳定性的机理提供一些线索。

<h1 style="text-align:center">习　　　题</h1>

15.1　描述不稳定燃烧现象。

15.2　分析声放大机理。

15.3　哪些因素影响不稳定燃烧？

15.4　分析燃烧不稳定性的测量方法。

15.5　论述不稳定燃烧种类、影响因素及抑制措施。

参 考 文 献

[1] 肯尼斯 K K. 燃烧原理[M]. 郑楚光,袁建伟,米建春,译. 武汉:华中理工大学出版社,1991.

[2] 唐金兰,刘佩进,胡松启,等. 固体火箭发动机原理[M]. 北京:国防工业出版社,2013.

[3] 李宜敏,吴心平. 固体火箭发动机燃烧[M]. 北京:航空专业教材编审室,1986.

[4] 李葆萱,王克秀. 固体推进剂性能[M]. 西安:西北工业大学出版社,1990.

[5] 严传俊,范玮. 燃烧学[M]. 西安:西北工业大学出版社,2005.

[6] 梁国柱. 火箭发动机原理[M]. 北京:北京航空航天大学出版社,2005.

[7] 关英姿,火箭发动机教程[M]. 哈尔滨:哈尔滨工业大学出版社,2006.

[8] 郭 K K,萨默菲尔德 M. 固体推进剂燃烧基础(上、下)[M]. 宋兆武,译. 北京:宇航出版社,1988.

[9] 彭培根,刘培谅,等,固体推进剂性能及原理[M]. 长沙:国防科技大学出版社,1987.

[10] 曹泰岳,常显奇. 固体火箭发动机燃烧过程理论基础[M]. 长沙:国防科技大学出版社,1992.

[11] 李宜敏,张中钦,等. 固体火箭发动机原理[M]. 北京:北京航空航天大学出版社,1991.

[12] 萨顿 G P,比布拉兹 O. 火箭发动机原理[M]. 洪鑫,等,译. 北京:科学出版社,2003.

[13] 阿列玛索夫 B E,等. 火箭发动机原理[M]. 张中钦,等,译. 北京:宇航出版社,1993.

[14] 陈新华. 运载火箭推进系统[M]. 北京:国防工业出版社,2002.

[15] 汪亮. 燃烧实验诊断学[M]. 2版. 北京:国防工业出版社,2011.

[16] 张斌,毛根旺,王赫,等. AlH3 的最新研究进展[J],金属功能材料,2009,16(6):71-75.

[17] Topalian V D, Zhang J, Jackson T L, et al. Numerical Study of Erosive Burning in Multidimensional Solid Propellant Modeling[J]. Journal of Propulsion and Power, 2011,27(4):811-82.

[18] Isfahani A, Zhang J, Jackson T L. DNS Simulation of Erosive Burning in Planar Periodic Rockets[C]. AIAA-2009-805.

[19] Moss J, Heister S, Linke K. Experimental Program to Assess Erosive Burning in Segmented Solid Rocket Motors[C], AIAA 2007-5782.

[20] 胡大宁,何国强,刘佩进,等. 翼柱型药柱固体火箭发动机不稳定燃烧研究[J]. 固体火箭技术, 2010, 33(5):502-506.

[21] Fabignon Y, Dupays J, Avalon G, et al. Instabilities and pressure oscillations in solid rocket motors[J]. Aerospace Science and Technology, 2003 (7):191-200.

[22] Blomshield F S. Summary of Multi-Disciplinary University Research Initiative in Solid Propellant Combustion Instability[C]. AIAA 2000-3172.

[23] 吴婉娥,毛根旺,胡松启. 含硼富燃推进剂压强指数的影响因素[J],火炸药学报,2007, 30(3):62-64.

[24] 胡松启. 含硼富燃推进剂低压燃烧特性研究[J]. 推进技术, 2002,23(6):518-520.

[25] Dupays J. Two-phase Unsteady Flow in Solid Rocket Motors[J]. Aerospace Science

and Technology，2002(6)：413－422.

[26] Rousseau C W，Knoetze J H，Steyn S F. Establishing a Cost Effective and Innovative Combustion Instability Programme[C]. AIAA 2008－4603.

[27] Tang K C，Brewster M Q. Nonlinear Dynamic Combustion in Solid Rockets：L ＊ Effects[J]. Journal of Propulsion and Power，2001，17(4)：909－918.

[28] 徐旭常，等. 燃烧理论与燃烧设备[M].北京：机械工业出版社，1988.

[29] 威廉斯 F A，黄 N C，巴雷尔 M. 固体推进剂火箭发动机的基本问题[M]. 京固群，译. 北京：国防工业出版社，1976.

[30] 胡松启. 含硼富燃料推进剂一次燃烧研究[D]. 西安：西北工业大学，2004.

[31] 陶立进.某火药起动器不稳定燃烧试验研究[D]. 西安：西北工业大学，2007.

[32] 胡松启，邓哲.复合推进剂应变条件下燃速变化实验研究[J]. 固体火箭技术，2013，36 (2)：230－233.

[33] 胡松启，周晏星.固体推进剂裂纹扩展研究综述[J]. 火箭推进，2012，38(5)：86－92.

[34] 刘迎吉，胡松启，配方对含硼富燃料推进剂绝热火焰温度的影响研究[J].科学技术与工程，2012，12(5)：1211－1213.

[35] 刘迎吉.受力态推进剂燃烧性能研究[D]. 西安：西北工业大学，2012.

[36] 朱卫兵.固体火箭发动机药柱结构完整性及可靠性分析[D].哈尔滨：哈尔滨工程大学，2005.

[37] 李江，何国强，蔡体敏.固体推进剂裂纹对流燃烧流场的数值模拟[J].推进技术，1999，20(3)：36－39.

[38] 韩小云，周建平.固体推进剂裂纹对流燃烧和扩展的研究分析[J].推进技术，1997，18 (6)：42－45.

[39] 彭威.复合固体推进剂粘弹损伤本构模型的细观力学研究[D].长沙：国防科学技术大学，2001.

[40] 曾甲牙.丁羟推进剂拉伸断裂行为的扫描电镜研究[J].固体火箭技术，1999，22(4)：69－72.

[41] 成曙，路延镇，蔡国飙.含Ⅰ型裂纹复合固体推进剂双轴拉伸实验研究[J].测试分析，2007(5)：63－66.

[42] 李晓斌，齐照辉，等.高压强固体火箭发动机设计技术研究[J]. 湖北航天科技，2005 (2)：44－49.

[43] Fitzgerald R P，Brewster M Q. Flame and Surface Structure of Laminate Propellants with Coarse and Fine Ammonium Perchlorate[J]. Combustion and Flame. 2004，136：313－326.

[44] Gallier S，Godfroy F. Aluminum Combustion Driven Instabilities in Solid Rocket Motors[J]. Journal of Propulsion and Power，2009，25(2)：509－521.

[45] 陈晓龙，何国强，刘佩进.固体火箭发动机燃烧不稳定的影响因素分析和最新研究进展[J]. 固体火箭技术，2009，32(6)：600－605..